강원의 명소 재발견

강원의 명소 재발견

초판 인쇄 2025년 3월 5일
초판 발행 2025년 3월 10일

지은이 정연수
교정교열 정난진
펴낸이 이찬규
펴낸곳 북코리아
등록번호 제03-01240호
주소 13209 경기도 성남시 중원구 사기막골로 45번길 14
우림라이온스밸리2차 A동 1007호
전화 02-704-7840
팩스 02-704-7848
이메일 ibookorea@naver.com
홈페이지 www.북코리아.kr
ISBN 979-11-94299-30-1 (03980)

값 20,000원

강원의 명소 재발견

정연수 지음

북코리아

책을 펴내면서

장소는 단순한 물리적 공간이 아니다. 공간에 시간이 쌓이고, 사람들의 삶이 새겨지고, 문화가 생성되면서 고유의 장소성을 획득한다. 이 책은 강원도 지역에서 시간과 문화가 만들어낸 독특한 장소들에 대해 다룬다. 강원에는 분단의 아픔을 지닌 DMZ가 생태자원 공간으로 변모하거나, 탄광촌에서 관광지로 탈바꿈한 정동진이 있다. 또, 커피를 통해 산업화하고 명소화된 안목커피거리도 있다.

이 책은 이러한 장소들이 어떻게 변화하고, 그 변화를 통해 강원도의 사회적 · 문화적 맥락을 어떻게 읽을 수 있는지 살핀다. DMZ는 분단의 상징에서 평화와 생태의 공간으로 거듭나고, 정동진은 탄광촌에서 일출 명소로 탈바꿈했으며, 안목해변은 커피문화의 성지로 자리 잡았다. 장소는 단순한 지리적 의미를 넘어, 역사적 · 사회적 맥락을 담고 있는 문화적 상징으로 변모했다.

청호동 아바이마을에서 실향민들이 만들어낸 독특한 문화, 이효석의 소설이 탄생시킨 봉평 메밀밭의 문화경관, 그리고 박경리라는 작가의 존재가 만든 토지문화 공간 등은 모두 장소와 인간의 상호작용을 보여주는 생생한 사례들이다. 또한, 묵호등대를 중심으로 논골담길과 도째비골 스토리텔링을 가미하여 새로운 명소로 등극한 사례는 의미가 만들어내는 장소의 변천 과정을 잘 보여준다. 이 책에서 다룬 장소들은 단순한 관광지나 역사적 유적이 아니라, 우리 사회의 변화와 성장을 담고 있는 살아있는 증거들이다.

경포가시연습지는 그 변화의 중요한 예시다. 습지에서 농토로, 다시 생태습지로 재탄생한 과정은 세계적인 생태주의 흐름과 일맥상통한다. 강원도 내 장소의 변화는 단지 지역적인 변화가 아니라, 더 넓은 사회적 · 환경적 · 사상적 맥락을 반영하고 있다.

이 책은 강원도의 장소 변화에 대한 깊은 성찰을 담고 있으며, 각 장소가 어떻게 과거와 현재를 연결하고, 미래를 준비하는지를 탐구한다. 단순히 장소의 변화만을 다루는 것이 아니라, 그 속에 담긴 사회적 변화, 문화적 창조성, 그리고 지역주민의 의지가 어떻게 반영되는지 살핀다. 또한, 재장소화된 공간들의 사례를 통해 강원도라는 장소가 어떻게 새로운 의미를 지니게 되었는지 분석하며, 미래의 장소 재구성 가능성까지 제시한다. 강원의 근대문화유산을 살핀다거나, 한강의 소설 『검은 사슴』을 상세하게 분석하고, 커피문화를 관동팔경의 옛 누정 문화와 접목한 것은 재장소화의 방향을 제시하고자 한 것이다.

SNS 시대의 '인생샷' 문화는 장소에 큰 영향을 미친다. 단순한 볼거리가 아니라 문화적 스토리와 지역의 정체성이 녹아들 때 장소는 가치를 지닌다. 이 책은 강원의 장소들이 어떻게 과거와 현재를 잇고, 미래를 준비하는지를 보여주고자 했다. 또한, 정보 전달을 넘어서 장소의 의미와 가치를 인문학적 시각으로 성찰하고자 했다. 이를 통해 우리가 새롭게 만들어갈 장소의 방향성에 대해 깊이 있는 논의를 제공하고자 한다. 장소 변화는 단순히 물리적인 변화가 아니라 인문학적 관점에서 새로운 의미를 창출하는 과정이다. 이 책이 지역 공간의 재장소화에 길잡이 역할을 하기를 기대한다.

목차

제1장
강원의 장소성과 정체성 이해

1. 강원지역의 정체성 이해

1) 강원의 지리적 경계 설정

강원도는 오래전부터 영동과 영서로 구분되어왔다. 영동과 영서는 남북으로 종주하는 태백산맥을 중심으로 한 동쪽과 서쪽의 지리상 구분이다. 강원도 행정구역에 비춰볼 때 강원도 영동은 고성군·속초시·양양군·강릉시·동해시·삼척시·태백시·영월군·정선군으로, 영서는 평창군·홍천군·횡성군·원주시·춘천시·인제군·철원군·양구군·화천군으로 구분한다.[1] 하지만 이는 편의상 분류일 뿐 강원 남부지역에 속한 행정 지역은 상황에 따라 영동과 영서를 오가면서 구분되고 있다. 따라서 강원도를 지리적으로 명확히 구분하고자 할 때는 영동과 영서만으로 구분할 것이 아니라 인제군·철원군·양구군·화천군

---

1 이중환의 『택리지』를 비롯한 고서에는 강원도 영동을 9개 군(흡곡, 통천, 고성, 간성, 양양, 강릉, 삼척, 울진, 평해)으로 구분했으나, 그 뒤 행정구역이 개편되어 일제강점기에 들어와서는 6개 군(통천, 간성, 양양, 강릉, 삼척, 울진)으로 구분했다.

을 강원 북부로, 태백시·영월군·정선군·평창군을 강원 남부로 별도로 구분하는 것이 더 타당하다. 특히 강원도의 문화를 논하는 데 있어 태백산맥의 지리공간인 영동과 영서로 구별을 단순화해서는 안 된다.

일부 태백이나 정선 등 강원 남부지역에서는 영동과 영서의 구별이 불분명하다. 한 지역 내에서도 영동이나 영서 중심의 양분된 시각을 지닌 주민이 섞여 살거나, 외부에 의해 영동과 영서로 복합적으로 호명되는 데 따른 정체성 혼동을 지니고 있다. 강원 남부지역 주민의 기질을 살필 때는 이러한 측면도 고려해야 할 것이다.

강원지역의 경우 각 시·군의 인구가 급격하게 감소하면서 인근 지역과의 행정통합이 잦은 편이다. 따라서 지역 연구가 행정구역에 얽매여서는 지역의 정체성을 찾기가 어렵다. 정치적 논리에 의해 편의적으로 구획된 행정구역이 아니라 주민의 삶과 문화가 녹아있는 지리적 공간으로 접근해야 한다.[2] 지역의 경계는 행정단위뿐만 아니라 문화, 산업, 생태, 지리 등의 영역별 단위로 구획되어야 한다. 강원지역을 세부적으로 구분할 때 광역지역으로는 강원 영동과 강원 영서 혹은 강원 남부와 강원 북부, 산업 영역에서는 탄광지역·해안(어촌)지역·농촌지역·산촌지역 등으로 분류할 수 있다.

강원지역은 시·군의 면적이 넓은 데 비해 교통망이 원활하지 않으며, 같은 행정구역 내에서도 주민의 집단 주거지 군락이 상당한 거리를 두고 있다. 따라서 동일 행정구역 주민이라고 하더라도 산업, 문화, 의식이 크게 달리 나타난다.

예를 들어 휴전선을 접하면서 군사적 긴장감이 상존하고 군부대

---

2 예를 들어 삼척시, 삼척군, 태백시, 동해시의 4개 시·군은 삼척군이라는 하나의 행정단위로 존재하던 것이 1980년부터 분리되어 오늘에 이르렀다. 그러다가 삼척시와 삼척군은 1990년대 들어 다시 통합되었다. 명주군과 강릉시의 경우 1995년 강릉시로 통합되었다.

가 밀집한 철원·고성 등의 강원 북부지역, 남한강과 북한강 유역 등지에서는 저마다 다른 지역정체성이 나타나고 있다. 한편 강원 남부지역의 중요한 특색이라 할 수 있는 탄광지역을 논할 때는 행정구역보다 탄광을 기반으로 하는 읍·면 지역 단위가 우선될 필요가 있다. 1990년대 초반까지 태백지역은 전체 도시가 탄광을 중심산업으로 하고 있었다. 삼척지역의 경우에는 동이나 읍·면 단위에 따라 탄광촌, 어촌, 농촌, 공장지대, 상업지대 등으로 생활문화환경이 나누어지면서 주민의 정체성 또한 달리 나타난다. 농·어촌문화가 주를 이루는 삼척지역의 경우에는 도계읍 지역이 탄광촌 정서를 지니고 있다. 농촌문화가 주를 이루는 정선지역의 경우에는 고한읍·사북읍·함백읍 3개 지역이, 영월군의 경우 북면 마차리 지역이 탄광지역에 해당한다. 탄광촌, 농촌, 어촌의 정서가 각각 달리 나타나는 강원 남부지역의 지역 연구에서 시·군의 행정단위보다는 지역 특색에 따른 소단위의 지역성이 우선 고려되어야 한다. 따라서 편의상 행정구역에 따른 지역을 논해야 할 때를 제외하고는 지역의 정체성에 따른 설정이 요구된다.

2) 강원 지역민의 정체성

지역의 정체성은 장소를 들여다보는 창이 된다. 지역에서 중요한 것은 장소와 주민의 정체성이 지닌 관계다. 지역성·정체성·향토성을 반영할 때 지역의 특색이 가치를 지닌다. 따라서 지역 연구는 지역의 역사, 문화, 현 정세 등의 변화를 반영하여 지역의 총체성을 드러내야 한다. 작품에 투영된 지역뿐 아니라 작가가 지닌 지역의식도 함께 고찰해야 한다.

지역의 장소명에는 지역이라는 공간과 지역주민의 생활현실이 녹아있으므로 지역주민의 정체성을 확인하는 것도 의미 있는 일이다.

강원지역 주민을 드러내는 말로 '감자바위',[3] '비탈',[4] '암하노불(巖下老佛, 바위 아래 늙은 부처)' 등이 있다.

그중 '비탈'에 대해서는 여러 해석이 있다. "강원도는 비탈이 많아 오르내리는 일도 그만큼 많다는 데서 비유한 말"[5]이거나, 강원도의 비탈밭에서 유래된 고된 노동을 의미한다. 소설 『태백산맥』에서는 '비탈○○'를 이렇게 소개한다.

> 강원도 밭들이 거의 다 비탈이라서 여자들이 오랜 세월 동안 그 밭을 매다 보니 거기마저 비탈을 닮아 삐딱해졌다는 뜻이었다. 어떤 허풍쟁이가 지어낸 음한 우스갯소리지만, 거기에는 평생토록 비탈밭을 매고 살아야 하는 그 고장 여인네들의 고달픔과 서글픔이 젖어있었던 것이다.[6]

이러한 해석들은 산악지대인 강원도의 비탈밭이나, 분단 지역에 만들어진 군부대 등의 환경을 배경으로 삼고 있다. 지역사람에 대한 별칭은 그 지역주민의 정체성을 짐작게 해준다. 지역을 논하면서 지역성, 지역주민의 생활현실과 정체성을 탐색하는 것은 무엇보다 중요한 일이다.

산으로 둘러싸인 강원지역 주민은 산을 밭으로 일구면서 삶의 터

---

3 이미 오래전부터 특정 지역 사람들을 낮잡아 통칭하는 말이 있어왔는데 강원도 사람은 '감자바위', 충청도 사람은 '핫바지', 경상도 사람은 '보리문둥이', 전라도 사람은 '깽깽이(또는 뽕끼)', 서울 사람은 '빽질이(또는 깍쟁이)', 경기도 사람은 '깍쟁이' 등으로 불러왔다. 더 작은 지역을 구분하여 '수원 깍쟁이', '인천 짠물', '울진 뽕끼' 등으로 불리기도 했다.

4 지역민을 드러내는 말은 군대에서 불리던 노래에도 보이는데, "강원도 비탈, 충청도 멍청, 경기도 빽질, 전라도 깽깽, 제주도 밀감, 경상도 보리"(「곤조가」)라는 가사가 등장한다.

5 정태룡, 『토속어 성속어사전』, 우석출판사, 2000.

6 조정래, 『태백산맥』 9(해냄출판사, 2001) 15부 「사형 대신 써야 하는 수기」

전을 꾸려왔다. 자원이 빈약한 강원도의 척박한 환경이 「정선아리랑」을 만들어내고, "한 많은 이 세상~"으로 시작하는 구슬픈 강원도 민요 「한오백년」도 만들어냈다. 척박한 환경을 드러내는 또 다른 말로 "강원도 사람은 자식 셋을 낳으면 하나는 호랑이에게 물려 죽고 하나는 스님이 된다"는 말이 있다.

산이 깊은 강원도는 예부터 숨어사는 땅으로 알려져왔다. 정선에 고려의 은자들이 몰려온 것이나, 영월에 단종이 유배된 것도 다 척박한 땅을 드러내는 것이다. 또 현대 산업화 시대에도 강원도 내 많은 지역이 탄광촌으로 개발되면서 범죄자들의 도피처라는 대명사를 얻었다.

강원 지역민의 성품을 놓고 "우람한 산악이 길러준 호연지기"[7]를 높이 사기도 하지만, 대체로 '암하노불'이라는 말에서 드러나듯 순박한 성품을 이야기한다. 출신 지역을 따지는 군대에서 강원도 사람들을 가리켜 "순박하고, 시키는 일을 잘 처리한다"고 평가하는 것도 같은 맥락이다. 순박하고 순종적이라는 평가의 이면에는 무지와 촌스러움이 내포되어 있다.

강원 지역민의 기질을 놓고 "사람들의 마음씨가 순박하고 끈질기며, 화해적인 성향이 강하고, 사회 의식이 낮다"[8]는 점은 공통된 견해다. 강원 지역민을 '암하노불', '순박함', '비탈', '감자바우(바위)' 등으로 뭉뚱그릴 수만은 없지만, 많은 강원지역 사람들에게서 순수한 내면을 엿볼 수 있다.

물론 강원도의 이름이 '타자화'되는 점에서는 따로 생각해볼 일이

---

7 김의숙, 「강원지역의 민속」, 강원사회연구회 엮음, 『강원사회의 이해』, 한울, 1997, 481쪽.

8 서준섭, 「두터운 문학층, 역량의 결집이 과제」, 『문학사상』, 1990. 5, 124-125쪽.

다. 김양선은 '지역'을 설정하는 인식론의 뒤에는 지역을 타자화하려는 시각이 내재해 있으며, 지역이 타자화되는 방식은 제국주의가 식민지를 발견하고 발명해내는 방식과 유사하다고 지적한 바 있다. 전라도는 반역의 땅, 제주도는 유형의 땅, 강원도는 순종적인 땅 같은 상투화된 정의가 그렇다는 것이다.[9] 한국에서는 강원지역이 주변으로, 강원지역 내에서는 영동지역이 주변으로 자리한다. 영동과 영서로 대별되는 강원지역의 정치·경제·문화 모든 분야에서 영동지역은 소외지역으로 전락했다. 영서의 중심, 즉 강원도청 소재지인 춘천지역은 교통이 불편한 영동지역이나 강원 남부 주민에게 서울보다 먼 심리적 거리를 느끼게 했다.

강원도 내 같은 행정구역 안에서도 타자화된 장소들이 있다. 이런 장소들은 같은 도시에 존재하면서도 심리적 거리로는 먼 느낌을 준다. 태백시에서는 하장, 강릉시에서는 주문진이나 옥계, 삼척시에서는 도계나 근덕이 그에 해당한다. 한 예로 태백시민 사이에서는 '하장촌놈', '하장 마라톤', '하장 커피' 등의 말이 통용되고 있다. 태백지역 관내에서도 하장지역을 변두리로 취급하는 것이다. 삼척지역의 "도계년들 밥만 먹고 똥만 싼다"라는 민요에서 나타나는 '도계년들'이라는 이름 역시 타자화된 이름들이다. 중심과 주변의 경계는 삶의 영역에 뿌리 깊이 자리하고 있는 바, 지역의 정체성 확인과 특수성 확보를 통해 열등한 타자를 극복해나가야 할 것이다.

같은 강원도라고 하더라도 영동과 영서의 기질은 적잖은 차이가 있다. 산이 깊은 지형적 난맥으로 오랜 세월 동안 영동과 영서의 교통이 두절되면서 지역 문화와 주민의 기질이 다르게 형성되어 있다. 강

---

9 김양선, 「탈식민의 관점에서 본 지역문학」, 『인문학연구』, 한림대인문학연구소, 2003, 43쪽.

원도의 영동과 영서지역 주민은 성품이 다르다는 평판 외에도 지역 현안이나 정치적 선택이 있을 때마다 동서의 지역감정과 대립이 눈에 띄게 나타났다.

그래서 영동지방의 인물을 풍류적 문사로, 영서지방의 인물을 지사적 무사로 표현한 적도 있다.[10] 영동과 영서의 정당별 선거 득표를 분석한 결과 영동지역이 더 보수적으로 진단되었는데, "영동지역은 대관령 때문에 다른 지역과의 교류가 적어 전통적으로 보수적인 성향을 보인다"[11]는 설명이 그것을 뒷받침한다. 강원도 시 단위 선출직 시장선거에서 정당이 한 번도 바뀌지 않은 곳이 강릉시라는 점은 영동지역의 보수성을 잘 보여주는 지점이다.

2. 슬로건으로 살펴보는 강원의 도시

트렌드(trend)는 특정 시기나 장소에서 인기 있는 스타일, 아이디어, 행동양식 등을 가리키는 용어다. 트렌드는 사회, 문화, 산업 등 다양한 영역에서 나타날 수 있으며, 대중의 관심과 수용을 받는 특징이 있다. 하나의 장소가 명소로 변하는 과정에 깊이 관여하는 것이 트렌드다. 장소가 대중의 여행지로 부각하는 요소 중에서 자연환경이 핵심을 이뤄오다가 최근에 들어와서는 음식이나 축제, 체험이나 이색 경험 등 다양한 분야로 확산하고 있다. 트렌드는 일시적이고 변동적인 성격을 가지므로 시간이 지나면 사라질 수도 있는데, 그 때문에 장소의 유명세는 변동성을 지닌다. 드라마 촬영지로 반짝 유행하다가 사라지는

---

10 최승순, 『태백의 인물』, 강원일보사, 1973.

11 《동아일보》, 2007. 5. 22.

것이 대표적이다.

트렌드는 대중의 관심과 소비자의 요구 변화, 인터넷과 소셜미디어의 영향, 영상매체의 영향력 등 다양한 요인에 의해 형성되고 영향을 받는다. 하나의 장소를 이해하기 위해서는 특정 장소가 지닌 사회문화적 의미와 변화를 함께 돌아보는 것이 필요하다.

> 양양군을 대표하는 관광명소인 양양 8경이 양양 10경으로 재탄생했다. 양양군은 지난 2004년 직원 대상 공모를 통해 1경 남대천, 2경 대청봉, 3경 오색령(한계령), 4경 오색주전골, 5경 하조대, 6경 죽도정, 7경 남애항, 8경 낙산사 의상대를 대표 관광지로 선정하였다. 하지만 최근 전국적인 관광 트렌드가 크게 변화하고 있는 데다, 서핑 활성화 등 양양지역의 주요 관광명소도 바뀜에 따라 전 국민을 대상으로 실시한 온라인 선호도 설문조사 결과를 토대로 기존 8경의 역사적 가치는 남겨두되 지역성과 특화성을 가미한 '선사유적 박물관(9경)'과 '양양 서핑로드(10경)'를 추가해 양양 10경을 지난해 말 최종 선정하였다(《Topgolfbiz》, 2022. 8. 1).

인용 기사에서 확인하듯 양양 8경은 시대의 트렌드 변화에 따라 양양 10경으로 바뀌었다. 트렌드의 특징적인 변화는 '양양 서핑로드' 추가인데, 서핑은 2000년대 들어서 강원도 동해안에 새롭게 생겨난 바다 체험 해양레포츠다. 양양뿐만 아니라 속초시와 강릉시에도 윈드서핑과 카이트서핑을 비롯하여 제트보트, 패들보드, 플라이보드, 플라이피시, 카약, 스킨스쿠버 등 다양한 해양레포츠를 즐길 수 있다.

서울-원주-강릉을 경유하는 고속도로 중에서 강원도 영역에 들어서면, "강원도에 오면 당신도 자연입니다"라는 광고판이 보인다. 강원도가 천연적인 자연환경을 지니고 있는 로컬 정체성과 자연을 통한 아름다운 환경을 강조한 것이다. 또한 시대 트렌드에 어울리는 친환경적인 여행을 즐길 수 있는 곳이라는 메시지를 전달하는 것이다. 강원도는 개발이 늦어 산골로 불리는 대신, 우리나라에서 자연이 가장 잘 보존된 지역으로 꼽힌다. 강원도는 아름다운 산, 계곡, 호수, 해안 등의 다양한 자연경관을 보유하고 있다. 대도시가 각종 공해로 오염되어갈 때, 강원도는 숲이 많아서 공기도 깨끗하다. "솔향 강릉"의 슬로건은 솔숲의 향기가 뿜어져 나오는 이미지를 전달한다. 강원도의 자연은 건강에도 좋은 환경이므로 앞으로의 트렌드는 천연적인 자연의 강원에서 힐링의 장소 강원으로 발전할 가능성이 크다.

도시의 슬로건은 지역의 정체성이나 특화된 영역을 중점으로 제시해야 한다. 도시 슬로건은 지역의 로컬 정체성과 방향이 맞아야 하며, 다음 몇 가지 특성을 지닌다. ▲해당 지역이 지향하는 비전, ▲지역의 로컬 정체성, ▲트렌드에 맞는 감성, ▲쉽게 전달되는 언어적 측면이 이에 해당한다. "솔향 강릉"에는 소나무 숲이 울창한 강릉의 로컬 정체성과 녹색도시를 지향하는 강릉시의 비전이 담겨 있다. "동(東)트는 동해"는 동해시의 지명적 요소를 통해 로컬 정체성과 쉽게 전달되는 언어적 측면을 충족시켰다. "아리아리! 정선"은 아리랑의 고장 정선이라는 로컬 정체성과 쉽게 전달되는 언어적 측면을 충족시켰다.

> 춘천·원주·강릉은 새로운 슬로건으로 시정 비전을 제시했다. 춘천은 "시민 성공시대, 다시 뛰는 춘천"이다. 원주는 "새로운 변화, 큰 행복, 더 큰 원주"다. 시민공모를 통해 접수된 제안과 인수위원회 제안을 검토해 확정했다. "시민중심 적극행정 강원제일 행복강릉"은 민선 8기 강릉시정의 새로운 슬로건이다. 삼척과 횡성, 양구는 공모를 통해 슬로건을 정했다. "시민과 함께 다시 뛰는 삼척", "군민이 부자되는, 희망횡성·행복횡성", "다시 뛰는 청춘양구, 군민 중심 행복양구"가 주인공이다.
>
> 속초, 태백, 홍천, 평창은 "시민은 하나로, 속초는 미래로", "고원 관광

휴양 레저 스포츠 도시 태백", "군민이 주인되는 새로운 홍천", "하나된 평창, 행복한 군민"을 새로운 비전으로 제시했다.

연임에 성공한 지역들은 민선 7기 당시 슬로건을 그대로 사용, 정책의 연속성을 강조하고 있다. "시민중심 경제중심 행복도시 동해", "변화와 도약! 살기좋은 영월", "희망찬 아침 평온한 저녁 행복한 정선", "역사와 미래의 고장, 통일을 준비하는 철원", "행복한 마음, 신나는 삶, 밝은 화천", "사람중심 인제, 행복중심 인제, 미래중심 인제", "희망찬 미래, 평화중심 고성!", "힘찬도약! 명품도시 양양" 모두 앞으로 4년간 더 사용된다(《강원도민일보》, 2022. 7. 1).

민선 단체장이 새롭게 선출될 때마다 슬로건을 바꾼다. 임기 4년 동안의 도시 방향을 보여주는 슬로건일 텐데, 위에서 보듯 추상적인 슬로건이 대부분이다. 지역의 정체성을 통해 도시 발전을 모색하는 내용이 담겨 있지 않다. 이는 지역의 정체성이나 장소성에 대해 관심을 두지 않던 이들이 단체장이 되거나 핵심 참모로 활동하기 때문이다. 지역민의 환심을 사서 표를 얻어 당선하는 것에만 몰두하기보다 지역의 장소성을 이해하면서 정체성을 통해 지역의 발전을 도모하려는 노력이 필요한 실정이다. 슬로건이 갖는 차이를 살펴보자.

슬로건 "고맙다! 양양"은 양양이 베풀어준 자연과 양양군민이 나누는 사랑을 명시화한 것입니다. "양양에서 산다는 것은 고마움 속에서 산다는 것입니다"라는 캐치프레이즈를 통해 양양의 아름다운 자연과 유구한 역사, 양양군민의 넉넉한 인정을 표현하였습니다. 아울러, 양양만의 하트를 정감 가고 푸근한 이미지로 형상화함으로써, 양양군민은 물론 양양군을 방문한 모든 이들의 가슴에 새겨진 양양의 감성을 담았습니다(출처: 2024년 양양군청 사이트).

평창군은 지역특성으로 표고 700m 이상이 전체 65.2%이고 1,000m 이상 고지가 100여 개소에 이르는 산간 고랭지역이다. "Happy 700"은 평창의 해발 700m 지점이 가장 행복한 고도라는 데서 비롯되며 H는 Health(건강, 정신적·육체적 건강유지가 가능한 곳), A는 Amusement(즐김 문화, 휴양생활을 즐길 수 있는 곳), P는 Peace(평화, 마음의 평화를 유지할 수 있는 곳), P는 Party(모임, 다양한 사람이 모임을 할 수 있는 곳), Y는 Young(젊음, 늙지 않고 젊음을 유지할 수 있는 곳)을 뜻한다.[12]

양양의 슬로건 "고맙다 양양"이나 "오래오래-양양" 등은 도시의 특색이 와닿지 않는다. 이에 비해 평창군의 "Happy 700"은 도시의 지리적 특색을 잘 반영한 슬로건이다. 마을의 슬로건 중에서 살펴보면, 횡성군의 안흥찐빵마을이 내세운 '모락모락마을'은 찐빵 마을의 정체성이 잘 드러나는 모범 사례다.

강원 철원군이 개막을 6개월여 앞둔 제28회 강원도민생활체육대회의 슬로건을 이달 24일까지 공모한다. 대회 성공 개최와 철원의 자연환경, 안보, 통일 등을 담은 슬로건을 16자 이내로, 작품에 담긴 의미를 150자 이내로 서식에 맞춰 응모하면 된다(《연합뉴스》, 2020. 3. 14).

코로나19 팬데믹으로 제28회 강원도민생활체육대회가 취소되긴 했으나 슬로건 모집에 지역성을 반영하는 과정을 확인할 수 있다. 철원에서 생활체육대회를 준비하면서 '철원의 자연환경, 안보, 통일 등'을 슬로건에 반영하기를 주문한 것이다. 도시의 슬로건에는 지역의 정체성을 선명하게 담아내야 하고, 지역마다 독특한 지역성을 발굴하는 데 관심을 기울여야 한다.

12 손대현·장희정, 『강원도 관광보물 창고 뒤지기』, 형설, 2009, 49-50쪽.

3. 호모 모빌리언스: 인생샷과 장소의 변화

인터넷의 발달과 스마트폰의 일상화는 커뮤니케이션의 다양성을 점점 중요한 영역으로 끌어들였다. 스마트폰을 활용하여 이동 중에도 커뮤니케이션을 가능하게 했으며, 시공간을 뛰어넘어서까지 커뮤니케이션을 가능하게 하고 있다. 개인은 이동 중에도 스마트폰을 활용하여 다양한 장소에 있는 사람과 커뮤니케이션을 나눈다. 컴퓨터와 스마트폰으로 상징되는 오늘날의 디지털 시스템은 공간을 초월하여 전 세계와 커뮤니케이션을 나눈다. 사이버스페이스(cyber space)의 가상 연결을 통해 세계는 더욱 좁아졌다.

> 구체적인 타자는 단순히 '거기'에 있는 것이 아니다. 그들은 거기에 정말 있거나 있을 수도 있지만, 주로 내가 가상 자연이라고 칭했던 것의 매개를 통해서 있는 것이다. 가상 자연에는 많은 가상물들이 상대적으로 멀리 떨어져 있는 네트워크들에 분산되어 있다. 외양상으로는 상이한 직장, 가정, 사회생활의 영역들이 점점 더 네트워크화되고 서로 더 비슷해지고, 더 상호 의존적으로 되어가고 있다.[13]

존 어리는 단순한 하나의 장소에 같이 있는 것과 구별하는 공현존(co-presence) 개념을 통해 디지털 시스템이 만들어내는 사회적 네트워크 세계를 이야기한다. 가상공간 확대와 상상 이동은 디지털 시대의 특징이며, 이는 세계의 공간이 가까워졌다는 것을 의미한다. 스마트폰 덕분에 타자의 부재, 사회적 거리, 단절된 이웃애 등의 문제점을 일정 부분 극복하고 있는 것도 사실이며, 부재한 타자를 극복하고 만남을

---

13 존 어리, 강현수 외 옮김, 『모빌리티』, 아카넷, 2014, 295-296쪽.

현실화할 수 있다. 글로벌사회가 지향하는 것은 다문화 세계의 다양한 타자와 만남을 강화하는 것이다. 따라서 소셜네트워크를 활용하여 지역의 장소와 삶을 접목하는 것은 매우 의미 있는 일이다. 디지털 현대사회라는 것은 고립을 벗어나서 세계와의 연결성을 강화하는 특징을 지닌다.

> 사람들이 직접 '대면'하고 있는 중에도 모바일 기술이 사회적 상호작용에 영향을 미친다. 공현존과 원격 커뮤니케이션은 점차 서로 섞인다. 커뮤니케이션 장치, 기계, 이미지로 가득 찬 현대사회에서 매개되지 않는 신체 대 신체의 대화는 점점 줄어든다. 사람들이 사교적으로 만날 때조차 이동전화를 가지고 가기에 사람들은 점차 '얼굴 대 얼굴 대 이동전화 만남(face-to-face-to-mobile-phone)'을 갖는다. 사람과 사람 사이의 대면 만남은 사람과 인터페이스의 상호작용으로 전환된다. 대면 만남은 다른 만남에 의해 매개되고 연결된다. 즉, '부재적 현존(absent presence)'에 의해 정형화된다.[14]

존 어리가 모빌리티 이론을 내세우면서 가상공간의 확대를 이야기할 때는 아직 스마트폰이 등장하지 않았다. 그런데도 가상공간을 통해 상호작용하는 것이 확대되었다고 말한다. 지금 스마트폰을 가진 우리에게는 존 어리가 내다본 세계보다 훨씬 더 디테일한 가상공간, 더 현실감 있는 가상공간이 만들어졌다. 스마트폰을 통한 각종 그룹 만남(카톡, 밴드 등)의 확장은 '부재적 현존'의 세계를 확대하고 있다. 대면적 상호작용은 비대면적 상호작용으로 확장되기도 한다. 코로나19 팬데믹 동안 대학에서는 ZOOM이나 WEBEX 등을 활용하여 실시간 화

---

14 위의 책, 322-324쪽.

상강의를 진행하면서 대면 속의 비대면 커뮤니케이션의 가능성을 생활화했다. 세계는 대면 만남이 가상 만남으로 확장되거나 통합하는 방식으로 변화하는 중이다. 타인의 '부재적 현존'이 일상 속에서 다양한 방식으로 '현존'의 의미를 획득하는 것이기도 하다.

> 오늘날 새로운 통신이 나타나면서 물리적 이동도 일반적으로 증대된다. 이것은 현대사회에서 결정적으로 중요한 특성이 바로 '네트워크 자본'의 특성이라는 것을 의미한다. 네트워크 자본은 통신 기술, 저렴하고 잘 연결된 교통, 안전한 만남의 장소로 구성된다. 충분한 네트워크 자본이 없는 사람들은 많은 사회적 네트워크들이 그들과 너무 멀리 떨어져 있기 때문에 사회적 배제로 고통받게 될 것이다.[15]

마르크스가 경제자본을 내세웠다면, 부르디외는 문화자본과 상징자본을 더 얹어 자본화하면서 공감을 얻은 바 있다. 존 어리는 여기에다 네트워크 자본을 하나 더 추가했다. 디지털 세상을 살아가는 현대의 관점에서 시의적절한 정의라고 본다. 네트워크 자본 덕분에 새로운 세상을 맞이하면서 경제적 이익까지 누리는 이들이 점점 늘어나는 시대를 살고 있으니 말이다.

> 열린 지역에서는 장벽이 점점 낮아져, 세계인들은 물론 지역인들도 그로써 이득을 얻는다. 닫힌 세계에서는 빈곤층과 약자들의 발목을 붙잡는 덫이 아직 산재해 있다. 세계중심부에서 세계는 의심할 여지 없이 평평해졌으며, 주변부에서도 세계화의 중요한 통로들에서는 그러하다. 하지만 현재의 세계 금융 제도 면에서 … 세계 경제에 진입하는 것은 많은 사람에게 어려운 일이다. 교역에서 이득을 보는 이들은 한정되어 있으며,

---

15 위의 책, 328쪽.

여전히 소외되어있는 — 그리고 사실상 환영받지 못하는 — 수백만 명의 사람들은 특권계층의 활동가들로부터 배제된다. … (세계의) 불평등은 지독히 광범위할 뿐 아니라 서로 '확대'되고 있다.[16]

열린 세계를 만들어가는 힘은 디지털 네트워크 형성에 있다. 인터넷 속의 네트워크망은 현존 및 부재적 현존을 실현한다. 공간을 초월한 네트워크는 여섯 사람만 거치면 누구라도 알 수 있는 케빈 베이컨의 6단계 법칙 같은 '짧은 인맥 고리'를 능가한다. 더 줄어든 단계에서 만남을 실현하면서 '좁은 세상'과 '평평한 세상'을 만든다. '거주 기계'[17]가 만들어내는 시공간의 압축, 전 세계의 모든 지점과 연결되는 좁은 세상 구현 등은 거부할 수 없는 현실이다. 이러한 시대 속에서는 디지털 네트워크나 웹사이트 시스템을 잘 운용할 수 있는 사람이 지배력을 지닌다. '지식 네트워킹'을 많이 구현할수록 지식 창출과 유통을 원활하게 하면서 네트워크 자본을 형성한다.

스마트폰으로 만나는 인터넷 정보는 다양한 장소의 특징들을 소개하면서 여행을 유도하고 있다. 가상공간에서 접한 정보를 통해 여행에 나서고, 감성적인 여행 후기를 인터넷에 올리면서 또 다른 사람의 여행 욕구를 자극한다. 사람들은 인터넷 안의 정보를 통해 더욱더 다

---

16 하름 데 블레이, 황근하 옮김, 『공간의 힘』, 천지인, 2009, 243-244쪽.

17 "21세기는 '거주 기계'(인간의 삶과 이제는 뗄 수 없는 기계)의 세기가 될 것이다. 이런 기계(워크맨, 이동전화, PDAs, 개인용 텔레비전, 네트워크 컴퓨터 및 인터넷, 개인화된 스마트 자동차 및 자전거, 가상현실 '이동', 원격몰입 사이트, 헬리콥터 및 지능형 소형 비행기, 극소형 모바일 기계 등)들은 시공간을 구부리고 늘리고 압축하면서 유클리드적인 시공간 관계에 새로운 질서를 부여한다. 이런 기계들과 거주한다는 것은 전 세계에 걸쳐 있는 '지점들'과 연결되거나, 집에서 편히 그 '지점들'과 함께 있음을 의미한다. 동시에 각 지점들에서도 각 거주 기계들을 모니터하고 관찰하고 추적할 수 있다. 이 기계들이 문자, 메시지, 사람, 정보, 이미지의 상호 의존적 흐름으로 구성되는 일종의 '액체 근대성(지그문트 바우만)'을 생산하고 있다."(존 어리, 앞의 책, 328-329쪽)

양하고 새로운 장소로 여행하길 원한다. 그리고 새롭게 이동한 장소에서 얻은 정보를 재가공하여 인터넷에 공개하는 과정에서 또 다른 사람을 유인하는 효과를 얻는다. 때에 따라서는 그 장소에 가지 않은 사람조차 인터넷 안의 장소를 먼 곳에서 향유하는 것으로 한 장소에 함께 머무르는 효과를 얻기도 한다. 가상공간이 만들어낸 가상이동인 셈이다.

스마트폰으로 상징되는 인터넷은 다양한 형태의 관광에 대한 유혹을 불러일으키며, 일상 자체를 산업이자 미래로 변화시켰다. 과거의 관광이 명승지 중심의 장소에 국한되었다면, 스마트폰과 SNS의 결합은 마트·쇼핑센터·식당·커피숍·제과점·술집·옷집·골목길·담벼락에 이르기까지 다양한 장소를 관광할 가치가 있는 장소로 확장하고 있다. 목적지로 이동하는 사이에 잠시 머물던 '사이 공간'[18]에 불과하던 장소가 SNS와 결합하면서 '사이 공간'을 넘어선 '목적 장소'로 변화한 것이다. 바다에 온 김에 들르는 커피숍이 아니라 커피숍에 가기 위해 여행을 가는 강릉시 안목커피거리가 그러한 장소에 해당한다. 다른 장소로 여행하기 위해 이용하는 기차역이 아니라 관람하기 위해 입장권을 구입하여 들어가는 정동진역도 그러한 장소에 해당한다. 커피숍은 인생컷을 위한 방문 장소로, 식당은 꼭 가봐야 할 맛집으로 최종 목적지가 되었다. 관광객이 줄을 서서 기다린다는 수제맥줏집, 햄버거집, 꼬막집, 짬뽕집 등도 그런 사례에 해당한다. 장소에 관광객의 감성이 가미되어 SNS에 노출되는 순간 재장소화하는 현상은 디지털 시대가

---

18 "사회적 일상들이 집, 직장, 사회생활 '사이'의 공간들을 생기게 하는데, 이것이 '사이 공간(고속도로 휴게소, 노변 카페, 펍, 클럽, 레스토랑 등)'이다. 사이 공간은 가끔씩 이루어지는 이동 장소다. 사이 공간은 둘 또는 그 이상이 '이벤트들' 사이의 공간과 시간으로, 이동 시간과 업무 시간 사이의 구분이 모호하기 때문에 나타나는 것이다."(존 어리, 앞의 책, 450쪽)

만든 현상들이다.

> 인터넷·모바일 사용의 확산 현상으로 인하여 여가활동 자체의 변화뿐만 아니라, 여가활동의 공간과 방법에서도 색다른 변화가 일게 되었다. 즉 여가활동이 이루어지던 물리적 차원의 공간으로 인식되어오던 기존의 여가 공간에 대한 개념뿐만 아니라 이제는 '사이버 공간' 역시 광범위한 차원에서의 여가 공간으로 거듭나고 있다.[19]

'디지털 여가'는 현시대의 보편적 현상으로 자리 잡았다. 1980~2000년대에 출생한 밀레니얼세대[20]는 하루 평균 200회 스마트폰을 확인하고, 하루 평균 3시간 이상 모바일에서 인터넷을 사용하고 있다. 페이스북, 인스타그램, 유튜브, 틱톡, 엑스(Twitter), 카카오스토리, 밴드, 카페, 티스토리, IGTV(인스타그램TV), 블로그, 포스트(콘텐츠 전문가들이 모인 플랫폼), 에브리타임(대학교별 커뮤니티) 등을 주요 소셜네트워크로 활용하고 있다. 관광이 확대되면서 SNS 활동은 더 활발해졌으며, 이 과정에서 인증샷 문화 혹은 인생샷 문화라는 새로운 현상이 생겼다. 지방자치단체, 박물관, 공원, 고궁 등에서는 인증샷과 #해시태그를 활용한 입장객 확대 홍보 마케팅에도 적극적이다. 인증샷이나 인생샷이 핫플레이스를 만들고, 이는 다시 관광객을 끌어들인다는 점에서 중요한 홍보 수단으로 자리 잡았다.

---

19 김영순·구문모 외, 『문화산업과 문화콘텐츠』, 북코리아, 2010, 240쪽.

20 밀레니엄세대(Millennium Generation)는 1980년대 초반부터 2000년대 초반 사이에 태어나 새천년을 맞이하며 자란 세대를 일컫는다. 반면, 밀레니얼세대(Millennials)는 1980년대 후반부터 1990년대 초반에 태어나 디지털 기술의 발전 속에 성장하면서 소셜미디어 사용에 익숙한 세대를 지칭한다.

안목 커피거리

안목 커피거리 조형물

인증샷을 찍는 개인이 일부러 가게나 지역을 홍보하려고 올리는 것은 아니지만 그것이 광고되어 엄청난 반응을 일으키는 것이다. 인스타그램에 올린 글을 보고 핫플레이스를 찾아가 또 관련된 게시물을 올리면서 선순환이 되고 이것이 상권으로 형성되면서 많은 명소를 만들어냈다. 예전에는 TV 방송과 연예인, 오프라인의 입소문이 핫플레이스를 만드는 주력이었다면, 이제는 스마트폰을 통한 'SNS 입소문'이 새로운 상권을 계속해서 창조해내고 있다.[21]

SNS의 글들은 감정을 움직이는 힘을 지니고 있으며, 여행 욕구를 점점 자극한다. 커피숍에서 잘 찍은 사진을 인터넷에서 본 다른 지역의 사람이 다시 그 커피숍을 방문하도록 욕구를 불러일으킨다. 커피숍·식당·펜션 등에서 홍보 매체로 블로그나 인스타그램, 유튜브 등을 활용하는 것이라든가, 사진 촬영 욕구를 불러일으킬 만한 포토존을 만들기 위해 애쓰는 것 역시 시대의 변화상을 말해준다.

장소를 지각하고 그것에 관계하는 방식을 의미하는 관광객의 시선은 장소를 실재 세계에서 분리시키고 관광객의 이국적 경험을 강조한다. 그것은 관광산업을 둘러싼 사진, 영화, 책, 잡지 등과 같은 대중매체의 기호에 의해 상상된 장소를 만들어내며, 관광과 여가의 이미지를 지속적으로 (재)생산한다. 관광객의 시선은 19세기 사진과 같은 근대 시각 기술을 통해 발달했으며, 20세기 후반 세계화와 함께 개인 여행이 급증하고 관광지(장소)가 성찰적으로 되면서 더욱 발달했다. 관광객의 시선은 특히 사진과 밀접한 관련이 있다. 사진은 장소 경험을 담는 기억의 매체이자 장소 경험을 자극하는 상상의 매체다.[22]

21 정진수, 『크리에이터의 시대, 2019 SNS 트렌드를 읽다』, 천그루숲, 2018, 29쪽.

22 이희상, 『존 어리 모빌리티』, 커뮤니케이션북스, 2016, 87쪽.

장소의 정체성은 그 장소의 현장성이 지닌 구체적 사건이나 의미와도 관련이 있지만, 그 장소를 방문한 사람에 따라 다르게 형성되기도 한다. 사진, 영상, 음식, 체험, 동반자 등의 분위기와 어울리면서 다양한 형태의 장소감을 형성하기 때문이다. 어떤 기분으로 방문했으며, 누구와 함께 있었는지, 어떤 것을 느꼈는지에 따라 장소에 대한 인상이 달라지기 마련이다. SNS는 좋은 장소, 좋은 사람에 대한 기억을 실제보다 더 아름답게 포장하기도 한다. 장소 방문과 소셜네트워크가 결합한 일명 인증샷이나 인생샷이 유행하면서 다양한 장소를 관광명소로 만들고 있다. 예전에는 경유지에 불과하던 공간이 여행의 목적지로 자리 잡는 것도 인생컷이라는 이미지화된 감성의 소셜네트워크 덕분이다.

토지에서 경관으로 이동하는 것은 관광산업의 필수 변화상이다. 장소가 관광의 대상으로 자리하면서, 여행객을 불러들이고 있다. 관광 욕구를 이끈 것은 아름다움에 대한 충족 욕구도 있지만, 의미 있고 가치 있는 장소에 대한 재발견이기도 하다. 이어령과 김정운은 "글과 그리움의 어원이 같다"고 말한 바 있다. 종이에 새긴 것이 글이고, 마음에 새긴 것이 그리움이라는 것이다. SNS는 그리움을 담은 글과 마음을 담은 사진을 아름답게 편집하여 불특정 다수의 세계 대중에게 발송하는 매체다. 추상적인 그리움을 인생컷 같은 사진으로 이미지화하는 장소가 많아질수록 관광할 대상도 많아지는 것이다. 관광 장소가 많다는 것은 관광객의 욕구를 더 부풀리며 확대재생산한다. 코로나19 팬데믹 기간에 보건당국이 외출하지 말 것을 당부하는데도 목숨을 걸다시피 하면서 관광에 나선 것도 그 때문일 것이다.

도시 건축물, 자연풍경, 역사 유적, 축제 이벤트 등을 통해 '시각의 감정'을 불러일으키는 장소의 독특한 분위기나 매력이 관광객들로 하여금 직접 그곳에 가서 눈으로 보고 즐기도록 유도한다. 관광객들은 장소를 보고, 듣고, 냄새 맡고, 먹고, 말하고, 느끼고, 체험하는 등 육체적 수행을 실천한다. 그러한 관광객을 포함한 지구적 흐름을 끌어들이기 위해 장소들은 세계무대에서 경쟁한다.[23]

관광객은 맛집이나 볼거리 등에 대한 인터넷 검색을 통해 여행 장소를 선택한다. 사이버 공간의 활동량이 많아질수록 SNS 활동 범위는 넓어지고, 사이버 매체가 우리의 의식을 결정하기도 한다. 관광이라는 이름 역시 다양하게 변주된다. 여행, 관광, 휴양, 힐링, 문화여행, 체험여행, 학습여행 등 다양한 의미를 내세우면서 장소를 찾아 나서도록 이끈다. 여행은 삶의 구체적 가치를 찾아주는 의미 있는 활동이며, 이들을 기반으로 경제화한 것이 관광산업이다. 특별한 산업체가 없는 도시들은 관광의 가치를 전면에 내세우며 외지인을 유인하고 있다. 문화를 내세우며 특화하는 것 역시 관광객 유치를 통해 산업화하려는 것이다. 지하철이나 기차역 대합실, 터미널, 고속도로 주변 등에 지역의 정체성이나 관광명소 광고판이 늘어나는 것은 관광산업의 규모가 늘어나는 현실을 반영한다.

한때 세계적 열풍을 일으킨 스마트폰 게임인 '포켓몬고'가 다른 지역에서 서비스 이용이 되지 않을 때, 속초 지역에서 서비스가 이뤄지면서 많은 이들이 속초로 몰려들었다. 2016년 속초행 평일 고속버스가 대부분 매진될 정도로 많은 관광객이 찾아왔는데, 속초시에서는 이런 관광객을 맞아들이기 위해 무료 와이파이존 지도를 제공했다. 기술의 진화와 여행이 만나는 과정을 보여주는 좋은 사례이기도 하다.

2018년 평창동계올림픽을 전후하여 KTX가 강릉까지 개통되면

---

23 위의 책, 49쪽.

서 관광객이 급증했는데, 이 무렵 최근 관광트렌드를 반영하는 주요 단어들에도 변화가 생겼다. "힐링, 맛집, 당일 여행, 1박 2일, 사진 등 최근 관광트렌드를 나타내는 주요 단어가 상위 키워드로 도출"[24]된 점을 꼽을 수 있다. 교통편이 좋아지면서 수도권에서 강원도로 당일 여행이나 1박 2일의 짧은 여행이 가능해진 것이다. 2025년부터는 강릉-부산 간 기차 개통으로 삼척 · 동해 · 강릉지역은 남쪽 지역 관광객의 방문도 늘어날 것으로 보인다.

피로사회에 지친 현대인은 힐링의 장소로 강원도를 꼽고 있는데, 강원의 관광지들은 이러한 시대적 요구에 주목하여 발전할 필요가 있다. 힐링여행은 현대의 여행 트렌드이기도 하다. 특히 영동 동해안의 바다와 힐링은 잘 어울리는 콘셉트다. 또 강원도의 울창한 숲을 중심으로 하는 산림과 힐링 역시 잘 어울리는 콘셉트다. 오대산을 비롯해 강원도의 사찰을 중심으로 진행하는 템플스테이나 단기 출가 등이 인기를 모으는 것도 피로사회를 살아가는 현대인의 삶과 관련이 있다. 펜션들도 숙박 중심의 공간에서 프로그램 운영 공간으로 진화해야 한다. 또, 강원지역의 자치단체에서도 힐링 프로그램 운영을 지원할 필요가 있다. 강원랜드 리조트에서 싱잉볼이나 요가 프로그램을 도입한 것처럼 강원도의 여행 명소에서는 힐링 여행이 가능하도록 특화해야 한다.

---

24 양희원, 『강원도 관광트렌드 연구』, 강원연구원, 2019, 115쪽.

제2장
강원의 DMZ에서 분단과 평화의 의미 모색

1. 강릉공항서 출발한 KAL기 납북과 김수영 시인

김수영(1921~1968)은 1941년 일본으로 건너가 동경상대 전문부를 다니다가 학병징집을 피해 귀국했으며, 1944년 한 해 앞서 이주한 가족을 따라 만주로 건너가 영문학과 연극에 몰두했다. 분단 직후에 김수영은 이념 관계와 연애 관계가 얽힌 사건을 겪는다.

> (1947년 총격으로 함께 데이트하던 배인철 사망) 이 사건으로 인해 나는 당시 연애를 금하던 이화여대에서 제적을 당했다. 무엇보다 더 곤혹스러웠던 것은 이 사건을 둘러싼 여러 정치적인 의혹들을 철저히 무시한 경찰 조사 방식이었다. 나는 배인철이 남로당 주요 멤버라는 사실을 그때야 알았다. 우익 청년 단체의 소행일 거라는 소문이 있었지만 경찰은 치정 관계에 의한 살인이라는 데에만 초점을 맞춰 내 주변의 남자들을 하나하나 불러들였다. 이종구,[1] 이진구, 박인환 등등…. 그리고 거기에 김수

1 김수영의 선린상고 1년 선배이자 일본 유학생활 내내 함께 기거한 막역지우. 김현경을

영도 있었다. 수영은 그중에도 가장 심한 고문과 고초를 겪었다.[2]

수사 결과, 현장에서 브라운 권총의 탄피가 발견되었다. 미군이 장난으로 쏜 것으로 밝혀졌지만 당시나 지금이나 명확히 밝혀진 것은 아무것도 없다. 배인철의 사망으로 모든 사람들이 나를 멸시하고 있던 터라 수영과의 만남은 외진 곳에서 이루어졌다.[3]

"뉴기니, 하와이, 필리핀 / 누구를 위하여 돌아다니며 / 짓밟힌 몸이냐 / 이 땅에서도 우리의 누이들 / 낯 설은 이토(異土)에서 / 원수에게 꺾인 꽃들"(「흑인녀」)의 시인 배인철과 데이트하던 김현경이 총을 맞는 사건이 발생한다.[4] 친일 청산은 하지 않은 채, 반공 이데올로기만 강화한 분단의 갈등이 사회적으로 증폭되던 터였다. 총격 사건으로 김현경의 연인 배인철이 사망하고, 이후 그 자리에 김수영이 들어간다. 김수영과 김현경은 신혼살림에 들어갔으나, 6.25 한국전쟁으로 김수영은 북한 의용군으로 끌려간다. 그러던 중 한국군에 체포된 김수영은 거제 포로수용소에 갇혀 포로로 지내다가 1953년 석방된다. 궁핍한 생활을 하는 동안 김현경은 일자리를 얻으러 나섰다가 다른 남자(이종구)와 동거에 들어가기도 했다. "늬가 없어도 나는 산단다 / 억만 번 늬가 없어 설워한 끝에 / 억만 걸음 떨어져 있는 / 너는 억만 개의 모욕이다"(「너를 잃고」)라는 시에 등장하듯, 김수영은 아내가 자신의 친한 선배 이종구

김수영에게 소개한 것도 이종구. 나중에 김현경은 김수영과 잠시 동거생활을 하기도 했다.

2 김현경, 『낡아도 좋은 것은 사랑뿐이냐』, 푸른사상, 2020, 35쪽.

3 위의 책, 37쪽.

4 위의 책, 33쪽.

와 동거하는 걸 보면서 속만 끓여야 했다.[5] 김수영의 삶에는 한반도의 비극이 고스란히 새겨져 있다.

김수영 시인은 「풀」을 통해 강인한 생명력을 보여주었는데, "밤새도록 고인 가슴의 가래"(「눈」)를 뱉는 저항의지도 함께 보여주었다. 김수영은 일제강점기와 해방, 그리고 한국전쟁과 분단, 또 4.19와 5.16이라는 숨 가쁜 격동기의 현장을 살면서 시가 곧 행동이라는 실천적 행동주의 시관을 지켜왔다. 그래서 많은 사람이 그를 가장 정직한 양심으로 '온몸'을 내던지며 살다간 지식인으로 기억한다. '온몸'의 시론은 1968년 부산의 문학 세미나에서 발표한 「시여, 침을 뱉어라」에서 나온 것으로, 김수영의 실천주의 시론을 보여주는 대표 문장이기도 하다. 그 일부를 인용하면 "시작은 '머리'로 하는 것이 아니고, '심장'으로 하는 것도 아니고, '몸'으로 하는 것이다. '온몸'으로 밀고 나가는 것이다. 정확하게 말하자면, 온몸으로 동시에 밀고 나가는 것이다".[6]

우리 문학은 일제강점기의 KAPF 운동, 해방 후에는 순수·비순수의 논쟁, 민주화가 차단된 독재정권에서 절정을 이룬 1960년대의 순수·참여 및 리얼리즘 논쟁으로 정치사회의 직접적인 영향하에 한국 비평문학사의 골격을 이루었다.[7] 민족주의문학론과 민중문학론으로 발전한 1970년대를 거쳐 1980년대에 접어들면서 급진적인 양상을 띠고 전개된 민중문학을 지향해온 작가들은 그 정신과 이론적 모범을 김수영 문학에서 찾았다.[8] 1980년대의 노동문학 역시 참여문학, 저항

---

5 "김현경은 진명여고 2학년이던 1942년 5월 김수영을 만났다. 만남을 주선한 이는 이종구(1990년 사망)로, 광산을 경영하던 김 여사 부친의 첩의 남동생이었다. 이종구와 김수영은 선린상고 2년 선후배로 일본 도쿄에서 함께 유학한 사이였다."(《서울신문》, 2013. 2. 20)

6 김수영, 『김수영전집 2』, 민음사, 1997, 250쪽.

7 송재영, 「시인의 시론」, 『김수영전집』(별권), 민음사, 1983, 115-116쪽.

8 조명제, 「시는 칼인가 2: 민중비판론」, 『예술계』, 1985년 11월호, 23쪽.

문학, 실천문학에 닿아있다. 참여문학론이 순수문학론과 치열한 대립적 양상을 띠는 동안 김수영은 참여문학의 대표적 시인으로 꼽혔다.

> 김 시인의 형제 중 넷째 김수경은 집안의 기대주였다. 경기고등학교 야구부 주장이었던 김수경은 당시 여학생들의 선망의 대상으로 부산까지 원정 경기를 다녀오기도 하였다. 그런 수경이 한국전쟁 때 의용군에 자원입대를 하였다. 그 누구도 예상치 못한 일이었다. 셋째 김수강은 우익 단체였던 대한청년단의 단장을 하다가 인민군에 잡혀서 납북이 된 것으로 알고 있다. 한 집안에서 이렇게 극과 극이 마주하고 있었으니, 김 시인의 찢어진 자의식의 통점이 얼마나 가혹하게 욱신거렸는지를 짐작하고도 남을 일이다.[9]

김현경이 증언하듯, 김수영 형제의 삶에도 우리 민족이 겪은 분단의 비극이 압축적으로 담겨 있다. 김수영의 여동생도 분단의 비극을 감당해야 했다. 김수영의 여동생은 강릉과 인연이 깊은데, 남편과 함께 강릉에서 살다가 KAL기 납북사건의 여파를 맞이한다.

> 둘째 시누이 수연은 손이 크고 멋있었어요. 도봉동 친정집에 올 때마다 오징어며 미역이며 김 등 먹을 것을 잔뜩 가지고 왔어요. 시누이는 돈을 잘 썼어요. 명동의 백화점에 나가 쇼핑을 하고, 좋은 식당에 가서 외식을 했어요. 우리한테 하도 놀러 오라고 해서 강릉에 갔는데, 2등 차표를 사서 보내와 타고 갔어요. 그때는 1등 차가 없어 2등 차가 곧 1등 차였어요. 강릉에 가보니까 어찌나 잘사는지요. 캐비닛 안에 통조림이 잔뜩 들어있었어요. 돈을 쓰면서 우리를 기분 좋게 해주었어요. 그래서 김 시인은 돈 많은 것도 좋구나 하는 것을 느꼈던 것 같아요. 그 당시 사회에는

---

9 김현경, 앞의 책, 106-107쪽.

부정한 돈이 횡행해 김 시인이 경멸했지요.

그런데 언젠가 말했듯이 1969년 칼(KAL)기 납북사건이 일어나 둘째 시누이는 아주 어려워졌어요. 강릉의 병원은 제일 좋은 위치에 이층 양옥으로 잘 지었어요. 아이들의 고모부인 채헌덕은 내과의사로 개인병원을 운영했어요. 환자가 얼마나 많은지 밥 먹을 시간도 없었어요. 함흥에서 내려와 서울대를 나와 강릉에서 공군 의무관으로 군 복무를 마친 뒤 거기에 주저앉아 개업을 한 것이지요. 납북사건이 일어난 뒤 고용 의사를 두고 병원을 계속해보려고 했는데, 빨갱이라고 돌을 던지는 사람도 있고 해서 더 이상 버틸 수 없어 모두 처분하고 도봉동 친정집으로 올라왔어요. 아들 둘에 딸 하나가 있었어요. 아이들이 돈암초등학교에 다녀 삼선교에 아파트를 하나 얻었다고 해서 가보았는데, 앉을 자리도 없었어요. 그렇게 작은 아파트는 본 적이 없었어요. 다행히 아이들이 공부를 열심히 해서 아들은 약대를 나와 지금 대전에서 약국을 하고 있고, 딸은 이화여대 간호학과를 나와 캐나다에 가 있어요.

어느 일요일 날 아이들의 고모부 집안에 결혼식이 있었대요. 처음에는 바빠서 안 가려고 했는데 마음을 바꿔 항공사에 전화를 하니 좌석이 없다고 했대요. 그래서 포기했는데, 항공사 측이 단골 고객이어서 좌석을 마련해줘 탑승했대요. 둘째 시누이 부부는 사이가 좋았어요. 세상에 그런 잉꼬부부는 없을 거예요. 납치된 아이들의 고모부는 의사니까 북한에서 안 보내었어요. 나중에 조종사와 스튜어디스의 불륜 때문에 월북한 것으로 밝혀졌으니 참으로 억울한 일이지요.[10]

김현경의 증언에서 보듯, 김수영은 동생(수연)이 살고 있는 강릉에도 내려왔었다. 강릉을 다녀간 이야기는 김수영의 수필에도 등장한다. 강릉에 살던 동생의 남편이 납북되면서 김수영 가족은 다시 한번

---

10 김현경·맹문재 대담, 「특별 대담, 김현경의 회고담·10」, 『푸른사상』, 2020년 여름호, 220-221쪽(이 대담 기록에서는 김수연의 이름을 '수련'으로 기록).

분단과 이데올로기가 빚은 민족의 상처를 온몸에 새긴다. 게다가 당시 정보기관에서는 김수영의 처남을 KAL기를 납치한 주범이자 고정간첩으로 몰아갔기 때문에 가족들이 겪은 고통은 더욱 컸다.

> 1969년 12월 16일 이날의 1면 머리는 지난주에 일어났던 KAL기 납북 관련 기사인 '진범은 고정간첩'이다. 최두열 치안국장은 15日(일) 상오 10시 기자회견을 갖고 "지난 11日(일)에 발생한 「칼」 여객기 납북사건의 범인은 고정간첩인 승객 채헌덕(39)과 조창희(42) 그리고 부조종사인 최석만(38) 등 일당 3명이라고 발표했다"는 내용이다. 최 국장은 이날 「칼기」 납북사건의 수사정보를 발표하면서 강릉에서 병원을 경영해 온 '채'는 고정간첩으로서 '조'를 하수인으로 포섭했으며 항공기 납치를 목적으로 극비리에 서울에 있는 조종사 '최'를 포섭, 이 같은 범행을 저질렀음이 지난 5일간의 수사 결과 판명되었다고 말했다는 설명이다.[11]

김수영의 가족사가 지닌 상처는 우리 민족의 비극이기도 하다. 한국전쟁의 상처를 치유하면서 국가를 이루는 과정에서 우리는 독재와 혁명을 수없이 반복해야 했다. 이승만 정권의 독재, 4.19혁명, 이어진 박정희의 군사 쿠데타와 유신 독재, 그리고 부마항쟁 등의 항거, 전두환 신군부의 쿠데타와 5월 광주항쟁, 1987년 6월의 민주화항쟁 등이 그것이다. 공산주의와 자유주의로 나뉜 남북의 이념도 극한을 치달았지만, 반공을 독재정권 유지에 이용하는 과정에서 표현의 자유는 억압되었다.

11 《충청일보》는 1969년 12월 20일자에서 1969년 12월 16일에 소개한 기사를 해설하고 있다.

'김일성 만세'
한국의 언론자유의 출발은 이것을
인정하는 데 있는데

이것만 인정하면 되는데

이것을 인정하지 않는 것이 한국
언론의 자유라고 조지훈이란
시인이 우겨대니

나는 잠이 올 수밖에

'김일성만세'
한국의 언론자유의 출발은 이것을
인정하는 데 있는데

이것만 인정하면 되는데
이것을 인정하지 않는 것이 한국
정치의 자유라고 장면이란
관리가 우겨대니

나는 잠이 깰 수밖에

– 김수영, 「김일성 만세」 전문(1960. 10. 6)[12]

이 시를 쓴 지 65년이 더 지난 지금 읽어봐도 여전히 무섭다. 이런 시를 옮겨 썼다는 것만으로 보안법에 저촉되는 것은 아닌지, 수사관에게 잡혀가는 것은 아닌지 두려운 것이다. 하물며 반공을 국시로 삼던 독재 정부 아래서, 언론의 자유가 없던 그 무렵에 이런 시를 발표한다

12 김현경, 앞의 책, 92-93쪽.

는 것은 보통 용기가 필요한 것은 아니었을 것이다.

> 이 시를 보자마자 걱정스러운 마음이 앞섰다. 헌법에 보장된 언론의 자유와 사상의 자유가 보장되지 않는 것에 대한 고발의 마음이라고 말을 늘어놓았지만 걱정이 먼저 앞서는 내게 그의 말이 잘 들릴 리가 만무했다. 김 시인은 이후 「잠꼬대」라고 제목만 바꾸어 『현대문학』에 보냈지만 게재되지 않고 반려되고 말았다. 결국 「김일성 만세」가 세상의 빛을 본 것은 김 시인의 40주기를 맞은 2008년 『창작과 비평』을 통해서다. 늘 김 시인은 자유를 위해 정부가 나서서 사회주의를 촉진시켜야 한다고 했다. 하지만 그것의 본질적인 뜻은 '사회주의 사상의 촉진'이라기보다는 '사상적 자유의 촉진'에 가까운 것이었다. 무엇보다 자유를 위해 우리에게 필요한 것은 어떤 말의 '규정'에 있는 것이 아니라 그 말을 하는 우리들 '자신'에게 이미 있다고 했다. 김 시인이 떠난 지 45년이 흐른 지금, 이런 그의 외침이 여전히 우리를 깨우는 현실이 반갑기도 하고, 한편 슬프기도 하다.[13]

김수영은 시를 통해 '표현의 한계점을 넘어설 때 진정한 언론 자유가 있다'는 의미를 전달하려 했을 테지만, "김일성 만세"가 주는 무게를 사회가 감당하기는 어려웠을 것이다. 북한에 김일성이 버젓이 살아있는 그 당시에는 말이다. 게다가 김일성을 타도 대상으로 삼아 멸공 교육까지 하던 남한에서 '김일성 만세'를 시의 제목으로 쓴다는 것은 김수영 아니면 상상조차 못 했을 것이다. '김일성 만세'라는 시 제목이 두렵다는 것은 저항의식과 실천이 얼마나 어려운지 보여주는 대목이기도 하다. 김수영의 「김일성 만세」는 언론의 자유를 위한 외침이었지만, 김수영의 삶 자체가 품고 있는 분단의 비극이나 이데올로기의 비극에 대한 고발이기도 했을 것이다.

---

13 위의 책, 93-94쪽.

2. DMZ를 따라 걷는 평화와 생태

이데올로기에 의해 나뉘어있던 나라 중에서 독일과 베트남은 통일되었으나, 한국은 분단 처지에서 벗어나지 못했다. 남한과 북한을 나누는 경계선인 DMZ(비무장지대)는 현재진행형의 분단을 보여주는 가장 상징적인 장소다. 임진강 하구에서 강원도 고성까지 총 248km의 휴전선이 만들어지면서 남북으로 각각 2km씩 DMZ를 만들었다. 경기도에는 파주시·연천군이 DMZ를 품고 있다면, 강원도는 철원군·인제군·고성군·양구군이 DMZ를 품고 있다. DMZ의 57%를 점유한 강원도는 이를 활용하여 안보관광 명소로 육성하는 중이다. 안보관광은 평화관광, 생태관광으로 확장하면서 유네스코 세계유산 등재 움직임도 전개되고 있다.

DMZ는 민간인이 들어가지 못하는 공간이 되면서, 역설적이게도 동식물에는 좋은 서식지가 되었다. 세계적으로 생태자원이 가장 잘 보존된 장소로 등장할 정도다. 2,800종의 동식물이 서식하는 '야외 생태박물관'이라는 별칭까지 얻었다. 분단의 비극적 현장인 DMZ가 안보를 테마로 한 안보관광 명소이자, 생태탐방의 명소로 재장소화되고 있다.

'철의 삼각전적지관광사업소'라는 명칭이 증거하듯, 철원군은 통일안보관광의 명소로 정체성을 만들어가고 있다. 철원의 제2땅굴, 철원평화전망대, 월정리역, 노동당사, 백마고지 등은 한국전쟁과 분단의 상처를 명징하게 드러낸다. 제2땅굴은 1975년 발견되면서 전쟁이 끝나지 않은 남북한의 상황을 현실적으로 보여주었다. 높이 2m×폭 2.2m의 적잖은 크기의 터널은 총 길이 3.5km에 달하는데, 일부 구간을 관광객이 드나들 수 있도록 했다. 북한군이 땅굴을 파놓으면서 한반도의 긴장을 가져오던 것이, 이제는 남한의 관광 장소가 되었으니 그 또한 시대의 변화를 반영한다. 분단 혹은 땅굴은 전쟁과 침략의 의미를 동반하지만, 관광은 평화의 의미를 동반하고 있으니 말이다. 철원군에서는 '철의 삼각전적관'을 만들었다가 2018년 리모델링하면서 철원관광정보센터로 변경했다. 철원-김화-평강을 정점으로 벌어진 철의 삼각지대 전투는 한국전쟁에서 빼놓을 수 없는 전쟁사다. 전쟁사를 반영한 명칭에서 관광의 의미를 반영한 장소의 명칭 변경 역시 시대의 변화를 반영한 것이다.

철원평화전망대에서는 GOP 철책, 휴전선 비무장지대, 북한선전마을, 평강고원 등을 바라볼 수 있다. 휴전선의 정중앙에 위치한 승리전망대에서는 가장 가까이에서 휴전선 북한 감시초소를 볼 수 있으며, 북한의 광삼평야와 아침리마을도 볼 수 있다. 월정리역은 경원선(서울-원산) 227km 구간의 산업철도로 1914년 부설되었다. 월정리역 플랫폼에는 "철마는 달리고 싶다!"는 외침을 담은 입간판을 세워 철길이 끊겨 달리지 못하는 객차만 남아 분단 현실을 상징적으로 보여준다. 6.25 한국전쟁 당시 이 역에서 마지막 기적을 울린 객차와 화물열차의 녹슨 잔해가 그 상처를 드러내고 있다.

북한 노동당이 1946년 건립한 노동당사는 3층 규모의 러시아식 건축물인데, 2002년 근대문화유산 등록문화유산 제22호로 지정되어 있다. 노동당사는 철원뿐만 아니라 인근의 김화군, 평강군, 포천군 등을 관할하는 시설이었다. 민족의 비극을 보여주는 노동당사의 상징성 때문에 이곳에서는 평화콘서트가 열리거나 뮤직비디오 촬영지로 활용되기도 한다.

철원군 산명리 일대의 백마고지는 한국전쟁 때(1952년) 10일에 걸쳐 남한군과 북한군의 주인이 열두 번 바뀐 만큼 치열한 전투지역이었다. 백마고지 전투에서 중공군 1만 4천 명, 한국군 3,396명의 사상이 발생했을 정도로 양쪽 모두 피해가 컸다. '피의 백마고지'라는 별칭이 붙은 것도 그 때문이다. 백마고지의 야간 백병전에서는 적군과 아군을 구별하기 위해 철모를 들고 머리카락을 만졌다는 에피소드도 있다. 중공군은 머리를 짧게 깎았고, 국군은 상대적으로 긴 머리를 유지하고 있었다. 야간 백병전을 하던 군인이 한 손으로는 적의 머리카락을 만지고, 다른 한 손으로는 대검으로 피아를 식별하던 살상의 밤을 보여주는 일화들이다.

철원의 북한 땅에 자리한 기암괴석의 고암산을 두고 '김일성고지'라고도 부른다. 백마고지를 잃은 탓에 철원평야를 빼앗긴 김일성이 통곡했다고 하여 유래된 이름이다. 이런 에피소드들은 백마고지의 치열한 전투와 쌀 주산지인 철원평야의 가치에서 비롯한다.

인제군에서는 서화면 대곡리초소-을지삼거리-1052고지 46km 구간을 활용하여 DMZ 평화의 길을 만들어 테마 코스화하고 있다. 인제군은 2018년부터 '서화지구 DMZ평화특구' 조성에 나서면서 '국제생태관광자유지역, 금강산-설악산 연결 자유왕래관광지구, 국제 생태탐방 거점센터' 등의 사업을 구상하기도 했다. 또, 2021년에는 그 일환으로 '지뢰생태공원 및 지뢰평화박물관 건립'을 위한 토론회를 개최하기도 했다. DMZ의 장소적 정체성을 활용한 공간 재생사업은 여전히 진행 중인 사업이다.

고성군에는 현내면에 DMZ와 한국전쟁을 테마로 한 DMZ박물관과 6.25전쟁체험관이 건립되어 있다. 통일전망대에서는 북한 땅을 조망할 수도 있다. 화진포 역사안보전시관에는 김일성 별장(화진포의 성)이 있다. 김일성 별장은 1948년부터 1950년까지 김일성의 아내(김정숙), 아들(김정일), 딸(김경희) 등이 여름 휴양지로 사용했을 정도로 경관이 아름답다. 1920년대 외국인 선교사들에 의해 건축된 이기붕 별장은 해방 이후 북한 공산당의 간부 휴양소로 사용되기도 했다. 이기붕은 이승만 정권 당시 국회의장을 지내면서 이승만 독재정권의 2인자 권세를 누린 인물이다.

양구군에 있는 야생동물생태관에서는 DMZ에 서식하는 동식물을 전시하고 있다. 양구통일관, 양구전쟁기념관, 을지전망대, 제4땅굴 등이 분단의 정체성을 드러내는 장소로 기능하고 있다. '펀치볼지구 안보관광지' 관람은 양구통일관과 전쟁기념관이 있는 관리사무소에서 신청할 수 있다. 이 입장권으로 제4땅굴, 전쟁기념관, 을지전망대 등으로 갈 수 있다. 폐쇄형 분지를 뜻하는 펀치볼은 UN 종군기자가 가칠봉에서 바라본 분지가 화채그릇(punch-bowl)같다고 쓴 기사에서 유래한다.

제3장
강원문학에 나타난 분단 인식과 장소성

1. 민족의 분단, 강원의 분단

일본으로부터 해방과 동시에 생겨난 38선이 잊혔다. 양양·춘천 등 38선이 그어졌던 곳을 찾다 보면 흔적조차 지워졌다. 휴전선은 아직도 사나운데, 그 원죄를 감당할 38선은 있었던 자리를 잊었다. 작정하고 김구를 암살하고 홍범도 동상을 치우듯, 누군가 지우고 있는 것일까?

> 1945년 미국 정부는 일본 항복에만 정신이 팔려서 한반도에 대한 명확한 전략을 수립하지 않은 상태였다. 그런데 소련군의 이동이 포착되자 미 백악관은 한밤중에 다급하게 회의를 열었으며, 오로지 《내셔널 지오그래픽》에서 발간한 지도만을 지참한 두 명의 하급 관리가 북위 38도선을 손으로 찍었다.[1]

1 팀 마샬, 김미선 옮김, 『지리의 힘』, 사이, 2020, 167쪽.

남북의 분단이라든가 38선은 진지한 검토 후에 만들어진 것이 아니다. 세계를 전쟁의 놀이터로 만들던 일본과 미국, 소련(러시아)이 전리품을 주고받듯 나눠 가지던 중에 그은 선일 뿐이다. 초등학생들이 짝꿍과 책상을 반반 나누듯 간도를 중국에 내어준 적이 있던 일본제국은 선심 쓰듯 한반도를 또 다른 제국에 넘겨주고, 미국과 소련은 그걸 반씩 나눠 챙겼을 뿐이다. 소련은 떠나도 미국은 남았다. "시장 생선 대가리에도 / 원산지 표시하는 세상 / 분단 철조망에도 / Made in USA 표시해야 한다"(정춘근, 「원산지 표시제」)[2]는 목소리는 분단을 공고히 한 미국의 영향력을 보여준다. "쏘비에트가 조국으로 오고 / 쓰따린 대원쑤가 / 구세주가 되어 해방의 나발을 불며 / 어린 가슴에 태양으로 오르더이다 // 그 광란의 여름"(「화진포 초상」)[3]을 고백한 임건택의 아버지 형제 5명 중 2명이 북으로 갔다. 풍광이 아름다운 고성군 화진포 마을 사람들은 남북이 서로 끌고 당기는 분단 이데올로기 속에 몸도 마음도 다 찢었다.

강릉에선 한국전쟁이 끝나고도 좌우 이데올로기의 상처가 아물지 못했다. 좌우 이념 갈등을 표면화한 단체로 서북청년단을 꼽을 수 있다. 북쪽에서 월남한 청년 40여 명이 강릉상업중학교에 재학하고 있었다. 서북청년단은 반공 운동과 신탁반대 운동에 앞장서면서 좌익세력과 대치했다. 진보적인 좌익사상에 젖어 있던 교사와 학생들은 서북청년단과 커다란 마찰을 일으키기도 했다.[4] 강릉시 초당동에서 발생한 '초당리 7.24사건' 역시 좌우익의 충돌사건이다. 우익 단체(건국청년회, 대한청년단, 서북청년단)가 좌익에게 고통을 당한다는 우익 인사를 구하겠다고 초당으로 들어갔을 때, 초당리 주민이 합세하여 대항하면서 충돌이

---

2 정춘근, 『반국 노래자랑』, 푸른사상, 2013, 97쪽.

3 임건택, 『돌구지의 노래』, 야콥, 2006, 97-98쪽.

4 김동정, 『강릉학도 6·25 전쟁 참전기』, 강릉학도전우회, 1981, 73-74쪽.

일어난 사건이다. 미 군정관과 경찰까지 가세하자, 초당리에서는 "미군 죽여라"라는 구호로 맞서면서 총이 발사되기도 했다. 미군정에서는 초당리를 '좌경촌'이라고 표현할 정도였는데, 한국전쟁 때는 이 지역에서 월북자가 많이 있었다. 초당지역의 좌익사상 강세를 두고 2년여(1908~1910) 영어교사로 있었던 몽양 여운형의 영향으로 보기도 한다.

8월 15일을 광복절이라 하여 국경일로 제정한 나라가 있다. 친일파들을 청산하지 않고 요직에 앉히거나, 돈과 권력을 승계할 자유를 준 탓에 친일의 목소리가 점점 당당해지는 나라가 있다. 8월 15일이면 해방 만세를 외치는 옛 흑백자료를 텔레비전에서 보여주는 나라가 있다. 해마다 8월 15일에만 해방을 외치는 그 나라의 방송을 볼 때마다 슬펐다. 미국 하급 관리 두 명이 그어놓은 38선이 식민지 36년보다 더 원망스럽다. 식민지는 독립투사만 죽였지만, 38선은 사상이 뭔지도 모르는 사람까지 죽였다. 청군 백군 나누듯, 인민군 편 국군 편으로 나눠 죽이고 또 죽였다. 1950년부터 3년간 300만 명의 피를 뿌리고도 성찰하지 못하고 여전히 총부리를 겨누고 있다. 해방 이후 80년간 식민지 기간보다 더 긴긴 고통의 날이 될 거라는 것을 "해방 만세"를 외치던 민중은 꿈에도 몰랐을 것이다. "아는지 모르겠다 // 무너진 건물 더미에서 / 피를 생각하는 분노보다 // 더 큰 / 이 미친한 땅에 / 뿌리 깊은 철조망 테러를 // 7천만이 희생되고 있는 / 그 잔혹한 테러를"(정춘근, 「철조망 테러」)[5] 같은 작품은 분단을 영구화하는 휴전선이 전쟁만큼이나 잔인한 테러라는 것을 지적한다.

> 위도 삼팔선이 지나는 / 강원도 땅 양양 바닷가에서 / 바로 보는 우리 하늘 / (중략) / 오늘은 쳐다보면 / 우거진 철조망과 산병호와 핵지뢰 / 눈시울

5 정춘근, 『반국 노래자랑』, 푸른사상, 2013, 98쪽.

에 뜨거운 밀물 일어서고 / 박제되어 죽어버린 / 아프도록 푸른 하늘 초롱한 북두칠성 밑에 / 누군가 씌워준 떼어지지 않는 / 탈바가지 눌러쓴 채 / 슬픈 형제들이 살고 / 여기 영롱한 전갈좌 아래 / 비극의 겨레가 또 산다

– 고형렬, 「북한 하늘」[6]

속초에서 성장기를 보낸 고형렬은 38선이 전쟁을 거쳐 휴전선이 된 상황을 하늘과 대비하여 보여준다. 분단이 없는 하늘이고 보면, 분단된 땅을 디딘 "비극의 겨레"가 심화한다. 그 비극은 우리가 만든 것이 아니라, "누군가 씌워준" 탈바가지이기에 더 서럽다. 문병란 역시 분단 시대의 시를 살피면서 비슷한 관점에서 논한 바 있다. "인민군이나 북한 사람이 우리의 적이 아니라 강국이 만들어놓은 이데올로기, 즉 38선이 바로 우리의 적이었다. 전쟁을 일으킨 것도 이데올로기요, 전쟁을 조종하고 정전을 시킨 것도 사실은 이데올로기라는 괴물이 아니었을까?"[7]라고 토로한 적이 있다. 장난 같던 38선을 진지하게 검토하여 휴전선으로 바꿔놓은 것은 일본도, 미국도, 소련도 아니었다. 남쪽도 북쪽도 위정자 몇이 결정하여 한반도 전체를 전쟁터로 만들었다. 휴전의 긴장을 각인시키면서 지금도 내내 전쟁의 가능성을 지속시켜 나간다. 뜬금없이 국군의 날을 임시공휴일로 지정하더니, 서울 시가지에서 군사행진을 펼치는 어떤 대통령처럼. 국군의 무력행진이 멋있다고 박수를 보내는 군중을 보면서 '북한도 무력행진을 저 맛에 하겠구나' 하고 독재자의 심리가 이해되는 시간이었다. "산과 산이 마주 향하고 믿음이 없는 얼굴과 얼굴이 마주 향한 항시 어두움 속에서 꼭 한 번은 천둥 같은 화산이 일어날 것을 알면서 요런 자세로 꽃이 되어야 쓰

6 고형렬, 『사진리 대설』, 창작과비평사, 1993, 14-15쪽.

7 문병란, 「분단시대의 시」, 문병란·송수권 편, 『분단시선집』, 남풍, 1984, 420쪽.

는가"[8]로 시작하는 박봉우의 「휴전선」이야말로 국군의 날에 낭송하기 가장 좋은 시가 아닐까?

통일은 잊더라도 남북의 평화는 잊지 말자. 툭하면 빨갱이 타령으로 남한 내에서도 두 쪽으로 분열된 지 오래인 나라에서 태어난 것이 식민지를 겪은 할아버지 할머니보다 더 서럽다. 빨갱이라던 김대중이 대통령을 한 지 언제인데 여전히 빨갱이 타령이거나, 수백만이 죽는 전쟁을 겪어보고도 선제 타격을 주장하고 있다. 어떤 정치지도자들은 불안하지 않겠으나, 사람이라면 불안해야 마땅하다. "실향민 부모의 조상 / 모조리 빨갱이들에게 / 큰절을 올리는 우리들은 / 북한 찬양죄를 저지르고 있다"(「현고 빨갱이 신위」)[9]는 풍자가 가능한 것은 '종북'으로 매도하는 시선이라든가, 국가보안법의 무게가 여전히 위협적인 사회이기 때문이다.

삼척군 장성읍에서 태어나 삼척군민으로 20년을 살았는데, 어느 날 주소지가 태백시로 바뀌었다. 태백시민으로 20년 살다가 강릉으로 이주한 지 20년이 지났다. 삼척 사람인가, 태백 사람인가, 강릉 사람인가? 삼척 사람으로 태어났으나, 누군가 만든 행정구역 때문에 태백 사람 흉내를 내면서 20년을 살았다. 태백의 인구는 3만 8천 명 수준인데, 원래대로 삼척시와 통합하자는 의견이 나오자 반대하는 사람이 더 많다. 누군가 잠깐 나누었던 그깟 행정구역에도 아우성인데, 80년 남의 나라로 살아온 대한민국과 조선민주주의인민공화국과의 통일은 언감생심이다. 하여, 이 자리에서는 분단이 빚은 현실에 대해 시작품을 중심으로 살피고자 한다. 통일은 평화를 위한 길이니, 분단이라도 깊이 이해할 때 평화가 올 것이다. 분단을 이해하는 핵심 지역으로서

---

8 박봉우, 『황지의 풀잎』, 창작과비평사, 1976, 134쪽.

9 정춘근, 『반국 노래자랑』, 푸른사상, 2013, 30쪽.

강원의 장소를 다루되, 강원 시인의 작품을 중심으로 살펴볼 것이다.

애그뉴는 장소성을 규명하기 위해 '위치, 현장, 장소감' 세 부분으로 나눠 살핀 바 있는데, 강원의 장소들은 '분단'이라는 단어 외에 이 세 요소를 설명할 길이 없다. 남기택은 한국전쟁기의 강원지역 문학장을 다루는 논문에서 "강원도의 지정학적 조건은 분단 현실을 피부로 느끼게 한다. 이는 역설적으로 분단문학에서 통일문학으로 지향하는 데 있어 주도적 역할을 할 수 있는 조건"[10]이라고 밝히기도 했다. 강원도는 우리나라에서 분단 현실을 가장 구체적으로 보여주는 지리적 장소다. 강원도 내에서 38선 분단의 비극이 특히 드러나는 지점은 4개소다. 양양군 현북면 기사문리를 비롯하여 인제군 남면 부평리, 춘천시(당시 춘성군) 사북면 원평리와 북산면 추전리가 나눠지면서 남쪽은 미군이 북쪽은 소련군이 주둔했다. 인제 · 양양은 절반 이상이, 춘천은 일부가 북한에 속했다. 철원 · 양구 · 화천 · 고성 · 속초 전 지역은 통째로 38선 이북에 속했다. 38선은 일본군의 무장해제를 위해 설정한 임시 분계선의 상징에 불과했으나 점차 경비가 삼엄한 분단선으로 변해갔다. 순진한 초등학생도 짝이랑 같이 쓰던 책상에 선을 긋고 나면 지우개 하나 넘어와도 짜증을 냈는데, 하물며 총칼을 둔 군인들이랴.

38선을 지나 휴전선으로 변경되고도 강원도의 분단 비극은 달라지지 않았다. 강원도 고성군과 철원군은 인천광역시 옹진군과 더불어 남북한 모두 동일 행정구역명을 쓰고 있다. 두 개의 고성군, 두 개의 철원군이 존재하는 양상은 분단된 강원도, 분단된 한반도의 현실을 상징적으로 보여준다. 게다가 남한과 북한이 같은 명칭을 쓰는 도 단위 행정 직제는 강원도가 유일하다. 강원도가 분도(分道)된 현실은 비극의 민족사가 지닌 상징성의 현재화이기도 하다. 동일 언어와 역사

---

10 남기택, 「한국전쟁과 강원지역문학」, 『한국문학논총』 55, 한국문학회, 2010, 89쪽.

를 지닌 같은 민족끼리 총부리를 겨누고 적대시하고 있다는 것 자체가 현재성의 비극이다. 도시 한가운데에다 38선이니, 휴전선이니 하는 선을 그어놓고 총질을 하는 원수가 된 지도 80년이다. 글로벌 의식도 휴전선의 현실 앞에선 쓸모가 없다.

2. 휴전, 그러나 여전히 전쟁터

'전쟁-분단-통일'의 키워드와 관련하여 장소 '강릉'은 특별한 의미를 지닌다. 1950년 6.25 한국전쟁 발발 당시 남한의 해안지역 중에서 가장 먼저 북한군이 들어온 곳이 강릉시 강동면 지역이다. 남침 시간으로 공인된 4시 이전에 북한군은 이미 강동면 지역으로 상륙을 마친 상황이었다. 강동면은 최초의 남침 지역이라는 상징적인 장소뿐만 아니라, 한국전쟁 당시 최초의 인명피해가 발생한 장소이기도 하다. 그래서일까, 강동면 산성우2리에는 '인민군죽은골'이라는 지명도 있다. "진작골 위쪽에 있는 골로 6.25 때 이 골에서 인민군이 죽었다"[11]는 데서 유래한다.

남북 간 평화로운 세상을 보내던 1996년, 북한군 26명을 태운 잠수함이 강동면 바다에서 좌초했다. 사건이 종결되기까지 49일간 강릉 일대는 야간 통행이 금지되고 검문이 일상적으로 이뤄지면서 남북 분단의 현실을 일깨우는 충격이기도 했다. 잠수함 침투사건으로 북한 측 24명이 사망했으며, 남한 측 군인 11명 포함 17명이 사망했다. 관광산업으로 생계를 꾸리는 사람이 많은 강릉시에서는 무장한 북한군 소식보다 관광객이 오지 않아 생계가 막막한 불안을 토로하는 사람이 더 많았다. 2001년 강릉시는 잠수함을 전시하는 통일공원 조성으로 전화

11 김기설, 『강릉지역 지명유래』, 인애사, 1992, 150쪽.

위복으로 삼았다. 안보를 관광자원화하는 시대가 열린 듯했다. 하지만 잠수함을 보려는 관광객이 감소하자 2024년 3월 잠수함을 동해시에 있는 해군 1함대 사령부로 옮기고, 통일공원 자리에 오토캠핑장을 조성하여 2025년 개장했다. 안보가 식상한 것인지, 북한군이니 빨갱이니 하는 적대가 식상한 것인지, 낡은 잠수함이 식상한 것인지 시대는 빠르게 변하고 있다. 통일공원에 있던 북한 잠수함이 철거되고 오토캠핑장이 들어선 것은 시대의 변화상을 보여준다. 의식의 변화가 장소의 변화를 이끄는 것이다.

'최초'라는 말은 가슴 떨리게 하는 단어지만, 최초라는 사연 중에는 살이 떨리는 것도 있다. 한국전쟁 개시 3일 만인 6월 28일, 횡성군 횡성읍 곡교리에서는 한국전쟁 최초로 한국군에 의한 민간인 학살이 일어났다. 한국군 헌병대 6사단이 보도연맹원 등 민간인 100명을 학살했다. 6사단이 강릉 · 동해 · 삼척 · 춘천 등 강원지역에서 민간인을 학살한 숫자만도 4,700명이나 된다. 이 증언은 직접 처형에 나섰던 당시 6사단 헌병대 4과장(일등상사)의 양심고백이 있었기에 가능했다.[12]

한국전쟁기에 북한군의 점령과 한국군의 수복, 다시 북한군의 점령이 이어지는 사이에 많은 민간인이 피해를 입었다. 힘없는 민중이 이쪽저쪽에서 부역 혐의자로 처형되었다. 원주에서는 이 시기에 세고개와 양안치재 등 여러 곳에서 한국 공권력이 민간인 수십 명을 집단으로 살해했다. 김지하는 그 현장들을 두고 "능모루 비행장과 / 가리파재 사이 / 내가 / 나를 쏘아죽이고 나를 / 내가 찔러죽이고 나를 갈라죽여 내가 / 나를 아예 없애버린 허허벌판 찬 바람 속"(「반쪽 돌부처」)[13]이라고 한탄했다. 남한 군인과 경찰이 남한 사람을 죽이는 현실은 '내가 나

12 《오마이뉴스》, 2022. 9. 21.

13 김지하, 『애린 첫째권』, 실천문학사, 1986, 84-86쪽.

를 죽이는 일'이었지만, 전쟁 내내 자행되었다.

강릉·양양·속초 지역은 수복 지역인데, 남한군이 38선을 돌파하여 양양지역을 점령한 것은 10월 1일의 일이다. 3개월 넘도록 북한군의 통치에 놓이다가 수복하는 과정에서 많은 피해가 발생했다. 수복 이후인 10월 16일에는 패주 북상하던 북한국 잔당이 합세하여 동해안 일대를 재습격하는 과정에서 강릉지역은 3일간 다시 북한군 영향권에 들어갔다.[14] 이처럼 밀고 밀리는 과정에서 북한군에 입은 피해는 상세하게 정리한 기록이 많다. 그런데 한국군과 미군에 의한 피해는 거의 기록되지 않았다. 증인들이 고령으로 세상을 떠나기 전에 문인들이라도 나서면 좋겠다.

> 피난 갈 사이도 없이 / 철원 전쟁터에 남은 사람들은 / 대마리 뒷산에 토굴을 파고 살았지 // 낮이면 무수히 떨어지던 / 미군 포 사격보다 / 밤에 지척에서 들리던 / 인민군 따발총 소리보다 / 토굴 속에 배고픔이 더 무서웠지 // 작은 인기척에도 / 소스라치는 자식을 끌어안은 에미들과 / 낫자루를 움켜쥔 아비들이 / 대마리 야산 토굴에서 / 비루먹은 오소리처럼 / 두 달을 살았지
>
> – 정춘근, 「증언-토굴」[15]

총을 든 군인은 총을 든 적만 두려웠겠으나, 총이 없는 민중은 군인과 굶주림 모두 두려웠다. 위의 시는 피난도 가지 못하고 숨어지내는 민중의 처지를 증언을 토대로 드러낸다. 이데올로기가 빚은 전쟁인지, 미국의 국제질서가 키운 전쟁인지는 몰라도 민중에게는 총이나 대포보다 굶주림이 더 무서웠다. 위정자가 생명의 존엄성이 뭔지만 깨우친다면 전쟁을 일으키지 않았을 것이다. 위의 시에 등장하는 전쟁터의

---

14 김동정, 『강릉학도 6·25 전쟁 참전기』, 강릉학도전우회, 1981, 130쪽.

15 정춘근, 『반국 노래자랑』, 푸른사상, 2013, 67쪽.

토굴과 오늘날 자본주의 토굴이 별로 달라 보이지 않는다. 글로벌이라는 명찰까지 단 자본 시대 속에서 상대적 빈곤까지 겪어야 하는 오늘날의 굶주린 서민이 오버랩된다.

1951년 한국군과 유엔군이 북진하여 압록강까지 가는데, 해방군이라는 이름으로 중공군(중국)이 가세하면서 1.4후퇴가 시작되었다. 눈보라가 치는 겨울날, 1월 4일부터 일주일 넘게 속초·양양·강릉 도로마다 동해와 삼척 방면으로 향하는 피난민 행렬이 밤낮없이 이어졌다. 2월 말 한국군이 다시 강릉을 탈환했다지만, 5월 26일에는 북한군이 남하한다는 소식에 다시 피난 명령이 내려지기도 했다. 휴전이 이뤄진 것은 1953년 7월 27일의 일이다.

> 보퉁이는 목에 걸고 / 노약(老弱)은 업고 지고 / 지친 몸이 멧기슭에 쓰러지니 / 찬 이슬에 젖는 것은 옷자락만이 아니리
>
> - 김동명, 「피란민 1」[16]

> 어느새 장사진을 이룬 피난민의 행렬이 / 비에 젖으며, 젖으며 간다 // 성난 짐승 모양 / 적의 포문은 더 가까이 짖어대는데
>
> - 김동명, 「목격자」[17]

위의 시처럼 피난민을 다룬 작품들은 이데올로기보다는 일반 민중의 고통에 초점을 맞추고 있다. 강릉 출신의 김동명은 북한에서 생활하다가 월남한 시인으로, 그의 시에서 일본제국주의와 사회주의 비판이 종종 등장한다. 하지만 한국전쟁을 다루는 작품에서는 한쪽 진영

---

16 심은섭 편저, 김동명, 「피란민 1」, 『당신이 만약 내게 문을 열어주신다면』, 성원, 2020, 60쪽.

17 위의 글, 112쪽.

을 향한 적개심보다는 '전쟁은 인간을 향한 죄악'이라는 점에 초점을 맞추고 있다. 김동명은 시집 『진주만』, 『목격자』, 『3·8선』, 수필집 『세대의 삽화』 등에서 태평양전쟁과 한국전쟁에 대한 비극을 드러냈다. 장은영은 김동명을 두고 "전시체제의 전쟁문학에 휩쓸리지 않고 양심을 지닌 한 개인으로서 전쟁 체험을 시에 담고자 했다"[18]고 평가했다. 전쟁문학이 '적에 대한 적개심이나 전투 상황'을 다루는데, 김동명은 '양심 있는 개인의 시선'에서 다룬 특징을 보인다는 것이다.

문학장에서는 전쟁문학·분단문학·통일문학[19]이라는 용어를 사용해왔다. 가장 먼저 사용한 용어는 전쟁문학으로, 전쟁을 주요 소재로 삼거나 전쟁의 비극이 전달하는 휴머니즘을 다룬 점에서 의미가 있다. 그런데 전쟁문학에는 '평화'의 개념이 들어갈 여지가 적었다. 전쟁문학이 전달하는 피해나 적개심이 강조되는 동안 보편적 윤리나 생명과 평화에 대한 휴머니즘의 가치가 희석됐다. 근현대사에서 한국인이 참가한 전쟁을 꼽아보자면 일제강점기의 태평양전쟁, 6.25 한국전쟁, 미국의 전쟁에 파병한 베트남전쟁 등을 꼽을 수 있다. 일제강점기의 태평양전쟁기에 서정주의 「오장 마쓰이 송가」 같은 작품은 넘쳤어도 반전의 목소리는 없었다. 1950년대의 한국전쟁기에도 누군가 설정해놓은 적을 향한 적개심이 종군작가를 통해 재생될 뿐이었다.

1960년대 베트남전쟁기에도 "월남 파병에 반대하는 / 자유를 이행하지 못하고"(김수영, 「어느날 고궁을 나오면서」) 정도의 목소리 외에는 찾아보기 힘들다. 식민지를 살던 때나, 남의 전쟁 베트남에 파병하거

18 장은영, 「김동명의 전쟁 체험과 시적 발화의 두 층위」, 『김동명 문학연구』 7, 김동명학회, 2020, 72쪽.

19 "1990년대 들어서면서 분단문학은 통일문학의 양상을 뚜렷하게 드러낸다. 전쟁의 비극성과 분단이데올로기의 허구성에 대한 비판적 개진으로 집중되었던 분단문학이 남·북한의 이질성의 참모습을 확인하고 진정한 민족적 화해의 길에 대한 모색을 지향하고 있는 것이다."(홍용희, 『통일시대와 북한문학』, 국학자료원, 2010, 345쪽)

나 간에 우리의 문학은 별반 다르지 않았다. 만나서 말다툼 한 번 해본 적도 없는 사람을 죽일 수 있는 한국인의 광기를 아이히만이나 아렌트는 설명할 수 있을까? 위안부와 징용 문제에 목소리를 높이며, 일본의 역사 교과서가 진실을 감췄다고 통탄하는 한국의 교과서는 진실한가? 베트남전쟁 참전 중 여러 마을에서 양민을 집단학살한 한국군, 베트남 여인에게서 라이따이한을 만든 한국군, 그 아이들이 혈육을 찾을 때 외면한 한국인이 있다. 우리의 교과서는 그중 어느 하나라도 실은 적이 있던가? 한국인이 줄지어 찾아가는 베트남의 다낭, 홈쇼핑에 툭하면 등장하는 아름다운 관광지 다낭에 가서 묵념이라도 해봤던가? 다낭을 찾는 이들이라면 빼놓지 않는 관광지 호이안에 한국군의 집단학살 마을이 있다는 것을 알고 옷깃을 여미는 척이라도 해보았던가?[20]

분단문학은 "통일이 고프다"(「산다는 것」)는 이산가족의 절절한 심정을 전한다. 분단문학은 통일의 필요성을 받아들이며, 지리적 분단이 아니라 심리적 분단부터 극복해나가도록 돕는다. 분단문학은 남북의 분단 해결뿐만 아니라 세계 곳곳에서 일어나는 분단의 벽을 넘어서는 문학으로 나아갈 길을 연다. 빈부 문제도 분단만큼이나 갈등의 폭이 깊은데, 요즘에는 성별 대립이나 노인 경멸 같은 세대 갈등이 일상의 공간에서 드러나고 있다. 한 번 만든 갈등과 분단의 선은 좀체 회복하기가 힘들다. 분단문학은 한반도의 구체적 현장을 통해 분단의 현실을 성찰하고, 통일과 평화의 필요성을 배우는 나침반이 될 것이다.

문재인 대통령과 김정은 위원장이 판문점에서 만나 종전의 가능

---

20 "한국군에 의해 학살된 민간인 희생자들을 추모하기 위한 위령비입니다. 이런 위령비는 베트남에 50, 60기 정도가 세워져 있습니다. 1968년 호이안이 있는 꽝남성에서만 4건의 학살 사건이 벌어졌고, 베트남 내 5개 성 전체적으로는 한국군에 의해 모두 9천여 명이 숨진 것으로 베트남 관련 민간단체들은 추정하고 있습니다."(8시 뉴스-「베트남 민간인 학살 50년… 잊혀지지 않는 상흔」, 《MBC》, 2018. 4. 9)

성을 타전하던 시기에 우리는 잠시 평화를 맛보았다. 하지만 악수할 때뿐이었으며, 휴전선은 여전히 완고하다. "묵은 철조망을 절단기로 / 툭툭 잘라낸 뒤에 / 삽으로 말뚝을 캐내면 된다 // 이 짓도 번거로우면 / 불도저로 단박에 밀면 된다"(정춘근, 「철조망 제거법」)[21]는 단순한 통일 해법을 놓고 우리는 왜 먼 길을 돌아가는가? 대통령이나 통일부 장관의 통일정책보다 시인의 해법이 더 명쾌하지 않은가. 저지하는 국경수비대를 무시하고 망치와 도끼를 든 동독과 서독의 시민이 베를린 콘크리트 장벽을 부수는 순간 독일은 진짜로 통일이 이뤄졌다. 베를린 장벽을 무너뜨리던 1989년 그해, 분단 한국에선 모든 탄광을 무너뜨리는 석탄산업합리화 정책으로 가난한 광부 수만 명을 실직자로 내몰았다. 암벽의 막장까지 뚫어내던 실직 광부들을 휴전선으로 보냈더라면 철조망을 얼마나 잘 제거했을 것이냐! 막장을 뚫던 다이너마이트며, 착암기며, 로커쇼벨로 휴전선 철조망을 얼마나 잘 제거했을 것이냐!

> 적인 줄 알았다 / 으스름한 새벽 / 비무장 지대 안에서 / 움직이는 검은 물체가 // 남과 북 병사들 / 핏발선 눈으로 바라보는 / 죽창 같은 긴장의 틈새로 / 햇살이 퍼지자 계곡에서 물을 먹는 / 귀여운 침입자 노루 한 쌍
>
> – 정춘근, 「노루-비무장지대」[22]

긴장과 평화가 대조를 이루면서도 영상미가 넘치는 작품이다. '적-노루, 핏발선 눈으로 마주한 남과 북의 병사, 죽창 같은 긴장-귀여운 침입자 노루 한 쌍'의 맞섬이 비무장지대의 현실을 생생하게 드러낸다. 동시에 자유롭게 물을 찾아가는 노루의 공간, 즉 자유와 평화의

21 정춘근, 『반국 노래자랑』, 푸른사상, 2013, 33쪽.

22 정춘근, 『수류탄 고기잡이』, 작가마을, 2006.

공간으로 환원할 것을 주문하고 있다. 1960년 철원 출생의 정춘근은 1999년 『실천문학』 등단 이후 시집 『지뢰꽃』, 『수류탄 고기잡이』, 『황해』, 『반국 노래자랑』, 『황금기』 등을 통해 분단과 통일문제에 천착하고 있다. 시집 『황해』 서문에서 "낡고 고린내 나는 분단"을 소재로 한다고 밝혔듯, 80년 분단 상황을 당연히 받아들이는 세상에 우리는 살고 있다. 정춘근은 관심에서 멀어진 분단 문제를 고름 짜듯 계속 짜내고 있다. 분단이 실감 나는 철원에 거주하면서, 현장성이 풍부한 언어로 시화하고 있다. 체험자의 증언을 시화하며 기록자의 책무를 다하는 시인에게 경의를 보낸다. 『황해』에서는 이산가족의 삶을 평안도 방언으로 다루었는데, 방언을 모은 정성이 언어학자들을 부끄럽게 할 정도다. 강원지역에서 분단 현실에 천착한 시인은 정춘근이 으뜸인데, 그 '낡은 주제'를 버리지 않기를 기대한다.

> 아버지는 비무장지대 너머에 계시다 / 강원도 고성 금강산 속 / 작은 마을 / 또는 원산에 / 아버지는 계시다 / 외금강과 해금강의 외로운 길 / 논둑의 풀대 끝이나 길가 가지 위에 / 구름 되어 머물고 비로 흐느끼고 / 이미 육신은 땅에 다 털어버린 후 / 바람으로 아들을 부른다 / 설악산 아래 찾아와 밤 지새다 떠난다 / 아홉 살 때 가신 아버지 / 돌아보고 다시 돌아보며 가신 얼굴 / 그때부터 비무장지대는 / 남북을 가르는 띠가 아니다 / 아버지와 내가 찾아가 꽃으로 떠서 / 서로를 들여다보는 강물이 되었다 / 비무장지대는 지금 / 저승의 아버지와 이승의 아들이 / 만나 대화하는 / 새와 풀꽃의 면회소가 되었다
>
> – 이성선, 「새와 풀꽃의 면회소」[23]

고성군에서 태어난 이성선은 속초시를 터전으로 삼아 고성-속

23 이희중·최동호 엮음, 『이성선 전집 1』, 서정시학, 2011, 753-754쪽.

초-양양의 산과 바다를 즐겨 노래했다. 이성선의 창작 주제에는 분단을 다룬 게 거의 없지만, 분단의 가족사를 직접 체험했다는 점에서 위의 작품은 의미가 있다. "설악산 아래 찾아와 밤 지새다 떠난다 / 아홉 살 때 가신 아버지"는 휴전선을 경계로 생이별을 한 자전적 삶을 다룬 작품이다. 금강산 혹은 원산보다 더 먼 미국 땅이었으면 안부라도 나누었을 것을, "비무장지대 너머"의 아버지에 대한 소식은 알 길이 없다. 분단이 빚은 이산가족의 현실과 '자유로운 새와 풀꽃'의 생명력이 대조를 이룬다. 양양-속초-고성은 해방 이후 38선 이북에서 북한 체제로 있다가 한국전쟁 이후에 남한 체제로 편입한 지역이다. 1945년 양양군은 38선을 그어놓고 군민이 갈라진 비극을 지리적으로 체험한 현장인데, 1953년 고성군은 휴전선을 그어놓고 남북이 영토를 갈랐다.

3. 청호동 아바이마을의 트랜스로컬리티

우리가 살고 있는 시대는 공간의 이동이 확장된 모빌리티 사회인바, 디아스포라에만 초점을 맞출 것이 아니라 트랜스로컬리티에도 주목해야 한다. 문화를 현지에 동화시키는 관점에서 볼 때 디아스포라는 이주민이 약자적 위치에 머물지만, 문화의 융합 관점에서 바라보는 트랜스로컬리티는 이주민의 역동성이 긍정적으로 부각된다. 디아스포라 관점의 이주민은 현지 이주공간에서 수직적 관계의 약자적 위치에 처할 수밖에 없다. 하지만 트랜스로컬리티 관점의 이주민은 현지 이주공간에서 수평적 관계일 뿐만 아니라 한 걸음 더 나아가서 새로운 문화를 창출하는 역동성까지 띤다. 트랜스로컬리티는 이주민이 지닌 로컬문화와 현지의 로컬문화가 융합하는 문화적 혼종성을 통해 공동의 보편적 가치를 확보하기 때문이다.

이유혁은 "트랜스로컬리티는 국가의 중심적이고 수직적이고 억압적인 영향에 대항하여 로컬의 미시적인 차원에서 생성되는 저항적이고 대안적인 문화정치적 지형학의 역동적인 움직임을 이해하는 데 유용한 개념"[24]이라고 했고, 김용규는 "근대성에 의해 억압된 다양한 로컬문화들 간의 연대와 그것을 바탕으로 한 새로운 복수적 보편가치의 공동실현을 추구하는 트랜스로컬 문화"[25]라고 했다. 트랜스로컬리티의 주체성을 두고 이상봉은 "트랜스적 경계로 연결된 두 지역의 차이를 적절하게 융합하는 혼종성의 실천"[26]이라고 보았고, 문재원은 "이주자들을 포함한 로컬주민은 자신들이 처한 로컬적 상황과 맥락 속에서 문화적 혼종성을 일상적으로 실천"[27]하는 것으로 보았다. 분단을 기억하는 강원지역의 장소들은 많지만, 트랜스로컬리티를 가장 잘 보여주는 현장은 속초시 청호동 아바이마을이다.

분단, 전쟁, 휴전기의 분단 상처와 관련하여 최남단인 삼척에서부터 최북단 고성까지, 내륙의 원주에서 화천에 이르기까지 저마다의 특징적인 현장성을 지니고 있다. "물난리에 / 떠내려가는 것이 / 그 동네 특산물인데 // 한탄강 황톳물에 / 수없이 떠내려가는 / 발목지뢰도 / 특산물이겠지요"(정춘근, 「특산물」)[28]라는 철원의 현장처럼 말이다. 아바이마을이 분단의 상징으로 주목받으면서 문학작품의 무대로 빈번하게 등장하는 것은 트랜스로컬리티가 구현한 장소성 때문이다.

---

24 이유혁, 「토마스 킹의 경계적 사유와 북미 원주민의 트랜스로컬리티의 문제」, 『트랜스로컬리티와 경계의 재해석』, 소명출판, 2017, 47쪽.

25 김용규, 『혼종문화론』, 소명출판, 2013, 203쪽.

26 이상봉, 「트랜스로컬리티: 포스트모던의 대안적 공간정치」, 『21세기정치학회보』 24, 21세기정치학회, 2014, 52-58쪽.

27 문재원, 「트랜스로컬리티와 정체성의 정치」, 『트랜스로컬리티와 경계의 재해석』, 소명출판, 2017, 177쪽.

28 정춘근, 『황금기』, 선우미디어, 2018, 81쪽.

* 분단을 기억하는 강원지역의 장소들

도시	장소	사건	비고
태백시	태백중학교 (학도병 충혼탑)	학도병 127명 한국전쟁 참전	매년 6월 1일 추모식, 학도병 기념관
	장성광업소	장성 석탄을 묵호항 경유 일본으로 수탈	일본제국주의의 식민지가 한국 분단의 원죄
삼척시	도계광업소	도계 석탄을 묵호항 경유 일본으로 수탈	〃
	삼척시 일원	울진·삼척지구 무장공비 침투사건. 이 사건으로 화전민 철거 법제화	1968. 10. 30~11. 2 (세 차례 무장공비 120명 침투)
동해시	묵호항	석탄 자원을 일본으로 수탈하기 위해 축조	
	동해항	동해-북한 장전항(금강산 관광을 위한 금강호 취항)	1998. 11. 18.
강릉시	강동면 안인	남북 평화 시기인 1996년에 북한 잠수 함 침투	잠수함의 북한군 26명
		한국전쟁 최초의 남침 지역이자, 최초의 인명피해 지역	1950. 6. 25.
		강릉통일공원	북한 잠수함 전시
	인민군죽은골	"6.25 때 이 골에서 인민군이 죽었다"라 는 데서 지명유래	강동면 산성우2리
	강릉공항(공군)	1969년 12월 11일 강릉발-김포행 KAL기 납북(51명 납치, 39명 귀환)	김수영 시인 처남은 귀환하지 못함
	주문진 피난민촌	주문진 교항리 일대(불당골 등)의 피난 민촌. 교항리 수용소로도 불리는 곳에서 83세대가 살았으며, 2009년 철거	주문진읍 교항리 259번지
	주문진등대	웅기(선봉)-판신(고베) 간 직항선 기항지	강원도 최초의 등대 (1918)
양양군	38선	1945년 해방과 동시 분단	한국전쟁 과정에 수복
속초시	속초항	금강산 쾌속 관광선 취항	2001. 1. 6.(2008. 7. 11. 관광객 피살로 금강산 관광 중단)
	수복탑	수복기념탑	속초시 동명동 374
	청호동 아바이마을	이북 피난민 집단 거주, 우리나라 최대 피난민촌	속초시 청호로 122

도시	장소	사건	비고
고성군	관동팔경	갈 수 없는 팔경-삼일포와 총석정	(북한) 고성군 소재
	DMZ박물관, 6.25 전쟁 체험관, 통일전망대, 화진포 역사안보전시관	DMZ와 한국전쟁 박물관 및 체험관이 있으며, 북한을 조망할 수 있다. 또 김일성·이기붕·이승만의 별장을 전시관으로 조성해두고 있다.	고성군 현내면
	고성군 일원	강원도 분도 및 고성군 분리	
횡성군	곡교리, 고내미고개	횡성읍 곡교리에서 1950년 6월 28일 한국전쟁 최초로 민간인 학살이 일어났으며, 100명 학살(강원도 6사단)	6사단이 강원도에서 학살한 숫자는 4,700명
원주시	가리파고개, 세고개, 양안치재	보도연맹원 체포 40~50명 학살(강원도 6사단)	6사단 헌병대 4과장 김만식 증언
화천군	인민군사령부 막사	1945년 건립한 석조 건물. 북한의 상징인 오각별이 중간에 새겨진 시멘트 기와로 건축. 한국전쟁 때 인민군 막사로 사용하다가 이후에는 한국군이 사용했다.	등록문화유산 제27호
인제군	DMZ 평화의 길	서화면 대곡리초소-을지삼거리-1052고지 46km 구간	
양구군	양구통일관, 양구전쟁기념관, 을지전망대, 제4땅굴	전쟁기념관, 전망대, 제4땅굴 등은 '펀치볼지구 안보관광지' 탐방으로 통합하여 운영된다.	
	야생동물생태관	양구 지역의 동물생태를 비롯해 DMZ에 서식하는 동식물을 전시하고 있다.	양구군 동면 숨골로 310번길140
철원군	철원 DMZ 두루미 평화타운, 철원평화전망대, 승리전망대, 제2땅굴, 노동당사, 월정리역, 철원관광정보센터	철원 DMZ지역은 생태평화타운을 조성하고 있으며, 전망대에서는 북한지역 전망이 가능하다. 1975년 발견한 북한의 침투용 제2땅굴이라든가 노동당사와 철길이 끊긴 상징장소로 월정역 등이 있다. 철의 삼각전직관을 관광정보센터로 변경했다.	
	피의 백마고지	산명리 일대의 피의 백마고지는 한국전쟁 때 열흘 동안 주인이 열두 번 바뀐 치열한 전투지역	
동해안 공통	해안 철조망 해안 초소	야간 바다 입장 금지	
	바다	덕길호(1957), 천왕호(1975) 등 10여 회 어선 피랍	

혹시 청호동에 가본 적이 있는지 / 집집마다 걸려 있는 오징어를 본 적이 있는지 / 오징어 배를 가르면 / 원산이나 청진의 아침 햇살이 / 퍼들쩍거리며 튀어오르는 걸 본 적이 있는지 / 그 납작한 몸뚱이 속의 / 춤추는 동해를 떠올리거나 / 통통배 연기 자욱하던 갯배머리를 생각할 수 있는지 / 눈 내리는 함경도를 상상할 수 있는지

– 이상국, 「청호동에 가본 적이 있는지」[29]

"청호동과 중앙동 사이를 오간 게 아니고 / 마흔 몇 해 동안은 정말은 / 이북과 이남 사이를 드나든 것이다"

– 이상국, 「갯배 1」[30]

양양 출생의 이상국은 「갯배」 연작을 비롯해 「성진 갈매기」, 「홍남시민공원」 등 여러 편의 작품에서 청호동을 다루었다. 시에 등장하는 갯배는 청호동과 중앙동 사이 청초호를 오가는 나룻배다. 청호동은 함경도 피난민이 집단으로 모여 사는 장소로서 '분단'과 '난민'의 상처를 보여주는 한국의 상징적 장소이기도 하다. 청호동을 상징하는 것은 「청호동에 가본 적이 있는지」에 등장하는 오징어와 「갯배 1」에 등장하는 갯배다. 오징어에서 청호동 아바이순대라는 특산품이 나왔고, 청호동 아바이마을로 가기 위해서는 갯배가 있어야 했다. 청호동에서 중앙동을 오가는 아바이마을 갯배(청호1호, 2호)는 우리나라 유일한 갯배 교통선이었는데, 이상국은 "청호동과 중앙동 사이를 오간" 갯배가 아니라 "이북과 이남 사이를 드나든 것"이라고 보았다. 청호동의 이북에서 피난 온 실향민의 마을이자, 남한에서 빈손으로 살아가는 사람들의 마을이기 때문이다. 승선 거리는 50m 정도로 길지 않지만, 선원이 갈고리로 와이어

29 이상국, 『국수가 먹고 싶다』, 지식을만드는지식, 2012, 68-70쪽.

30 이상국, 『우리는 읍으로 간다』, 창작과비평사, 1992, 71쪽.

로프를 당겨 작동하는 갯배는 청호동의 명물이었다. 대인 편도 500원 요금이 있을 때 속초시민에겐 무료로 운행한 점도 인상적이다. 갯배는 1960년대 들어 뗏목으로 운행되다가 이후 무동력 갯배가 운행되었다.[31]

> 처마가 낮은 골목길 온몸으로 틈을 막아 식솔들을 거느리며 생선 다라이를 이고 아바이마을을 내다 팔던 시절 아마이들은 전설이었다 // 갯바람이 그 뻔한 상처에 염을 치는 날이면 꺼이꺼이 짐승 울음을 울던 함경도 아바이들은 해진 틈새가 아물 날이 없었다 // 아바이들이 제 그림자를 지우고 이승을 떠나도 / 청호동 아바이마을은 / 아바이 이름으로 먹고 산다
>
> – 박봉준, 「아바이마을 아마이」[32]

> 총소리가 멈추자 // 청호동 모래톱 위 / 함경도가 주저앉았다 // 타고 왔던 창이배로 / 여름엔 오징어바리 / 겨울엔 명태바리로 / 식구들 먹여 살리다
>
> – 김종헌, 「청호동 이야기 · 1」[33]

---

31 청호동과 중앙동을 이어주고 있는 도선 갯배는 일제 말기에 속초항이 개발되면서 당초 부월리2구(청호동)와 속진(중앙동)이 맞닿아 있던 것을 준설, 외항과 내항(청초호)이 통수되고 폭 92m의 수로가 생긴 것이다. 속초읍에서 갯배 1척을 만들어 도선으로 이용하였는데, 당시 갯배의 크기는 트럭 한 대와 우마차 한두 대를 같이 실을 수 있는 크기였다. 그러나 6·25동란으로 폐선, 그 후 수복이 되면서 거룻배(종선)를 사용하게 된 것이다. 1988년 갯배는 청호동개발위원회(현 주민자치위원회)에서 위탁 경영하면서 1988년에 낡은 목선에서 35인승 FRP선으로 바뀌었으며, 2017년에 32인승 FRP선으로 교체되어 현재 운영 중이다. 갯배와 갯배나루는 TV드라마 「가을동화」와 TV오락프로그램 「1박 2일」로 다시금 세상의 주목을 받았다. 이젠 구수로 교량(금강대교)과 신수로 교량(설악대교)이 연결돼 갯배를 이용하지 않고도 시내를 오고 갈 수 있게 되었지만 청호동과 갯배, 갯배나루는 잃어버린 고향으로 되돌아가는 길목이었기에 관광객이 붐비는 지금도 우리는 여전히 이곳을 '실향1번지'라 부른다(속초 청호동의 입간판 「갯배의 유래」).

32 『시와 소금』, 2022년 여름호, 90쪽.

33 김종헌, 「청호동 이야기 · 1」, 『갈뫼』, 설악문우회, 2020, 324쪽.

아바이는 다 떠났어도 그 "아바이 이름으로 먹고 산다"는 아바이마을의 지속 가능성을 보여준 작품이다. 고성 출생의 박봉준은 「아바이마을 아마이」를 통해 "다라이를 이고 아바이마을을 내다 팔"면서 생계를 꾸리는 것은 '아마이'였다면서 '아바이'에 비해 덜 알려진 어휘를 내세웠다. 속초지역에서는 어머니나 할머니 항렬을 뜻하는 함경도 방언 '아마이'를 브랜드 네이밍으로 사용하는 곳이 늘어가고 있다. 아마이홍게, 아마이젓갈, 아마이생선구이, 아마이커피 등이 대표적이다. '아바이순대'가 성공한 것처럼, '청호동 말'[34]을 통한 브랜드 네이밍은 청호동을 기반으로 한 지역적 정체성을 살리는 좋은 시도라고 본다.

속초에서 활동하는 김종헌은 연작으로 시도한 「청호동 이야기 · 1」에서 전쟁 후 만들어진 청호동의 유래를 "총소리가 멈추자 // 청호동 모래톱 위 / 함경도가 주저앉았다"고 기술한다. 한국전쟁의 함경도 피난민 처지와 청호동 아바이마을의 유래를 함축적으로 시화했다. 박봉준이 '아마이'가 먹여살렸다고 특이점을 찾아낸 것처럼, 김종헌은 '창이배'가 먹여살렸다고 보았다. 아마이와 창이배는 청호동 지역의 정체성을 선명하게 드러내는 어휘들이다. 1950년대의 창이배는 큰 돛과 작은 돛을 앞뒤로 배치한 범선으로, 동력선이 본격화하기 전까지 함경도와 강원도에서 주로 고기잡이배로 사용했다. 1.4후퇴 때 몸만 빠져나와 급히 남쪽으로 향하는 이북 피난민들의 생명을 살린 배

34 "청호동 말을 이르는 민간 명칭의 종류로 '청호동 말'과 '이북말', '함경도 말', '북청 말'이 있다. '청호동 말'은 청호동 말의 주된 사용지역을 중심으로 명명한 명칭이며 '이북말', '함경도 말', '북청 말'은 청호동의 역사와 구성원들의 출신을 의식한 명칭으로 그 명칭을 통해 이북 지역 혹은 이북 방언으로부터의 영향을 직접적으로 드러낸다. 다음 사례에서 볼 수 있듯이 청호동 사람들은 '청호동 말'과 '이북말'을 같은 뜻으로 인식하는데, '이북말'은 이북 출신 및 피난 경험이 중심이 되는 청호동의 사람과 공간에 대한 정의를 직접적으로 반영하는 것으로 여겨지기도 한다."(김성인, 「아바이 말 그리고 나의 말: 속초시 청호동 사람들의 언어 사용과 언어이데올로기」, 서울대학교 대학원 인류학과 인류학 전공 석사논문, 2015, 35쪽)

가 창이배였다.

고성이나 양양, 속초는 강원도 출신을 제외한 이북5도 출신자가 70퍼센트를 상회한다. 1950년 12월 흥남 철수 때 미군 LST로 부산항으로 실려갔다가 한 발자국이라도 더 가깝게 고향으로 가려는 일념으로 몰려든 사람들이 집단촌을 이루었다. "피눈물을 흘리면서 1·4 이후 나 홀로 왔다"던 무수한 그 '아바이'들이 정착한 '아바이마을' 청호동. 함경남도 출신이 93퍼센트를 차지하는데 이들의 70퍼센트가 어업에 종사했다.[35]

청호동 아바이마을은 한국전쟁 피난민들의 고단한 삶을 증명하는 장소이자, 남북 분단이 빚은 비극을 증명하는 장소다. 청호동의 집은 부엌은 있어도 화장실은 없는 집의 특징이 있는데, 그것은 밥만 먹고 며칠 잠을 자다가 고향으로 돌아갈 생각에서 그렇게 지었다는 것이다. 고향 가까이에 피난민 정착촌을 만들고 전쟁 후에는 고향에 가려던 이들이 영영 가지 못한 긴 분단의 세월을 보여주는 장소다. 이제 청호동 아바이마을은 우리나라에서 마지막 남은 피난민 집단촌이다. 강릉의 주문진 피난민촌도 규모는 컸으나 사라진 지 오래다. 청호동 아바이마을을 이룬 피난민 1세대 대부분 세상을 떠났으나, 실향민 2세와 3세가 거주하면서 아바이마을을 지키고 있다. 피난민 후세가 다 사라지더라도 아바이마을은 여전히 이북 실향민의 집단 거주지 상징을 띨 것이다. 아바이마을로 표상되는 청호동은 속초의 정체성이자, 분단 강원도를 드러내는 장소이므로 잘 가꿔야 한다.

청호동의 피난민들은 어업으로 생계를 유지하면서 청호동의 독특한 어촌 문화를 일구었다. 가장 대표적인 것이 아바이순대로, 속초

---

35 주강현, 『등대』, 생각의나무, 2007, 475쪽.

의 토속음식으로 확고히 자리 잡았다. 관광객은 갯배를 타고 아바이마을로 들어가서 아바이순대를 먹고 사진 한 장 남기는 걸 즐기고 있다. 강릉에서 북한 잠수함을 통한 통일공원의 관광화는 실패했지만, 속초 아바이마을은 성공했다. 그 차이는 속초에는 '아바이'라는 어휘, '순대'라는 먹거리, 아바이마을에서 생활하는 '주민'이 있었기에 가능했다. '아바이'는 함경도 방언으로 아버지, 할아버지, 늙은이 등을 뜻한다. 함경도 출신의 아바이들이 집단촌을 이룬다 하여 '아바이마을'이라고 불렀다. 잠시 피난 내려온 이들이 분단의 고착화로 고향으로 돌아가지 못하고 실향민 집단촌을 이루면서도 트랜스로컬리티를 실현했다. 함흥냉면, 아바이순대 등의 식당을 운영하면서 생계를 꾸리는 과정에 함경도와 속초의 문화가 만나 융합하기 시작했다. 마치 함경도 방언 아바이가 속초의 청호동 장소와 결합하여 아바이마을을 만든 것처럼 말이다. 순대는 한반도에서 전국적인 음식이었지만, 요리를 잘하는 함경도 사람들이 자신들의 순대 요리법에다 속초시의 명물인 오징어를 결합하여 오징어순대를 만들었다. 돼지창자 대신 속초에서 쉽게 구할 수 있는 오징어를 사용했으며, 선지 대신 젊은 세대가 선호하는 채소를 넣으면서 오징어와 채소가 맛의 조화를 이루었다.

아바이순대는 속초의 대표적 토속음식으로 등극했으며, 우리나라의 순대 종류를 언급할 때도 빠지지 않을 정도로 트랜스로컬리티의 진수를 보여준다. 함경도식 순대를 속초에서 변형하면서 아바이순대를 만들었으니 음식의 트랜스로컬리티를 이룬 것이다. 속초에 정착한 함경도 실향민들은 아바이순대, 명태순대, 함흥냉면(명태회), 오랑캐만두, 북한송편 등의 함경도 음식을 선보이면서 속초의 특성과 결합하는 트랜스로컬리티를 실현하고 있다. 2000년 인기 드라마 「가을동화」(출연: 송승헌 · 송혜교 · 원빈) 촬영지로 아바이마을에는 많은 관광객이 찾아왔다. 드라마 속 슈퍼마켓으로 나와 명성을 얻은 '은서네 집' 슈퍼마켓

마저 순대식당으로 바뀔 정도로 아바이순대는 속초의 대표 음식으로 자리를 잡았다.

청호동 아바이마을을 품은 속초시는 아바이마을, 아바이순대를 특산품화하면서 실향민축제로까지 확장했다. 2016년 '제1회 전국이북실향민문화축제'로 시작하여 2024년 6월까지 해마다 행사를 개최했다. ▲합동망향제, ▲북한문화예술공연, ▲속초·이북사투리 경연대회, ▲이북 음식 체험, ▲실향민 문화 체험 투어, ▲실향민 통일 학술포럼 등 분단의 정체성을 담아냈다. 실향민의 대표도시라는 역사적·문화적 정체성을 통해 한국 유일의 실향민문화축제까지 만들어낸 점은 트랜스로컬리티의 긍정성을 보여주는 바람직한 기획이다.

4. 분단의 장소가 던지는 과제

양양군은 38선 분단지역으로 그 표석이 지금도 남아 분단의 비극을 지리적으로 증거하고 있다. 38선과 관련한 장소의 흔적 새기기가 필요하다. 양양군 어느 휴게소 앞에 초라하게 선 38선 표지석을 분단의 상징 장소로 강화할 필요가 있다. 38선에서 휴전선의 거리는 분단의 비극을 보여주는 상징이자, 평화가 위협받는 분단의 현실을 깨닫게 할 것이다. 38선으로부터 휴전선까지의 거리를 인식할 수 있는 문화콘텐츠 개발이 필요하다.

삼척·동해·강릉·양양·고성·속초 지역의 아름다운 바다를 막은 철조망은 분단이라는 민족 비극을 구체적으로 보여주고 있다. 관광산업을 저해하는 해안 철조망 철거에 대한 주민의 목소리가 높다. 원주시에서 지역 개발을 위해 군용 시설 철거 목소리를 내는 것과 닮았다. 해안 철조망은 계속 철거되어야 하지만, 일부 구간을 남겨 역사화하는 것도 고려해야 한다.

> 아버지는 이토록 뱃놈이다 / 아버지 함경도 사투리는 여직 변함이 없고 / 덕장 밑에서 명태 배때기를 가르고 있는 어머니와 / 말없는 누이의 젊음이 바닷바람에 젖는다 / 1 · 4 후퇴 때 피난민이 되어 / 한 많은 피난민이 되어 / 한이란 한은 몽땅 북쪽 고향에 두고 / 아버지는 오늘도 뱃놈이다
>
> – 강세환, 「교항리 수용소」[36]

주문진 출생인 강세환은 "1.4후퇴 때 피난민"이 정착해서 살던 주문진 피난민촌의 삶을 다루고 있다. 고향을 두고 온 것도 한이고, 전쟁 통에 이산의 비극을 맞은 것도 한이고, 사투리가 다른 타향의 문화적 이질감도 한이고, '이토록 뱃놈, 오늘도 뱃놈'으로 살아가는 곤궁한 처지도 한스럽다. 시의 제목으로 삼은 '교항리 수용소'는 주문진 피난민촌의 별칭인데, 83세대가 집단 거주지를 이루면서 영동지역은 속초의 아바이마을 다음으로 유명한 피난민촌이었다. 주문진읍 교항리 259번지에 있던 피난민촌은 역사적 가치라든가, 그 안에 담긴 숱한 스토리 측면에서 보존할 명분이 있었다. 그런데도 도시미관을 해친다는 이유로 '주민의 숙원사업'이라는 이름을 붙여 2009년에 철거했다. 강원의 정체성을 반영한다는 것이 무엇인지, 분단을 다루는 가치가 얼마인지 아직 강원에서는 제대로 이해하지 못하는 듯하다.

> 통일은 말로 하는 것이 아닙니다. 진정한 행동으로 하는 것입니다. 그러기 위해서는 또 길은 하나뿐입니다. 모든 역사 사실들을 사실대로 드러내놓고, 서로의 잘잘못을 솔직하게 인정할 것은 인정하고, 용서할 것

---

36 강세환, 『월동추』, 창작과비평사, 1990, 74쪽.

> 은 용서하며 화합의 길을 닦아나가는 것입니다.
>
> 저는 이 사실을 '분단 극복 소설'의 기본 틀로 삼기로 했습니다. 사실을 사실대로 말하는 것, 그 첫 번째는 우리의 반공교육이 사회주의자나 빨치산들을 악마나 흡혈귀라고 했던 것을 '인간'으로 바꾸는 것이었습니다. "그들은 악마나 흡혈귀가 아니라 우리와 똑같은 인간이다." 이 당연한 사실을 말하는 것이 반공주의에 정면으로 맞서는 것이 되고, 국가보안법을 부정하는 범죄가 되는 것이 우리의 현실입니다.
>
> 그리고 두 번째 해야 할 일은 우리의 군대, 경찰 그리고 미군이 전쟁통에 저지른 잘못들도 솔직히 드러내 따지자는 것이었습니다. 그렇게 해야만 서로의 잘잘못이 제대로 드러나고, 그 진실의 토대 위에서 진정한 용서와 이해가 이루어져 화합의 길로 나아갈 수 있다는 인식이었습니다.[37]

조정래의 『태백산맥』이 등장한 것은 국가보안법의 칼날이 시퍼렇던 전두환 군사독재 시절이니, '진실을 드러내기 위한 진정한 행동'의 의지가 없었다면 쉽지 않은 일이다. 문인은 아니지만, 강릉 출생 최철 역시 조정래만큼 진실을 밝히려는 의지를 지니고 있었다. 미국인에게 매 맞고 버려지는 양공주는 동두천에만 있는 것이 아니라, 강릉에도 있었다는 걸 안 것은 최철의 『강릉, 그 아득한 시간』을 통해서였다. 한국전쟁 때 남한 여성을 겁탈하고, 민가에 들어와 폭력과 강탈을 일삼은 이들은 북한군이 아니라 한국군과 미군이었다는 사실을 알게 된 것도 그 책을 통해서였다. "힘없던 우리 민족은 적군의 총과 칼에 떨고 아군의 횡포에 다시금 치를 떨어야 하는 수난의 시대였다. 아이러니한 점은 6·25 전란 때 강릉 시내에 3개월 동안 머문 인민군들은 한 번도 이러한 부도덕한 행동을 저지른 적이 없다는 점이다"[38]라는 문장을 읽

37 조정래, 『황홀한 글감옥』, 시사인북, 2009, 212쪽.

38 최철, 『강릉, 그 아득한 시간』, 연세대학교 출판부, 2005, 202쪽.

으면서 나의 한국사 수준에 몸을 떤 적이 있다. 그 말이 사실인지 확인하기 위해 70대 이상의 강릉시민 수십 명을 만나러 다닌 적이 있다. "인민군이 지나갈 땐 딸을 감추지 않아도, 미군이나 국군이 지나갈 땐 딸들 얼굴에 숯검정을 묻혀 다락으로 들이밀었다"는 말도 그때 들었고, "인민군은 잘 먹고 간다 하고, 국군은 곳간까지 알뜰하게 훑고 간다"는 말이 유행어까지 되었다는 것도 그때 들었다. 이런 사실을 증언하는 이들은 주변에 많으나, 아직 구체적인 자료집조차 나오지 못했다.

문인이든 아니든 최철의 문장 같은 사실들이 전설이 되지 않도록 기록하는 일이 필요하다. SNS가 등장하면서 문인의 글과 일반 대중의 글솜씨가 별 차이가 없어 보이고, 생산량으로 봐도 별반 차이가 나지 않는다. 생성형 AI가 등장하면서 인간이나 컴퓨터나 결과물에 큰 차이가 없는 세상이 되었다. 문인이 문인다우려면 조정래가 지녔던 '진실을 드러내기 위한 진정한 행동'이 필요하다. 분단의 현장에서 온몸으로 살아가는 강원의 문인이라면 더욱 그렇다.

가장 큰 과제는 영원한 평화가 아닐까? 강원의 분단을 상징하는 장소를 통해 그 비극을 넘어서는 평화의 걸음을 만들어야 한다. 분노가 향해야 할 곳은 '적'이 아니라 '전쟁'이라는 비극이어야 한다. 그 전쟁의 역사를 배우는 것은 평화를 유지하기 위한 것이어야 한다. 민족을 내세우면서 국가끼리의 적대감을 조성하는 것은 미래를 향한 것이 아니다. 동서양의 이데올로기 같은 냉전은 이미 사라진 지 오래다. 공산주의니 자유주의니 하는 이념이 사라진 자리에 자본주의가 들어섰다. 베트남이나 중국 같은 공산주의 국가 역시 자본주의를 도입했으며, 한국이나 미국 같은 자유주의 국가와 자유무역과 자유 관광객을 통해 교류를 활발하게 하고 있다. 영원한 적은 없다는 개념이 아니라, 전쟁이 아니라 평화로 세계가 교류해야 한다는 사실을 보여준다.

휴틴 베트남작가동맹 서기장(60)을 비롯한 베트남의 대표작가 4명이 한·베트남 수교 10주년을 맞아 민족문학작가회의의 초청으로 방한했다. 2000년 국가최고문학상 수상 시인이기도 한 휴틴 서기장은 이날 "베트남작가동맹 최초로 한국을 공식 방문하게 돼 기쁘다"며 "과거는 현재와 미래 속에서 더욱 풍부해질 것이다"라고 소감을 밝혔다. 그는 이어 "베트남의 시인 겸 소설가인 발레의 최근작 『그대 아직 살아있다면』을 시작으로 앞으로 시 100편, 소설 50편을 순차적으로 한국에 소개할 예정이다"라고 말했다.

한편 소설가 황석영 씨는 이 자리에서 베트남 작가들에게 베트남전 참전에 대해 개인 자격으로 사과했다. 베트남전 참전 경험을 바탕으로 소설 『무기의 그늘』 등을 쓴 바 있는 황 씨는 "자의적인 참전은 아니었지만 과거사를 정중히 사과한다"며 고개를 숙였다. 황 씨는 "일본 작가들이 우리에게 사과해야 하듯 한국 작가들도 베트남인들에게 사과해야 한다"면서 "그러나 베트남전 참전은 작가로서 우리의 정체성을 확인하게 만든 소중한 경험이었다"고 밝혔다. 이에 대해 휴틴 서기장과 즈엉징 특주한 베트남 대사 등은 황 씨와 뜨겁게 악수하며 고마움을 표시했다.[39]

한국의 작가들이 베트남 작가에게 사과하는 방식도 아름다운 화해의 한 방법이었다. 베트남전에 참전했던 황석영은 소설 『무기의 그늘』을 통해 베트남전쟁을 짚은 바 있지만, 베트남 작가 앞에서 직접 사과하는 자세는 지식인의 바람직한 성찰 태도였다. 일본의 지식인이 한국의 식민지 역사에 대해 반성하는 것을 두고 우리가 반기듯이, 우리의 잣대도 베트남을 향해 공정해야 한다. 김대중·노무현·문재인 대통령은 그들의 방식으로 베트남전쟁에 대해 유감을 표명한 바 있다. 그럴 때마다 월남참전전우회, 고엽제전우회 등의 군 관련 단체에서는

39 《국민일보》, 2002. 10. 25.

한국군에 의한 베트남 양민 학살비

그런 태도에 대해 반발하기도 했다. 베트남전에 참전한 한국의 군인도, 피해를 겪은 베트남 사람들도 모두 피해자로 남았다. 승자든 패자든 크고 작음이 있을 뿐, 전쟁은 양쪽 모두에 피해를 준다. 국방력보다 외교력이 더 강화되어야 하는 까닭이기도 하다.

> 1948년 12월 1일 내전에서 승리한 피게레스는 육군사령부 요새에서 군대 폐지를 천명하였다. "병영을 박물관으로 바꿉시다"라는 그의 제언은 내전으로 피폐해진 국민들로부터 광범위한 지지를 받았다. 1949년 11월 7일 새로운 헌법이 반포, 시행되었다. 이것이 현재 코스타리카 헌법이다. 제12조에 "항구적 조직으로서 군대는 금지한다"는 조항이 포함되어 있으며, '비무장 헌법'은 여기에서 탄생한 것이다.[40]

40 아다치 리키야, 설배환 옮김, 『군대를 버린 나라』, 검둥소, 2011, 60쪽.

> 코스타리카 사람들은 이렇게 말하고 있었다.
>
> "군대를 보유하고 있기 때문에 서로 자꾸 의심하게 되고 도리어 전쟁 위험성이 높아진다. 그러므로 군대를 갖지 않는 것이 바로 최대의 방위력이다."
>
> 1980년이라고 하면 냉전이 지배하던 시대다. 그러한 때, 게다가 미국의 뒤뜰이라고 불리는 중앙아메리카에서 그렇게 태평한 말을 하고 있는 사람들이 있었던 것이다. 말뿐이라면 누구라도 할 수 있겠지만, 그것이 한 국가의 정책으로 국제사회에서 통용되고 있다는 사실은 불가사의 그 자체였다.[41]

코스타리카처럼 군대를 없애고 외교를 강화하여 국방을 지키면 세상은 조금 더 평화로워지지 않을까? 일본 역시 헌법에서 군대 보유를 금지한다고 밝혔지만, 실상은 웬만한 나라의 군대보다 더 강한 자위대라는 군사조직을 보유하고 있다. 그런 점에서 코스타리카의 결단과 지속적인 실천이 더 아름답게 다가온다. 파나마 역시 코스타리카를 따라서 군대를 폐지했다. 파나마는 1989년까지 군인 출신 대통령이 계속 집권한 나라이기도 하다. 군인 출신 대통령이 집권한다는 것은 장기독재를 의미하기도 한다. 쿠데타 정권을 다시 쿠데타로 뒤집는 혼란이 이어지던 파나마에서는 토리호스의 경우 1969년부터 비행기 사고로 죽은 1981년까지 12년간이나 장기독재에 들어갔다. 파나마는 군인의 쿠데타를 방지하기 위해 1990년 군대를 해체하면서 군대 없는 나라가 되었다.

---

41 위의 책, 18쪽.

제4장
정동진의 산업변화와 재장소화

1. 일출의 명소 정동진이 탄광촌이라고?

해마다 새해에는 신년 소망을 빌기 위해 일출을 보려는 사람들로 해안이 북적인다. 한국은 양력과 음력을 함께 활용하니 일출 명소는 두 번씩이나 새해를 맞이하여 붐빈다. 일본에는 정월 새해를 보면서 소원을 비는 하쓰히노데(初日の出: はつひので)라는 풍습이 있다. 일본에서는 높은 산 정상에서 일출을 맞이하는 고라이코(御來光: ごらいこう)라는 단어가 따로 있을 정도로 일출 맞이는 오래된 풍습이다.

우리는 새해 일출을 보면서 소망을 빌거나 신년 계획을 세운다. 계획을 세우고 실패하는 고비가 3일인 것은 한국이나 일본이나 비슷한가 보다. 일본에는 "머리를 깎고 출가한 지 3일 만에 다시 속세로 돌아온 스님(三日坊主)"이라는 속담이 있다. '三日坊主(밋카보즈, みっかぼうず)'는 꾸준히 지속하지 못하고 금방 포기하는 사람을 비유적으로 가리키는 표현이다. 우리말의 '작심삼일'과 같은 셈이니, 한·중·일 모두 3일 이상 실천은 어려운 모양이다.

3일 실천은 어려워도 날마다 새로운 해가 떠오르니 참으로 다행이다. '일신일일신우일신(日新日日新又日新)', 하루를 새롭게 하고, 날마다 새롭게 하며, 또 날로 새롭게 하면 되니 말이다. 굳이 새해가 아니더라도 정동진에는 해돋이를 맞으려는 사람들의 발길이 끊이지 않는다. 우리나라에서 정동진 일출만큼 1년 내내 인기를 끄는 장소도 없다.

고조선의 도읍인 아사달과 조선(朝鮮)에도 '아침이 빛나는 땅'의 의미를 담고 있으니, 해돋이에 열광하는 것은 민족의 역사에 흐르는 DNA에 닿아있다. 우리나라에서 가장 먼저 태양을 비추는 땅은 정동진이니, 이곳의 일출이 지닌 상징성은 참으로 크다. 정동진의 이름은 서울의 정동(正東) 방향이라는 위치에서 유래한다. 경복궁의 정문인 광화문에서 정동(正東)이라 하여 붙여졌는데, 현대의 측량기술로 살펴보니 광화문이 아니라 서울 도봉산의 동쪽이라고 밝혀지기도 했다. 그렇더라도 정동진의 명성은 퇴색되지 않는다. 정동이라는 지명이 장소성을 강화하고 있기 때문이다. "내가 그의 이름을 불러주기 전에는 / 그는 다만 / 하나의 몸짓에 지나지 않았"(김춘수, 「꽃」)으나, 정동이라는 이름을 얻는 순간 "잊혀지지 않는 하나의 의미"가 되듯 우리나라의 진정한 동쪽이 된 것이다.

동해시는 '정동방(正東方)'의 이름을 얻기 위해 두 개의 비석을 세우면서까지 정동진의 인기에 편승하고자 했다. 추암동의 촛대바위 전망대에 "남한산성의 정동방(正東方)은 이곳 추암해수욕장입니다"라는 비석을 세우는가 하면, 묵호동의 까막바위 전망대에 "서울 남대문의 정동방(正東方)은 이곳 까막바위입니다"라는 비석도 세웠다. "국립지리원이 1999년 10월 26일 공인했다"는 문구까지 함께 담았다. 강릉의 정동진이 누리는 인기에 편승하여 동해시 역시 정동(正東) 방향의 의미를 담아본 것이다. 하지만 관광객은 여전히 정동진을 더 사랑했다. 이는 지리학적 정동(正東)의 위치에 대한 관심보다는 지명으로서의 정

동해시의 촛대바위에 쓴 정동방향이라는 이정표

동진에 더 관심을 둔 것이다. 지명이 지닌 상징성이 얼마나 중요한가를 보여주는 대목이다. 그런 점에서 동해시는 '정동'보다는 '동해(東海)'라는 지명을 더 강화하여 접근하는 것이 낫지 않을까.

> 정동은 유일해서 세상 어디나 서쪽인데
> 세상 모든 서쪽으로부터 온 것들,
> 삼라만상이 기우뚱, 갑자기 붉다 갑자기 우,
> 붉게 밀릴 때
> 눈
> 뜨는 중이다 저 동해 일출
> 신의 한쪽 눈이 지금 정동진에 있다.
>
> - 문인수, 「동해 일출」 부분

매일 어느 곳에서나 만나는 태양이지만 정동진의 일출은 남다른 감동을 준다. 문인수 시인은 일출 무렵, "신의 한쪽 눈이 정동진에 있다"라고 했다. 정동진의 일출은 지명에서 비롯하여 모두의 일출 장소로 사랑받고 있다. 장소는 "우리가 그 장소를 특별하게 만드는 만큼만 특별해진다"[1]는 의미가 새삼스럽다. 이푸 투안은 "한 장소에서의 오랜 시간은 우리가 기억하길 원하고 또 할 수 있는 기억들을 거의 남기지 않을 수 있지만, 짧은 동안의 강렬한 체험은 우리의 인생을 바꿀 수 있다"고 했다.

「목신의 오후에의 전주곡」이나 「현악 4중주」로 사랑받는 드뷔시는 바다의 술렁거림을 음악으로 표현한 바 있다. '관현악을 위한 3개의 교향적 소묘'라고 이름 붙인 드뷔시의 「바다(La mer)」를 향해 귀를 열어보자. 1악장 '바다 위의 새벽부터 정오까지'는 느린 템포로 시작하여 여명에서 환한 대낮까지의 변화, 2악장 '파도의 장난'에서는 해변으로 밀려오는 큰 파도와 작은 파도의 변화를, 3악장 '바람과 바다의 대화'에서는 폭풍우 몰아치다 지나간 후의 고요함을 들려준다. 드뷔시는 "전원교향곡을 듣는 것보다 해돋이를 보는 것이 더 유익하다"라고 했다. 왜 일출을 정동진에서 맞이해야 하는지, 정동진 바다에 서 보면 알 수 있다.

사진이 없던 시절, 그림은 사실적 묘사가 중요했다. 그런데 카메라가 등장하면서 그림을 통한 재현의 중요성은 떨어지기 시작했다. 미술사에 인상파의 화풍이 등장한 경계점은 카메라였다. 카메라는 빛을 중시했는데, 인상파 역시 빛의 영향을 중시했다. 인상주의라는 용어는 모네의 「인상, 해돋이」에서 출발한다.

---

1 에릭 와이너, 『소크라테스 익스프레스』, 어크로스, 2021, 115쪽.

모네, 「인상, 해돋이」(1872)

해가 뜨기만을 기다렸다가 떠오르는 태양을 보자마자 그 순간을 짧고 빠른 붓질로 그려 완성한 작품입니다. 모네는 빛에 의해 끊임없이 변해가는 바다의 빛깔을 정신없이 화폭에 옮겼습니다. 모네가 이런 그림을 그릴 당시 미술계와 언론은 모네의 작품이 그저 첫인상만 슬쩍 그린, 아니 그리다 만 작품이라고 조롱했다고 합니다.[2]

현대 미술의 찬란한 여명이 인상파에서 출발하고, 인상파는 모네의 「인상, 해돋이」에서 출발했다. 밀레니엄의 새천년은 2000년 새해에 출발하는데, 그 새해를 정동진 일출에서 열었다. 정동진이 일출 관광명소가 된 것은 드라마 「모래시계」라고 하는데, 그것만으로 볼 수는 없다. '정동'이라는 이름의 장소성이 관광명소를 만든 것이다. 드라마나 영화 촬영지는 한때의 유행으로 지나가고 만다. 예컨대, 욘사마 열풍을 이루며 일본 관광객까지 밀려오던 「겨울연가」, 「외출」 등의 드라마와 영화 촬영지를 보라. 불과 몇 년 만에 관광객의 발길이 끊어지고 말았다. 하

2 서정욱, 『명화는 스스로 말한다』, 틔움, 2012, 193쪽.

정동진 모래시계 공원

지만 정동진에는 「모래시계」라는 드라마를 보지도 않은 관광객이 계속 찾아온다. 정동진은 「모래시계」 때문에 관광지의 명성을 얻었으나, 지속성을 지닌 것은 '정동'이라는 이름 덕분이다. 날마다 찾아오는 일출, 새해마다 찾아오는 일출이 있기에 가능하다는 것이다. 모네의 「인상」에서 인상파가 나온 것처럼 그 일출을 맞는 장소의 정체성을 지명이 지켜주는 것이다. 정동이라는 이름, 일출이라는 정동의 이미지, 바다라는 풍경 3박자가 어우러지면서 장소의 정체성을 지키는 것이다.

2. 강릉 사람도 모르는 탄광촌, 정동진

이순원은 『그대 정동진에 가면』에서 정동진 지명은 원래 '정동'이었다고 표현했다. 소설을 읽는 동안에는 작가가 허구로 만든 내용이 아닌가 여겼는데, 실제 그곳에 살던 사람들에게 물어보니 다들 정동으로 불렀다고 증언한다. 강릉 민속의 전문가 최철 역시 『강릉, 그 아득한 시간』이라는 책에서 "정동해수욕장은 강릉에서 남으로 30여 리쯤 떨어진 곳에 자리"[3]라고 기록하면서 '정동'이라고 기록했다. 기관의 명칭 역시 '강동면사무소 정동출장소, 정동진료소, 정동우체국, 정동국민학교, 정동해수욕장, 정동보건진료소' 등 정동진이 아닌 '정동'이라고 칭하고 있다. 정동이 고유지명이었으나 바닷가라는 의미를 강화하면서 '진(津)'을 붙였을 것이다. 정동지역의 석탄산업이 몰락하면서부터 '진'은 정동지역의 탄광 장소를 지워나갔을 것이다.

일출로 유명한 바다 관광지 정동진이 탄광촌이었다는 얘기를 듣고 깜짝 놀라는 사람도 있다. 심지어 강릉시민조차 "정동진이 탄광촌이었다고요?"라고 반문할 정도다. 정동진 북쪽에 있는 저탄장 때문에 마을에는 늘 검은 탄가루가 해풍을 타고 날릴 정도로 전형적인 탄광촌이었다. 정동진의 변화 과정은 현대의 산업변화 압축판이다. 정동진을 읽으면 산업의 흐름이 보인다. 정동진에서 일출을 맞으면서, 장소의 변화도 함께 느껴보자.

> 탄전을 동서로 양분하는 임곡리 대단층의 서부에 대석탄암통(大石炭岩統)이 분포하는데 남부로 향하여 석탄암통은 더욱 발달된다. 사동통(寺洞統)은 임곡리 단층을 경계로 동서부지역으로 갈라지며, 서부지역은 말구리재 부근에서부터 남부의 만덕봉 지역을 거쳐 동북부의 안인리 부근에서 동남부의 낙풍리까지 분포한다. 매장량은 63,434천 톤으로 전국 매장량의 4.0%를 점유하며, 생산탄은 영동화력발전소에 공급되고 있다.[4]

---

3 최철, 『강릉, 그 아득한 시간』, 연세대학교 출판부, 2005, 179쪽.

4 석탄산업합리화사업단, 『한국석탄산업사』, 석탄산업합리화사업단, 1990, 99-100쪽.

인용한 글에 등장하는 임곡리·안인리는 정동진 인접 마을들이다. 정동진이 위치한 강릉시 강동면에는 31개의 광업소가 있었다. 정동진은 일제강점기 때도 석탄이 개발되었다는데, 본격 개발이 시작된 것은 1950년대다. 산성우리의 와룡산업 구룡탄광, 홍보탄광을 비롯하여 정동진리의 강릉광업소를 모광으로 하는 작은 덕대광업소들과 화성광업소가 있었다. 산성우리에는 사택촌도 형성되었다. 강동면뿐만이 아니다. 강릉시 옥계면에도 효경탄광, 동주탄광 등 굵직한 광업소가 5개 운영되고 있었다. 1960~1980년대 정동탄광지구(정동진리, 산성우리, 심곡리)의 주민 4,500명 중 80%가 탄광업으로 생계를 꾸렸다. 1973년에는 정동진 인근의 안인지역에 강릉의 석탄을 사용하는 영동화력발전소가 설립될 만큼 정동진 일대는 석탄업을 중심으로 발전한다.

1970년 6월 《동아일보》에는 탄광촌의 현실과 광부들이 겪고 있는 현실을 르포처럼 잘 다룬 기획기사가 등장했다. 주목할 만한 내용을 정리하면 다음과 같다.

> ① 오징어나 명태 철만 되어도 옥동이나 도계 등지의 광부들이 줄어들고 봄이 오면 고향인 농촌으로 돌아가는 광부들이 부쩍 늘어난다. 이웃 광산의 수득이 좀 낫다는 소문만 들려도 보따리를 싸는 유랑의 무리들이 으레 나타난다. 숫제 여기저기 떠돌아다니는 모작들이야 말할 것도 없지만…. 특히 많은 광산이 서울-강릉 간 고속도로 공사가 본격화하면 더 많은 광부들이 광산을 떠나게 될 것이라고 걱정들이 태산이다.[5]

> ② 만근자에게는 월차 수당 외에 고무신 한 켤레씩을 나눠주는 곳도 있고 휴일 근무자에게는 광목을 주기도 한다. 또 시골에서 광부를 모집

5 《동아일보》, 1970. 6. 2. 2면.

해온 직원에게 데리고 온 광부들이 삼 개월만 머물러있으면 광부 한 사람에 대해 쌀 반 가마를 주기도 한다.[6]

③ 광부들의 이직을 재촉하는 것은 심부 채굴로 인한 노동 강도의 증가와 이에 따른 위험, 그리고 저임금 때문인 것은 말할 것도 없지만 회사가 광부들을 한갓 노무원으로 다루고 광부들도 스스로를 사원들에 비해 막벌이꾼으로 생각하는 자조적 분위기가 이들의 유동을 더욱 부채질하고 있다.[7]

④ 산성우리 강릉탄광 앞뜰 여기저기서 20여 명의 부녀자들이 고갱목(古坑木)을 톱질하고 생(生)동발의 껍질을 벗기고 있다. 한쪽에서는 끌, 공작칼 등으로 나무에 코끼리, 용 등 동물의 모습을 열심히 새기고 있다. 작년 가을부터 광업소가 서라벌예대생들의 지원을 얻어 광산촌 아낙네들에게 실내장식용 목각공예품을 만들게 했다.[8]

인용한 강동면 산성우리의 르포에는 탄광촌으로서의 강릉 풍경이 잘 나타난다. ①에서 강릉지역의 광부들은 탄광촌을 벗어나려 하고 있었으며, 탄광에서 일하기보다는 서울-강릉 고속도로 공사장을 더 선호하는 심리를 읽을 수 있다. ②에서는 탄광의 잦은 이직률과 노동력 확보를 위해 애쓰는 탄광의 현실을 살펴볼 수 있었다. ③에선 광부들의 인권 문제가 제기되었다. 광부들의 이직률이 높을 수밖에 없는 노동 강도, 광부를 같은 회사원으로 대접하지 않는 인간적 멸시, 자존감이 낮은 광부의 처지가 구체적으로 드러난다. ④에서는 광업소가 나

6 《동아일보》, 1970. 6. 2. 2면.
7 《동아일보》, 1970. 6. 23. 2면.
8 《동아일보》, 1970. 6. 23. 2면.

서서 탄광촌 주부에게 목공예 부업거리를 제공한 과정을 엿볼 수 있었다.

정동진리가 속한 강동면의 산성우리, 임곡리, 언별리 모두 탄광이 운집한 지역이었다. 정동진이 일출 관광과 관련하여 풍광이 아름다운 장소로 대중에게 알려지면서 탄광촌의 이미지와 상반되기도 했다. 그러다 보니 강동면 정동진이 탄광촌이었다는 것을 듣는 이들은 의아하게 여기기도 했다. 하지만 정동진 일대가 탄광촌이었다는 것을 증거하는 사연들이 많다. 1975년 준공한 강릉-동해 구간의 고속도로를 개설할 당시에 강동면이 지하 탄층과 연결되어 안인과 정동 사이에 화비령터널 작업이 특히 더 어려웠다는 에피소드도 그중의 하나다. "화비령을 중심으로 7km 구간은 탄층이 자주 나와 터널을 뚫는 도중 무려 33번이나 낙반 사고를 냈다"[9]는 증언은 강릉지역의 탄광개발이 폭넓은 지역에서 이뤄졌다는 것을 증거한다.

정동진에서 농사를 짓다가 탄광으로부터 피해를 입고 소송까지 한 정동진 주민의 에피소드도 정동진이 탄광지역이라는 것을 증거한다. 정동진리 정태근 씨는 "황윰산업 강릉광업소에서 유황 성분이 섞인 탄가루를 그대로 흘려보내 탄광 아래 있는 논 1천59평에 심은 벼가 65년부터 수확이 반으로 줄어들기 시작, 66년부터는 완전 폐농했다"면서 손해배상을 청구하고 나섰다. 1977년 재판부는 "66~75년까지 벼농사 수익손실에 따른 58만 3천 원의 배상금을 지급하라"는 승소 판결을 내렸다.[10] 판결 이듬해인 1978년 황윰산업이 도산했으니, 정동진 지역의 주민도 탄광업계도 다들 고단한 삶을 살았다.

9 《경향신문》, 1975. 10. 22.

10 《경향신문》, 1977. 6. 27.

갈보다니는 '갈들(蘆洞, 로동)'이라고도 한다. 갈보다니란 찬샘말 뒤에 있는 재궁골(경주 김씨들의 재실이 있는 골) 위쪽 마을로 옛날 이곳 들에 갈대가 많이 자라서 '갈대가 많이 자라는 골짜기'라는 뜻에서 생긴 이름이다. 갈보다니에 갈대가 활짝 피었을 때는 온 고을이 눈 덮인 것처럼 희었다고 하는데, 지금(1996년)은 탄광이 개발되고 집들이 많이 들어서서 옛날과 같은 갈대밭은 구경할 수 없다고 한다.[11]

대수원이는 강동면 임곡리에 있는 마을인데 임곡리에서 제일 아래쪽에 있는 마을로 화비령 서쪽 낙맥이 된다. 대수원이는 조그마한 여러 계곡에서 흘러오는 물이 한 곳에 모여 커다란 수원지처럼 물이 고여 있어 생긴 이름으로 이곳에 모인 물은 군선강으로 흘러간다. 대수원이 앞으로는 임곡천이 흐르는데 그곳에 기(게)바우소란 깊은 소가 있다. 기바우소는 게처럼 넓적하게 생긴 바위 옆에 소가 있어서 생긴 이름인데, 옛날에 명주꾸리 하나를 다 풀어야 바닥에 닿을 정도로 깊었다고 하나 지금(1996년)은 메워져 바닥이 보일 정도이고, 마을 위쪽에 탄광이 많이 있어 냇물이 검고 흐리다.[12]

산성우리 마을에는 넓은 들이 없는 것이 특이하다. 몇 년 전까지(1996년 기준) 마을엔 군소 탄광이 많이 있어 농사짓는 주민들은 얼마 되지 않고 주로 탄광에 종사하는 사람들이었으나 탄광 합리화 정책 이후 많은 사람들이 마을을 떠나서 빈집들이 많이 있다.[13]

정동진리로 가는 길은 등멍이에서 7번 국도를 따라 남쪽으로 간다. 등멍이를 지나 남쪽으로 조금 가면 월미(月尾)골이 있는데 월미골은 골의

11 김기설, 『강릉의 고을과 옛길』, 문왕출판사, 2003, 91쪽.

12 위의 책, 95쪽.

13 위의 책, 110쪽.

형국이 달 꼬리처럼 생겼다고 붙여진 이름이다. 월미골을 지나 남쪽으로 나가면 짱터란 곳이 나오는데 지금(1996년)은 무연탄을 쌓아둔 저탄장이 되었다. 짱터는 옛날 마을 사람들이 삼삼오오 떼를 지어 괘방산에 가서 나무를 해가지고 마을로 돌아오다가 이곳에 와 쉬면서 편을 갈라 짱을 쳤다고 한다. 이 짱터는 다른 곳보다 비교적 넓은 곳이어서 짱을 치기 알맞은 곳이다.[14]

지명 유래에 나타난 인용문에서 보듯 탄광으로 인해 지역의 형세가 변화한 곳이 많다. 강동면 임곡리에 있는 '갈보다니 마을'에서는 갈대가 사라졌고, '대수원이 마을'에서는 깊은 소가 없어지거나 냇물이 시커멓게 변했다. 넓은 들이 없는 산성우리는 광부들 중심으로 살던 마을로 형성되었다가 석탄합리화정책 이후에는 빈집만 남는 폐허가 되었다. 또 나무꾼들이 쉬면서 장치기(일명 짱치기)를 하던 짱터는 저탄장이 되었다. 저탄장이 된 짱터는 정동진역 북쪽에 위치하고 있다.

재밑(峴下同, 현하동)은 강동면 임곡리에 있는 마을로서 임곡리에서 가장 남쪽에 있는 마을이다. 재밑말 입구에 있는 냇가를 속개울이라 하는데, 속개울은 큰골과 재밑말에서 흘러온 물이 합치는 곳에 있다. 속개울은 물이 개울 위로 흐르지 않고 개울 속으로 흘러 생긴 이름인데, 개울 속이 꺼진다고 하니 개울에 물이 좀체로 고이지 않아 속이 궁근 개울이다. 개울이 꺼져 물이 속으로 스며드니 물이 고이지 않고, 물고기도 살지 않으니 마을 사람들이 개울을 이용하기가 어렵다. 그런데 이상한 것은 어떤 때는 이 개울이 꺼지지 않아 물이 개울 위로 흘러 물이 고이는데, 이때 소가 생겨 물고기가 노닐면 마을에 백만장자가 난다고 했다. 그런데 수십 년 전에 개울이 꺼지지 않고 물이 고인 적이 있었는데, 그때 마을에 탄

14 위의 책, 123쪽.

맥이 발견되어 많은 사람들이 몰려들었고 탄을 캔 사람들(광산업자)은 백만장자가 되었다고 한다.[15]

강릉 정동진 일대의 탄광에서 떼돈을 번 탄광업자의 이야기를 지역에서 전하던 전설과 연계한 이야기가 전해지는 것이 흥미롭다. 광부들은 큰돈을 벌지 못했어도 탄광 운영자는 돈을 벌 수 있었던 상황을 '재밀'의 '속개울'에 얽힌 지명 유래를 통해 확인할 수 있었다.

(피내산은) 임곡리와 경계의 높은 봉에서 동쪽으로 뻗어 내려와 옥계면 낙풍리와 경계를 이루는 방재가 있고, 그 산이 두 가달로 뻗어 북쪽으로는 심곡리와 동쪽으로는 옥계면 금진리로 갈라진다. 이곳 골이 정동천의 발원지며 산꼭대기에는 조개껍질이 나온다.[16]

정동진 1리와 2리를 나누는 정동천의 발원지인 피내산(해발 754m) 꼭대기에서 조개껍질이 나온다고 한다. 이는 해발 650m의 고지대에 형성된 탄광촌인 태백의 산꼭대기에서 발견되는 바다 화석 같은 현상이다. 태백에서는 바다 생명인 삼엽충 군락지가 산꼭대기에 있으며, 바다 생명체 화석을 보유한 태백의 구문소(해발 540m)는 천연기념물 417호로 지정되어 있다. 피내산 꼭대기의 조개껍질은 한반도가 바다였으며, 오스트레일리아에서 형성된 바다 지형이었다는 것을 보여주는 것일 수도 있다.

한국의 대표적인 탄광촌으로는 강원도의 태백시 · 삼척시 · 정선군 · 영월군 등 4개 시 · 군과 경북 문경, 충남 보령, 전남 화순군을 꼽는다. 그래서 지금은 이 7개 시 · 군이 대표적인 폐광촌으로 지정되어 강

---

15 위의 책, 121-122쪽.

16 위의 책, 150쪽.

원랜드 카지노의 수익금으로 「폐광지역지원특별법」에 의한 지원금 혜택을 받고 있다. 태백시는 전 지역이 탄광 촌락이었고, 정선군 사북읍은 1980년 4월 사북항쟁을 통해 전국적인 지명도를 얻으면서 탄광촌의 전형으로 알려져 있다. 또 삼척시 도계읍은 2025년 현재도 2개 광업소가 운영될 정도이며, 우리나라 가장 마지막 탄광을 보유한 지역이 되었다. 도계광업소는 2025년 6월 폐광되니, 우리나라 마지막 광업소는 (주)경동 상덕광업소다.

강릉탄전 혹은 영동탄전으로 불리던 강동면(정동진)과 옥계면 역시 폐광촌으로 전락했으나 「폐광지역지원특별법(폐특법)」 혜택에서는 빠져 있다. 「폐특법」으로 우리나라에서 유일하게 내국인이 출입하는 카지노인 강원랜드가 설립되고, 그 수익금으로 폐광지역을 지원하고 있다. 1989년 석탄산업합리화로 강릉지역의 탄광 역시 모두 폐광하여 그 일대가 폐광촌으로 전락했는데도 「폐특법」 지원에서 누락되었다. 다른 7개 탄광지역과 유사한 탄광촌을 형성하며 석탄생산을 하던 강릉지역이 폐광지원금 혜택을 받지 못하는 점은 아쉬운 일이다.

강릉지역에서는 6.25 한국전쟁 중인 1952년 탄광 개발을 시작하여 1990년대 중반까지 46개의 광업소에서 석탄을 생산했다. 가장 마지막에 문을 닫은 탄광은 1996년 1월 27일 문을 닫은 동명탄광(강동면 임곡리)이다. 석탄산업합리화를 통한 폐광정책이 시행된 것은 1989년이며, 정동진 역시 이 무렵에 많은 폐광이 집중적으로 이뤄진다. 폐광 숫자를 보면 이 시기까지 강릉지역 광업소도 많았다. 폐광정책으로 강릉 정동진 일대의 탄광이 모두 폐광했으니 정동진과 옥계 지역의 피해가 극심하다는 것을 짐작할 수 있다.

석탄산업이 활발하던 1970년대에 금진리의 금진초등학교(1962년 개교)는 초등학생 430여 명이 있을 정도였다. 1968년 제1회 졸업식에 87명을 배출할 정도였으니 그 규모를 짐작할 수 있다. 그러다가 지금

* 폐광지원 전후의 지역별 · 규모별 · 경영형태별 현황[17]

지역	탄광 수(단위: 개)			생산량(단위: 천 톤)			노동자(단위: 명)		
	1988년 말	폐광(%)	1993년 말	1988년 말	폐광(%)	1993년 말	1988년 말	폐광(%)	1993년 말
태백	41	42(102)	4	6,459	3,564(55)	2,576	16,195	8,585(53)	5,446
도계	11	8(73)	3	2,570	229(9)	1,901	6,624	836(13)	4,241
영동(강릉)	43	42(98)	4	1,154	1,071(93)	93	3,164	1,972(62)	103
고한 · 사북	31	30(97)	2	5,418	1,970(36)	2,872	11,690	4,115(35)	5,949
영월 · 평창 · 정선	45	34(76)	7	2,136	1,866(87)	234	6,158	3,488(57)	299
강원 계	171	156(91)	20	17,737	8,700(49)	7,676	43,831	18,996(43)	16,038
충북	24	19(79)	4	573	435(76)	158	1,108	792(72)	353
충남	75	63(84)	11	2,035	1,877(92)	267	6,207	6,058(98)	337
전남 · 북	19	16(84)	3	1,156	387(34)	796	3,258	654(20)	1,704
경북	58	49(85)	8	2,794	2,219(79)	544	7,855	5,035(64)	1,021
경기	-	-	1	-	-	2	-	-	8
계	347	303(87)	47	24,295	13,618(56)	9,443	62,259	31,535(51)	19,461

17 석탄산업합리화사업단, 『석탄광폐광지원백서』, 석탄산업합리화사업단, 1994, 141쪽.

은 옥계초 금진분교로 명맥만 유지하는 중이다. 정동진역이 폐쇄된 것은 석탄산업합리화의 영향이다. 그런데도 「폐특법」으로 인한 지원에는 강릉이 누락되어 있으니 이는 강릉에도 탄광촌이 있었으며, 폐광으로 인한 피해가 있었다는 것을 알리지 못한 강릉시의 대응 부족이라하겠다. 태백·정선·삼척을 중심으로 생존권 찾기 대정부 투쟁을 벌일 때 강릉은 동참하지 않았으며, 강릉지역에서는 그런 움직임도 없었다.

정동진을 중심으로 한 강릉지역의 탄광은 1988년 42개에서 1989년 석탄 합리화로 98%가 폐광하고, 1993년에는 4개만 남는다. 1988년 말 탄광노동자는 3,164명이었으나 석탄 합리화로 62%인 1,972명이 떠나고 1993년에는 103명의 탄광노동자만 남는다. 석탄 합리화 직전 연도인 1988년 강릉의 탄광노동자는 고한·사북의 27%, 도계의 47.7%에 달한다. 「폐특법」 지원을 받는 전남 화순을 비롯한 전남·북 전체 노동자와 비교하면 97.1%에 달한다. 삼척시(도계)가 강원랜드 카지노 사업의 수익금에 의한 「폐특법」 지원을 받고 있으며, 화순군 역시 지원을 받는 것이고 보면 강릉 역시 그 자격이 충분하다는 것을 확인할 수 있다. 한때 강원랜드에서 강릉지역의 행사 사업비를 지원하거나, 강릉주민 참여를 두고 강원랜드 인근 4개 폐광 시·군에서는 불만이 많았다. 강릉을 관계없는 지역으로 볼 것이 아니라, 폐광지원금을 함께 지원하는 방안을 마련해야 한다.

임곡리에는 영동탄광과 와룡(태우)탄광 등이 운영되고 있었으며, 1989년 석탄산업합리화 정책을 기점으로 모두 폐광되어 역사 속으로 사라졌다. 하지만 지금도 폐광된 탄광에서 흘러나오는 갱내 폐수 때문에 수질 개선 사업이 현재형으로 진행되면서 탄광의 기억을 종종 불러일으키는 장소이기도 하다.[18]

---

18 해돋이 명소로 널리 알려진 강원 강릉시 강동면 정동진 하천이 오래전 폐광된 석탄 광

3. 정동진의 재장소화: 탄광-영상-교통-관광

1) 광부들의 역에서 관광객의 역으로 탈바꿈한 정동진역

1989년 석탄산업합리화 정책으로 폐광이 속출하면서 광부들은 정동진을 떠난다. 특히 정동진3리가 탄광의 직접적인 영향 아래 있었다. 한때 정동초등학교 학생 수만도 1,000여 명에 이르렀으나, 폐광 이후 정동탄광지구(정동진리, 산성우리, 심곡리)의 주민 수는 1,600여 명(2011년 기준)의 조그마한 촌락으로 전락한다. 정동진리 마을의 동쪽에는 바다와 심곡리, 서쪽에는 산성우리와 임곡리, 남쪽에는 산성우리와 심곡리, 북쪽에는 안인진리가 접하고 있다.[19] 정동진의 동쪽 바다를 제외한 서쪽·남쪽·북쪽 지역에 모두 광업소가 운집하고 있다.

석탄산업의 성쇠에 따른 정동진의 변천사는 정동진역을 통해 분명하게 드러난다. 정동진역은 1962년 보통 역의 업무를 시작하면서 1970년대에는 하루 7~8편의 여객열차에 연간 21만 명을 수송했다.

산에서 흘러나오는 침출수로 신음하고 있다. 연말연시를 앞두고 드라마 「모래시계」로 명성을 얻은 정동진에는 올해도 관광객의 발길이 이어지고 있지만, 관광객이 무심코 건너다니는 다리 아래로는 파란 물감을 풀어놓은 듯한 낯선 하천이 흐르고 있다. 파르스름한 빛깔을 띠는 이 하천의 물은 높은 파도에 막혀 잠시 머뭇거리다가 바다로 사라진다. 정동진 하류에서 상류 쪽으로 거슬러올라가면 일반 하천과 다른 물빛이 더 뚜렷해진다. 여느 하천처럼 수초는 우거져 있지만, 이곳에서는 물고기를 발견하기 어려워 죽은 하천이나 다름없다.
주민들은 오래전에 문을 닫은 인근 폐석탄광산에서 흘러드는 침출수 가운데 알루미늄 성분이 바닥에 가라앉으면서 구정물 같은 빛깔의 하천으로 변했다고 설명한다. 갈수기에는 알루미늄 성분 때문에 하천 바닥이 하얗게 보이는 백화현상까지 발생하고 있다. 한국환경공단이 2010년 강원 5개 시·군의 151개 폐석탄광산을 대상으로 실시한 토양오염 실태조사 결과를 보면 강릉의 폐석탄광산은 46개로 탄광도시인 태백시 44개보다 더 많았다. 정동진천은 정밀조사가 필요한 22개 하천 가운데 소도천, 오십천, 지장천2, 임곡천, 지장천1, 황지천에 이어 일곱 번째로 정밀조사가 시급한 것으로 평가됐다(《연합뉴스》, 2019. 12. 12).

19 김기설, 『강릉지역 지명유래』, 인애사, 1992, 168쪽.

1976년에는 29만 명까지 수송하는 실적을 보였다. 정동진역을 이용하는 석탄 화물이 증가하던 석탄산업의 호황기가 정동진의 흥성기라 할 수 있다.

그러나 정동진은 1980년대까지만 해도 외지인이 거의 찾지 않던 장소였다. 탄광을 중심으로 촌락이 발전한 정동진은 1989년 석탄산업 합리화 이후 폐광촌으로 몰락하면서, 바다가 가장 가까운 정동진역마저 철거 위기에 처해졌다. 탄광이 폐광된 1990년대에 들어와서는 정동진역에 하루 1회 비둘기호가 운행하는 데 그쳤으며, 1992년 들어와서는 이용객도 3만 명으로 감소했다. 급기야 1996년 1월 1일 여객 취급이 중지됐으며 역사의 폐쇄가 결정되었다. 정동진의 광업소 폐광으로 정동진역도 함께 문을 닫은 것이다.

① 해돋이 명소인 강릉시 강동면 정동진에 위치한 대규모 무연탄 비축장이 해수욕장 개장 전에 이전된다. 강릉시는 30일 오후 시청회의실에서 한전과 산업자원부 관계자 등이 참석한 가운데 강동면 정동진리 산 103의 12 일대 1만 6천 m^2 부지에 있는 15만 t 규모의 무연탄 저탄장을 인근 구 강릉광업소 6만 m^2 부지로 옮기기로 확정했다.

이전될 곳은 현재의 비축장과 2.5km 떨어져 있어 운반이 쉬운데다 인근에 민가가 없어 민원 발생 요소가 상대적으로 적어 결정됐다. 시는 이에 따라 국비 16억 원의 지원을 받아 오는 7월 해수욕장 개장 전에 이전을 마치기로 했다. 정동진 무연탄 비축장은 대한석탄공사가 지난 83년부터 7번 국도변에 비축해놓았으나 최근 정동진 일대가 해돋이 관광명소로 부상하자 개발의 걸림돌이 돼 왔다.

그러나 16억 원을 들여 이전하는 무연탄이 화력발전소 등에서 사용되는 것이 아니라 또다시 비축, 매년 관리비가 들어가야 하는 등 예산을 이

중으로 낭비한다는 지적도 있다.[20]

② 2000년 1월 1일 새천년 해맞이 행사를 앞두고 강릉시 정동진역의 무연탄 비축장이 이전돼 관광객의 주차난이 해소되게 됐다. 산업자원부는 24일 4,333평 규모의 정동진역 무연탄 비축장을 2.5km 떨어진 강동면 정동진리 산 82 구 강릉광업소 부지로 옮기기로 확정했다.

비축장 이전에는 에너지 및 자원산업특별회계 예비비 등 4억 8,400만원이 투입된다. 산업자원부는 이와 관련 지난 23일 대한석탄공사를 집행기관으로 선정해 통보했다. 또 이달 중 강릉시가 부지 매입을 마무리하는 대로 사업에 착수해 오는 12월까지 비축돼 있는 15만 t의 무연탄을 옮기기로 했다.[21]

③ 강릉시가 정동진 무연탄 비축장을 12월 말까지 옮기고 주차장으로 활용하려던 계획이 운송권을 둘러싼 소송 제기로 차질을 빚고 있다. 대한석탄공사는 정동진역 무연탄 비축장에 있는 15만 t 규모의 무연탄을 인근 옛 강릉광업소 6만 m^2 부지로 이전하고 새천년 해맞이 축제 시 주차장으로 활용하기로 했다. 이에 따라 석탄공사는 지난 9월 말 입찰을 통해 운송업체를 선정하고 1일부터 시작, 12월 말까지 모든 공사를 끝낼 계획으로 추진하고 있다.

그러나 대한통운이 "정동진 무연탄 비축지역은 철도구역으로 철도운송법에 따라 대한통운이 운송해야 한다"고 주장하며 지난달 15일 석탄공사를 상대로 서울지법 남부지원에 「무연탄 이전에 따른 영업금지 가처분」 소송을 제기했다. 또 무연탄 이전 공사 강행 시 실력 저지 의사를 밝히며 공사중단을 강력히 요구하고 있다.

이에 대해 석탄공사는 철도 이설공사가 아니기 때문에 대한통운이 공

20 《연합뉴스》, 1999. 4. 30.

21 《강원일보》, 1999. 8. 25.

사를 방해할 경우 업무집행 방해행위로 맞고소할 계획이어서 공사 차질이 불가피하다. 이에 따라 정동진에서 국내 최대의 새천년 해맞이 행사를 하려던 도와 강릉시의 계획 차질이 예상되고 있다.[22]

정동진 무연탄 비축장 이전 소식을 다룬 ①과 ②의 기사는 새천년 해맞이 관광객 맞이 주차난 해소를 위해 역두 저탄장을 옮기는 소식이다. 탄광촌 정동진이 관광지 정동진으로 변한 시대상을 반영한 것이기도 하다. ③의 기사는 "대한석탄공사는 정동진역 무연탄 비축장에 있는 15만 t 규모의 무연탄을 인근 옛 강릉광업소 6만 m^2 부지로 이전하고 새천년 해맞이 축제 시 주차장으로 활용"하려고 했으나, 석탄 운반을 담당하던 대한통운이 공사중단을 요구하며 맞서는 내용을 담고 있다. 석탄산업에서 관광산업으로 변화하는 정동진의 과정을 보여주는 기사다. 석탄의 비축 관리와 운송에 불편함을 감수하면서도 정동진을 찾는 관광객의 편의를 위해 역두 저탄장이 이전하는 것은 석탄산업에서 관광산업으로 산업의 축이 변하는 것을 보여준다. 결국 저탄장은 옮겨가고, 계획대로 그 자리에 대형 주차장이 들어서 있다. 정동진역 바로 옆의 대형 주차장은 화성광업소 역두 저탄장이 있던 곳이고, 정동진역과 통일공원 중간지점에 있는 대형 주차장은 대한석탄공사가 활용하던 역두 저탄장이다.

정동진역은 사람의 수송뿐만 아니라 석탄 화물을 수송하는 중요한 역사였다. 강동면 일대에서 생산되는 석탄이 모두 정동진역을 통해 수송되고 있었다. 석탄산업이 활발하던 시기가 정동진역의 흥성기인 셈이다. 강릉시에서 생산되던 석탄을 쌓아두던 정동진 역두 저탄장은 폐광 이후 주차장으로 용도가 변경되는데, 지역의 변화상을 상징적으

---

22 《강원일보》, 1999. 10. 7.

로 보여준다.

폐광촌으로 몰락하고 쓸쓸한 어촌의 초라한 서정을 지닌 정동진에 일대 변화를 몰고 온 계기는 드라마 한 편이었다. 폐광촌이 된 정동진과 정동진역이 회생하기 시작한 것은 1995년 드라마 「모래시계」를 통해 급반전한다. '국민의 귀가 시계'라는 별명을 얻을 만큼 높은 시청률을 기록한, 1995년 방영된 SBS 드라마 24부작 「모래시계」(주연: 최민수, 고현정, 박상원)의 인기에 편승하면서부터다. 드라마의 감동을 느끼려는 관광객이 촬영지인 정동진을 찾아오기 시작한다. 정동진이 드라마의 인기와 더불어 우리나라 최고의 해돋이 관광명소로 부각한 것이다. 정동진역은 우리나라에서 바다와 가까운 기차역, 간이역처럼 작은 역이라는 점에서도 주목받고 있다. 세계에서 바다와 가장 가까운 역으로 기네스북에 등재되었다는 이야기는 역의 의미를 확대시키고 있다.

정동진이 관광지로 급부상하면서 정동진역은 여객 취급 중단 1년 2개월이 지난 1997년 3월 15일 다시 승객을 수송하기 시작했다. 그해 무궁화호까지 증편되면서 하루 15편이 정차했으며, 1997년에는 68만 5,547명(철도 이용 44.3%, 육로 이용 55.7%)이 정동진을 찾아온다. 2000년에 들어와서는 대도시의 역에나 정차하는 새마을호 열차까지 드나들면서 정동진역 이용객은 연간 76만 명에 달했다. 기차역 구내로 들어가는 데 입장권을 끊어야 하고, 입장권을 끊었는지 실제 확인하는 절차가 있는 우리나라에서 유일한 역이기도 하다. 입장권 수입만으로도 정동진역은 호사를 누리고 있다. 드라마를 통해 석탄산업에서 관광산업으로 생계현장을 바꾼 정동진의 변천사는 현대의 산업적 흐름을 집약적으로 보여준다.

정동진역은 석탄산업에 따른 석탄의 수송과 탄광업에 종사하는 주민의 교통수단으로 존재하던 역사였다. 석탄산업의 사양화로 폐광되고 주민 수가 감소했을 때 여객 취급을 중단한 사례가 증명한다. 그러던 정동진역은 드라마 촬영지로 인기를 모으면서 관광지의 역사로 변모한다. 역사 신축 당시 만들어진 정동진 역두 저탄장이 주차장으로 용도 변경된 것도 시대의 흐름을 반영한 셈이다. 대한석탄공사가 1983년부터 7번 국도변에 비축하던 정동진 무연탄 비축장은 1999년 구 강릉광업소 부지로 이전되었다.

정동진은 탄광촌, 어촌으로 기능할 때 주민공동체가 형성되어 있었다. 하지만 관광지로 변모하면서 지역 공동체는 약화되었다고 한다. 정동진의 중심지 역할을 맡던 정동진2리는 관광지화 이후 관광 중심으로 부상한 기차역 중심의 정동진1리에 밀려 제 기능을 수행하지 못했다. 또 탄광촌으로 자리하던 정동진3리는 관광지 변화의 혜택에서 밀려났다. 산업변화 과정에서 부산물로 얻는 자본에 대한 집착은 주민 사이에 존재하던 전통적인 인간관계와 정체성을 상실하는 부정적 결과를 초래했다.[23]

2) 일출 명소를 위한 기획들

드라마 장소는 관광지가 되지만, 모두 지속적인 관광지로 성공하지는 않는다. 욘사마 열풍으로 일본인까지 찾아오던 「겨울연가」 촬영지가 그렇고, 문경의 사극 세트장이 모두 지역의 애물단지가 되었다. 태백의 「태양의 후예」 촬영지도 마찬가지다.

정동진이 성공한 데는 바다-일출-시간-성찰-새로운 계획 등 지속적인 문화적 이미지 강화가 있었다. 사상이나 스토리 없이 장소만으로, 드라마 촬영지였다는 기억만으로 유지하기는 어렵다. 정동진에는 「모래시계」라는 드라마를 모르는 사람들도 찾아온다. 산, 바다 등 많

23 이영승, 「정동진역 마을의 관광지화 과정과 주민생활의 변화」, 안동대학교 대학원 민속학과 석사논문, 2002, 66-69쪽.

은 곳이 일출 명소들이지만, 아직 정동진의 인기에는 미치지 못한다. 강릉에는 연곡바다·사근진바다·송정바다·안인바다 등 숱한 바다가 있지만, 일출은 정동진이 으뜸이다. 시간의 스토리를 이어가기 때문에 가능한 것이다.

정동진을 해돋이 명소로 만든 것은 관광산업을 위한 기획적 전략이다. 1998년 강릉시는 '화신엔지니어링'을 통해 '정동진 해돋이 개발'에 대한 용역 결과를 받아 보고서를 발간했다.[24] 산업적 기획 사이에 문화적 접근도 다양했다. 정동진을 소재로 한 시가 창작되고, 시적 소재로 일출이 등장한 것도 시대적 흐름을 탄 것이다. 강릉에서 활동하는 시모임은 1997년 전국소년체전 개최 기념의 일환으로 「해돋이 시 낭송회」를 주관하기도 했다. 또 철도청에서는 1997년 2월 28일 설날을 즈음하여 '정동진 해돋이 관광열차'를 운행하고 나섰다. 이 해돋이 열차가 큰 인기를 끌면서 해마다 새해와 설날을 전후하여 정동진 해돋이 관광열차가 전국의 조명을 받았다. 1998년부터는 신년 해돋이 관광열차도 운행했는데, 1월 1일부터 4일까지 5만 456명이 다녀갈 정도로 성황을 이뤘다. 특히 2000년 밀레니엄 공식 해맞이 축제 장소로 정동진이 지정되면서 유명세를 탔다. 정동진 지역이 일출과 관련한 정체성을 유지하기 위한 노력은 2012년 모래시계공원에 세운 세계 최대의 해시계 등 지속적으로 이어진다.

> 겨울이 다른 곳보다 일찍 도착하는 바닷가
> 그 마을에 가면
> 정동진이라는 억새꽃 같은 간이역이 있다
> 계절마다 쓸쓸한 꽃들과 벤치를 내려놓고

24 화신엔지니어링, 『정동진 해돋이 개발계획』, 강릉시, 1998.

가끔 두 칸 열차 가득
조개껍질이 되어버린 몸들을 싣고 떠나는 역
여기에는 혼자 뒹굴기에 좋은 모래사장이 있고,
해안선을 잡아넣고 끓이는 라면집과
파도를 의자에 앉혀놓고

(중략)

강릉에서 20분, 7번 국도를 따라가면
바닷바람에 철로 쪽으로 휘어진 소나무 한 그루와
푸른 깃발로 열차를 세우는 역사(驛舍),
같은 그녀를 만날 수 있다

- 김영남, 「정동진역」 부분

정동진이 대중적 관광지로 조명받던 무렵 김영남의 「정동진역」이 1997년 신춘문예 당선작으로 등장한다. 또 이 작품은 1998년 간행된 김영남의 첫 시집 제목이 된다. "실제로 있는 역의 공간을 상상력에 의해 언어적 기교와 유희로써 생기발랄한 분위기로 구조화했다"[25]는 평가를 받는 이 시를 통해 정동진은 한국 현대문학의 배경 장소로 부각한다. 강릉 출신 작가 이순원의 소설 『그대 정동진에 가면』이 발행된 것은 1999년의 일이다.

김영남의 「정동진역」은 미처 정동진에 와보지 못한 시인이 다른 매체를 보고 그 감흥을 적은 작품이다. 김영남은 「나의 등단작을 말한다」라는 글에서 "지역 안내용으로 소개한 어느 잡지사의 정동진역 사진을 책상 앞에 오려 붙여놓고 냅다 30분 만에 갈겨 쓴 시"라고 밝힌

25 이주열, 「역(驛)의 공간성: 곽재구의 '사평역에서'와 김영남의 '정동진역'에 한하여」, 『국어문학』 51, 2011, 235쪽.

바 있다.[26] 이승하가 시 창작법을 이야기할 때 김영남의 「정동진역」을 인용함으로써 정동진에 대한 문단의 관심도 커졌다.

> 어느 신문기자가 누군가로부터 정동진역 풍광이 좋다는 말을 듣고 직접 갔다 와서는 '알려지지 않은 곳, 그러나 가볼 만한 곳'이라며 그곳을 소개하는 기사를 썼습니다. 김영남은 그 기사를 읽고 일필휘지하여 시를 썼습니다. 물론 가본 적이 없었지요. 신문기사 한 쪼가리도 유심히 읽는 관찰력이 그에게 시인이란 타이틀을 붙여주었습니다.[27]

정동진이 문학적 장소로 명성을 얻은 것은 김영남의 역할이 크다. 김영남이 "바닷바람에 철로 쪽으로 휘어진 소나무 한 그루"라고 언급했듯, 정동진을 다룬 다른 시인의 시에서도 소나무가 빈번하게 등장한다. 드라마 「모래시계」의 영향을 받은 것이다.

3) 고현정 소나무와 솔향도시 강릉

수배 중이던 극중의 혜린(고현정)이 경찰의 추적을 피해 어촌에 왔다가 초조한 시간 속에서 기차를 기다리던 곳이 바로 정동진역이다. 정동진역 플랫폼의 소나무를 배경으로 서 있던 고현정은 형사에게 체포되고 만다. 고현정이 안타까운 눈빛으로 바라보던 바다를 향해 선 등 굽은 소나무에 대한 장면이 시청자에게 인상적으로 각인되었다. 정동진 플랫폼에는 많은 소나무가 서 있지만, 고현정의 시선을 받은 소나무만이 '고현정 소나무'라는 별칭을 얻었다. 그런데 1996년 '모래시계 소나무'로 이름을 바꾸고, 나무 아래에는 소개글까지 새겨놓았다.

---

26 『시를 사랑하는 사람들』, 한국문연, 2005년 1-2월.

27 이승하, 『이승하 교수의 시쓰기 교실』, 문학사상사, 2004, 149쪽.

드라마 「모래시계」가 만들어낸 고현정 소나무는 '기표의 기의화'로 소비사회의 상품물화 현상의 상징으로 볼 수 있다.

> 상품물화 현상의 궁극적인 형태는 소비사회에서의 이미지 자체의 형성이며 이것이 바로 스펙터클(spectacle)의 사회를 이루는 근간인 것이다. 탈근대적 현상에 입각하여 존재하는 자연을 체험하는 것이 아닌 이미지로서의 자연을 소비하는 관광산업과 같은 분야가 부상하게 되며 기호론적 발상으로 상징의 기호화 현상이 심화되어 '정동진 앞의 고현정 소나무'와 같은 기표의 지배현상에 체험적으로 기의를 결부시키는 양상마저 자연스러워지는 것이다. 이 점에서 탈근대적 미학현상은 소비사회의 모든 면을 미적 차원에 양도했다는 점에서 상품미학의 더욱 진전된 형태이자 이미지가 이미지와 지시대상 사이의 간격은 물론 대상 자체를 함몰시켰다는 점에서 상품미학이 가정할 수 있었던 가장 최악의 시나리오라고 할 수 있다.[28]

정동진 바다는 무료로 갈 수 있는데도 대중은 '모래시계 소나무'를 보기 위해 정동진역 플랫폼에 들어가기를 원했다. 바닷바람에 등이 굽은 모래시계 소나무 앞에서 사진을 찍는 것은 정동진 관광의 백미이기도 했다. 철도청은 플랫폼 입장료를 수익산업으로 삼았다. 1997년 28만 장, 1998년 90만 장, 1999년 100만 장, 2000년 88만 장, 2001년 71만 장이라는 정동진역의 입장권 판매실적은 '고현정 소나무'가 만든 이미지를 소비하고자 하는 대중의 소비성향을 방증한다.

관광객이 플랫폼의 소나무를 보고자 한 열망처럼, 정동진 시편은 소나무를 주요 시적 오브제로 삼았다. 소나무는 "비바람, 눈보라 같은 자연의 역경 속에서도 변함없이 언제나 푸른 모습을 간직한다는 점에

28 강태완, 「매체미학을 통한 탈시뮬레이션 전략」, 『매체미학』, 나남출판, 1998, 201쪽.

서 꿋꿋한 절개와 의지를 상징"[29]하고 있다. 삶을 정리하거나 새로운 것을 다짐하는 일출 장소와 정동진 소나무는 밀접한 연관성이 있다. 2009년 강릉시가 '솔향 강릉(PINE CITY Gangneung)'을 도시 브랜드로 삼은 일에 비춰보면 10년 앞서 사랑받던 정동진역의 소나무와도 큰 인연이 있는 셈이다.

솔향의 도시라고 불릴 정도로 강릉은 소나무 집산지다. 산은 말할 것도 없거니와 바닷가에도 송림이 즐비하다. 소나무가 뿜는 피톤치드와 솔 향기, 솔 향기와 섞인 바다 내음, 그리고 커피향기까지 섞인 강릉의 향기를.

고속도로 강릉 나들목을 빠져나오자마자 가장 먼저 맞이하는 것은 소나무다. 도로의 분리대 삼아 늘어선 우람한 소나무 가로수가 솔향의 도시 강릉을 뽐내듯 서 있다. 강릉의 어느 바다를 찾아가더라도 솔숲이 백사장과 벗하고 있다. 해송의 향기와 바다의 향기가 어우러져 강릉의 멋을 살린다. 이처럼 강릉은 소나무와 인연이 깊다. 소나무 중에서도 으뜸으로 꼽히는 적송, 황장목, 미인송 등의 이름을 지닌 금강송의 최대 자생지가 바로 대관령이다. 이율곡은 「호송설」을 통해 소나무 보호와 효도의 의미를 함께 버무려 강조한 글을 짓기도 했다.

안목에서 경포 방향으로 바로 옆에 있는 바다가 송정해변이며, 그 일대가 송정동이다. 송정(松亭)이라는 지명에까지 소나무가 들어있을 정도로 강릉시는 예부터 소나무와 친숙하다. 신라 화랑이 와서 놀았다는 한송사와 한송정 모두 소나무와 인연을 맺는 이름이다. 정철의 「관동별곡」에 등장하는 강릉의 모습도 "큰 소나무 울창한 속에서"라고 노래하고 있다.

강릉이 만든 바우길 중에서 '어명을 받은 소나무길'이 있다. 소나

---

29 이승훈, 『문학으로 읽는 문화상징 사전』, 푸른사상, 2009, 329쪽.

강릉의 정자에서 바라본 소나무

무 숲길을 걸을 수 있는 구간으로 보광리-어명정-술잔바위-명주군왕릉을 잇는 길이다. 광화문 복원 때 기둥으로 사용할 강릉의 소나무를 벤 자리에 어명정을 세운 것이다. 삼척과 더불어 강릉의 소나무는 궁궐 복원에 활용되는 귀한 소나무들이다.

이런 소나무의 인연을 들여다보면 정동진역의 '고현정 소나무'가 낯설지 않다. 마치 정2품송, 정2품송과 결혼한 삼척의 미인송, 오죽헌의 율곡송처럼. 그런데 고현정 소나무를 모래시계 소나무로 이름을 바꾼 것이 좀 잔인하다는 생각이 든다. 아마도 고현정이 유명세를 지속했다면 그 이름을 바꾸지 않았을 것이 아닌가? 만든 이름을 바꾸는 것은 전통이나 문화를 훼손하는 것이기도 하다. 어차피 지금은 드라마 「모래시계」조차 기억하는 이도 없는 걸 보면, 인기가 사라진 배우나 마찬가지가 아닌가. 처음에 고현정이라는 이름을 붙였다면, 그냥 두는 것이 역사를 보존하는 것이다. 유행만 좇는 잔인한 대중문화의 단면을 보는 것 같고, 쉽게 이름을 바꾸는 현대인의 조급성을 보는 것 같아 아쉽다. 역사를 만드는 걸음은 좀 더 우직해야 한다. 소나무의 푸른 삶처럼, 비바람을 견디며 차곡차곡 나이테를 쌓는 것처럼 말이다.

4) 시계에서 시간으로: 성찰과 치유의 바다

탄광 몰락 이후 정동진은 드라마를 통해 관광지로의 기틀을 잡았다. 또 드라마에 대한 기억이 퇴색할 때 정동의 지리적 상징성과 일출의 명소를 통해 새로운 장소성을 획득했다. 대체로 영상매체 중심의 관광지는 시간이 흘러 영상물의 인기가 시들면 장소의 인기도 함께 추락하기 마련이다. 하지만 정동진은 서울의 동쪽에서 얻은 지명의 상징성 외에도 드라마 「모래시계」의 인기를 통한 모래시계의 장소, 바다와 가까운 간이역 등을 통해 재장소화에 성공했다. 장소는 내부의 행위자들에게 주어진 어떤 하나의 개체가 아니라 장소를 둘러싼 내외부의 다양한 행위자들이 형성하는 하나의 과정적 결과물이다.[30] 드라마 「모래시계」가 정동진의 장소에 관광명소의 이미지를 만들었다면, 정동진 시편에 등장한 '모래시계'는 삶의 구체적 시간을 이끄는 힘으로 작용했다.

「모래시계」라는 드라마에 대한 기억이 소멸하기 전에 일출 이미지 만들기, 일출열차 운행, 모래시계공원 조성, 조각공원 조성 등을 통해 재장소화했다. 드라마에서 얻은 모래시계의 상징성을 통해 모래시계공원에 2000년을 맞는 밀레니엄 기념으로 지름 8m, 폭 3.2m의 대형 모래시계를 세웠다. 1999년 설치된 이 시계에 담긴 모래의 무게만도 8톤에 달하는데, 1년 내내 모래가 떨어지면서 작동하는 시계다. 그리고 2012년에는 세계 최대의 해시계 축조와 시간체험 전시관 조성으

30 박배균, 「초국가적 이주와 정착에 대한 공간적 접근」, 『지구·지방화와 다문화 공간』, 푸른길, 2011, 77쪽.

로 시간의 의미를 확대하고 있다.

모래시계공원에는 기차 8량을 연결해 만든 시간박물관이 있다. 기차 연결 부위에는 비싼 시계 사진과 그 값이 적혀 있는데, 시계마다 상상을 초월하는 가격대를 자랑한다. 그리고 실제 자전거 모양에서부터 나무 조각품, 노동자 인형이 시간을 돌리는 작품 등 다양한 형상이 실제 작동하고 있다. 이 작품들을 감상하다 보면 예술품인지 시계인지 구분할 수 없을 정도다. 타이타닉호가 침몰하던 순간에 멈추면서, 타이타닉호의 침몰 시간을 알려준 회중시계 실물도 전시되어 있다. 전시품을 다 보고 나오면 "뭔가를 하기에는 짧은 1분! 하지만 사랑하는 사람을 안아주기에는 충분한 시간"이라는 카툰의 글귀가 다가온다. 바깥으로 나와 2층으로 올라가면, 바닷바람을 맞으며 정동진 바다를 조망하는 전망대와 사진 찍기 좋은 포토존이 있다. 박물관 중에서 바다와 가장 가까이 있는 정동진 시간박물관은 시간이 얼마나 소중한가를 알려준다. 전시물은 시계들이지만, 그 시계를 통해 시간의 소중함을 전달한다. 정동진은 드라마 「모래시계」에서 작동하는 모래시계로, 그 시계에서 시간의 의미로 전환하고 있다. 아침마다 떠오르는 일출을 보면서 새로운 다짐과 함께 일상에 신선함을 불어넣는다.

시간박물관에 없는 시계가 있다. 시간박물관을 관람하고 나오면서 그 공간에서 초현실주의 화가 살바도르 달리의 「기억의 지속」도 함께 만날 수 있다면 더 좋지 않을까 생각했다. 소중한 시간의 추상성을 구체화하는 것이 시계이자 달리의 그림이었다. 그 물렁거리는 시간을 확인한 것도 달리의 그림에서였다. 내 기억 속에서 흐느적거리는 옛 시간들을 「기억의 지속」이 보여주고 있었다. 무의식이나 꿈의 세계를 그림에 담아내던 달리가 시간까지 늘리고 있었으니 시간박물관에 걸어도 좋은 작품이 아닐까.

달리, 「기억의 지속」(1931)

> 예술가를 압박하는 현실은 하나의 소라게처럼 나를 딱딱하게 만들었다. 따라서 나를 철옹성이라고 부르는 사람도 있다. 하지만 나의 내면은 물렁거리는 조갯살처럼 늙어가고 있다. 그런 상태가 이어지던 어느 날, 나는 시계를 그리기로 결심했다. 기계적인 물체는 나의 적이 되어야 한다. 시계의 경우 부드러워져야 하거나, 아니면 전혀 존재하지 않아야 한다(살바도르 달리).[31]

지리적 위치인 정동진의 장소 이미지가 만든 '일출'과 드라마가 만든 정동진의 장소 이미지 '모래시계'는 정동진에서 시간의 개념으로 확장된다. 시계의 본질은 시간을 가르쳐주는 데 있었으니, 정동진에서는 절로 삶의 시간을 살피게 된다. '시간'이 지닌 언어의 힘은 지나간 시간에 대한 그리움이거나 미래의 시간을 생성한다. 그 시간은 정동진을 그리움이나 추억의 장소로 만들었다. 그리움과 추억 속에서 친구, 연인, 가족에 대한 사랑과 연민 등 정동진은 '그리움의 장소감'을 획득했다.

---

31 김용규, 『철학카페에서 문학 읽기』, 웅진지식하우스, 2006, 164쪽.

정동진은 성찰을 통한 치유의 장소로 기능한다. 정동진 시편이 주로 그리움의 이미지를 이끌어내는 것이라든가, 과거 성찰과 현재 점검을 통해 미래로 나아가는 치유의 시간을 이끌어내는 것도 정동진의 시간 개념이 만든 것이다.

이금이의 성장소설 『유진과 유진』(푸른책들, 2004)에서도 정동진은 과거의 상처를 회복하는 장소로 등장하고 있어 시가 전달하는 정동진의 속성과 다르지 않다. 정동진은 어린 시절 성적 폭력이라는 상처를 입고 성장한 두 소녀(큰 이유진과 작은 이유진)가 상처를 입은 장소 서울을 벗어나 무작정 달려간 곳이기도 하다. 상처 입은 영혼이 상처를 보듬어줄 것 같은 바다, 영혼이 확 트인 바다를 떠올릴 때 정동진이 있었다. 정동진은 상처를 입고 살아가던 작은 유진, 큰 유진, 소라의 삶이 도피하는 장소이자, 상처를 어루만지는 장소였다. 또 그 소녀들을 내몰았던 가족과 화해하는 장소이기도 했다. 자녀를 찾아 나선 부모가 정동진에 와서야 영혼 깊은 곳에서 화해한다. 문학 속의 정동진은 상처로부터 도피하고, 보듬어주고, 화해하는 장소로 작동하고 있다.

정동진이라는 장소는 치유 공간, 화해 공간으로 나타나면서 긍정적 이미지를 형성한다. 절망을 딛고 빛으로 찾아오는 아침을 확신하고 있다. 바다를 닮은 삶에서 순응적인 우주의 섭리를 터득했기 때문이다.

기차가 밤을 다하여 평생을 달려올 수 있었던 것은
서로 평행을 이루었기 때문이 아니겠는가
우리 굳이 하나가 되기 위하여 노력하기보다
평행을 이루어 우리의 기차를 달리게 해야 한다
기차를 떠나보내고 정동진은 늘 혼자 남는다
우리는 떠나보내고 정동진은 울지 않는다

수평선 너머로 손수건을 흔드는 정동진의 붉은 새벽 바다
어여뻐라 너는 어느새 파도에 젖은 햇살이 되어 있구나
오늘은 착한 갈매기 한 마리가 너를 사랑하기를

- 정호승, 「정동진」 부분

이 시는 정동진이 지닌 장소의 긍정적 이미지를 다양하게 그려낸다. 평행의 균형을 통해 더불어 살아가는 공동체의 중요성을 정동진행 기차에서 만나고 있다. 또 언제 떠나거나 떠나보내더라도, 혼자서라도 꿋꿋하게 제 갈 길을 걸어갈 수 있는 주체적 삶을 정동진에서 확인한다. 난관이 있더라도 언제나 새로운 '붉은 새벽'이 기다린다는 희망의 속살을 정동진에서 만난 것이다.

동일한 장소라도 개인의 경험이나 가치관에 따라 다르게 인식되고 형성되기 마련이다. 또한 이미지가 형상화된 이후에라도 시간의 경과에 따라 다시 새롭게 바뀌게 된다. 추상적인 공간에 구체적이고 특정한 의미가 부여되면서 장소화 과정이 이뤄진다. 렐프는 "장소는 고유한 입지, 경관, 공동체에 의하여 정의되기보다는 특정 환경에 대한 경험과 의도에 초점을 두는 방식으로 정의된다"[32]고 했다.

정동진 관광목적 설문조사를 보면 해돋이 관광 65.2%, 경유지 관광객 24.3%, 기타 10.3%에 이른다. 기타 사유로 "무작정 왔다", "기분 전환을 위하여", "고민을 해결하기 위하여"라는 응답이 있었다. 정동진은 결국 현실적 속박에서 벗어나 자유로운 사유나 새로운 출발을 소망하기 위해 온 대중을 맞이하는 장소로 기능하고 있다. 시인들 역시 정동진 시편에서 그러한 체험을 녹여낸 것으로 볼 수 있다.

시인은 구체적인 장소를 호명함으로써 화자의 존재와 공간의 구

32 에드워드 렐프, 김덕현 외 옮김, 『장소와 장소상실』, 논형, 2005, 288쪽.

체성을 드러낸다. 지역의 장소는 지역사회의 삶이 녹아있는 공간, 지역 구성원의 의식이 투영된 공간, 지역 구성원의 생활 기반적 공간, 지역의 발전과 궤를 같이하는 상징적 공간이다. 장소는 지역적 삶의 구체적 실천에 따라 변화하고 재형성된다.

> 모든 개인은 특정 장소에 대해 다소간 독특한 이미지를 갖고 있다. 이것은 각 개인이 장소를 각기 다른 시공간적 계기를 통해 경험하기 때문만이 아니다. 오히려 모든 사람들이 그 장소에 대한 자신의 이미지에 색깔을 칠하고 독특한 정체성을 부여하는 개성 · 기억 · 감정 · 의도를 자기 나름의 방식대로 조합하기 때문이다.[33]

렐프는 지역 구성원이 어떤 의미를 부여하고, 어떻게 가꾸는가에 따라 장소성은 다르게 나타날 수밖에 없다고 말하고 있다. 정동진은 탄광지역, 어촌지역의 이미지에서 관광지, 일출 장소 등의 이미지로 변화했다. 재장소화하는 과정은 산업의 흐름을 따르기도 하고, 관광객이나 대중이 형성하는 여론을 따르기도 한다. 장소의 변화는 장소가 고정된 것이 아니라 변화하는 역동적 공간이기 때문이다. 장소성은 불변의 공간이 아니라 구체적 삶에 의해 재구성되고, 재장소화된다. 또한 장소를 찾는 사람, 장소를 그리는 시인의 체험에 따라 끊임없이 재구성된다. "장소의 정체성은 그것을 경험하는 사람들의 의도 · 개성 · 상황에 따라 다양"[34]하게 나타난다.

정동진에서는 1999년부터 해마다 8월에 독립영화제가 열린다. 멀티플렉스를 내세운 대형 극장이 일부 영화를 독점하면서, 흥행이 낮은

---

33 위의 책, 130쪽.

34 위의 책, 131쪽.

작품은 예술성이 있어도 상영관을 확보할 수 없었다. 상업성을 벗어나 관객에게 다양한 영화를 제공하기 위해 독립영화제를 이어가는 것이다. 드라마 「모래시계」의 영상문화가 정동진독립영화제로 계승되는 듯하다. 또한, 영화를 사랑하겠다는 정동진독립영화제의 주최 취지는 영화의 영상만큼이나 아름답다. 강릉 극장의 대명사이던 신영극장은 홈플러스의 멀티플렉스 극장 개업으로 폐업 위기를 맞았으나, 독립영화 전용관으로 그 명맥을 이어가는 점도 강릉문화의 저력을 반영한다.

석탄산업에서 관광산업으로 생계현장을 바꾼 정동진의 변천사는 현대의 산업적 흐름을 집약적으로 보여주는 상징적 장소다. 정동진역은 '기차역'이 지닌 의미와 교통의 함수관계를 잘 보여준다. 정동진은 단순한 위치적 장소의 기능에서 나아가 현장성과 장소감을 역동적으로 드러낸다. 특히 석탄산업에서 관광산업으로 생계현장을 바꾼 정동진의 변천사는 현대의 산업적 흐름을 집약적으로 보여준다.

정동진의 주요 산업이던 탄광산업이 사양화로 몰락할 때, 드라마 「모래시계」를 통한 영상산업이 정동진을 일으켜 세운다. 드라마 촬영지를 찾아오는 관광객을 위해 새마을호까지 정차하는 철도 운행에다 해맞이 열차를 운행하는 교통산업의 확대를 통해 정동진의 지명이 지닌 장소적 가치를 확산한다. 정동의 지리적 명칭과 '해'와 '일출' 이미지를 통해 새로운 마음을 다짐하고, 또 모래시계의 시계 이미지를 덧대면서 정동진은 관광명소로 자리한다. 이제는 관광산업이 정동진을 이끄는 것이다. 1970년부터 2000년 사이에 정동진은 석탄산업-영상산업-교통산업-관광산업의 흐름이 역동적으로 변화한 현장이다.

5) 정동진 일대의 이야기들과 생각 더하기

정동진역 앞의 고성산에서 보는 일출도 아름답다. 고성산에는 재미있는 얘기가 전해진다. 옛날에 고성산은 북쪽 지역인 고성에 있었는데, 큰 홍수가 나면서 정동진으로 떠내려왔다. 이후부터 고성 사람들이 자기네 산에 대한 땅세를 매년 받아 갔다. 가뭄이 든 어느 해, 땅세를 낼 수 없었던 정동진 사람들이 지혜를 모았다. "돈이 없어 땅세를 줄 수 없으니 산을 가져가라"고 응수한 것이다. 산을 가져갈 수 없는 고성 사람들은 그 후부터 땅세를 받지 못했다고 한다.

고성산 얘기는 설악산의 울산바위 전설과 닮아있다. 금강산 1만 2천봉을 만들기 위해 산신령이 전국의 바위에게 금강산 집합 명령을 내렸다. 울산에서 금강산으로 가던 중에 바위가 다 찼으니 올 필요 없다는 얘기에 울산바위는 설악산에서 주저앉았다. 이후 울산 사람들이 속초 사람들에게 바위에 대한 비용을 받아 갔는데, 그걸 내기 싫어서 바위를 가져가라고 응수하면서 해결되었다는 전설과 닮았다.

정동진의 산 위에는 썬크루즈라는 호텔이 있다. 산처럼 보이는 해안단구 위에 지은 것이다. 3만 톤급 유람선을 육지호텔화한 것인데, 배 모양 건축이 아니라 실제의 조선조를 지어놓고 육상에서 유람선을 축조했다. 다들 산 위에 배가 있으니, 뱃사공이 많아서 산으로 간 것이 아닌가 얘기하기도 한다. 하지만 해안단구란 옛날의 바다였으니, 그 위에 배가 있는 것은 옛 시간을 타임머신처럼 당겨 크루즈여행을 실현하는 꿈을 지닌 호텔이기도 할 것이다. 호텔로 들어가려면 5천 원이라는 적잖은 입장료를 내야 한다. 호텔 내의 조각공원을 보다가 해안절벽의 난간에서 바다를 보는 곳도 있으니 놓치지 말기를. 또 호텔 꼭대기층에는 테이블이 회전하는 카페가 있다. 1시간 정도 가만히 앉아 있으면 테이블이 360° 회전하면서 정동진 시가지, 바다, 산 등의 풍경을 모두 감상할 수 있다. 커피값이 약간 비싼 게 흠이긴 하지만, 입장권을 내밀면 2,500원을 깎아주니 부담은 줄어든다.

김영남의 시 「정동진역」과 신봉의 시 「정동진」을 감상하면서 언어미학을 생각해보자. 문학은 언어로 빚은 예술 장르다. 김영남의 시

「정동진역」은 참 아름답다. 시가 지닐 수 있는 언어미학을 생각하며 감상할 수 있을 정도로 아름다운 구절이 많다. 그런데 정동진역에는 강릉 출신 극작가 신봉승의 시 「정동진」을 시비로 세워놓았다. 두 개의 시비가 있었다면 별 생각 없이 지나쳤을 것인데, 김영남의 시가 빠진 것을 보고 퍽 의아하게 여겼다. 강릉지역에서의 지명도만 생각하면 신봉승이 앞서는 것이 분명하다. 하지만 시를 놓고 보자면, 지명도에서도 김영남의 「정동진역」이 밀리지 않을 것이고, 정동진역에 대한 가치 있는 홍보를 생각해서라도 김영남의 시가 더 나았을 것이다. 강릉지역에 자리한 텃새가 만든 시비였을까? 지역작가에 대한 강릉인의 과한 사랑이 만든 시비였을까?

지역 인재를 아끼는 관점에서 공덕비 세우듯 시비를 세우는 것이라면, 외지 관광객이 오는 곳이 아닌 시민이 모이는 곳에 설치할 일이다. 전국 관광지로 정착한 정동진의 장소성을 생각한다면, 안목을 더 넓게, 더 멀리 보아야 한다. 문화란 일정한 수준을 향해 걸음을 걷는 속성을 지니기 때문이다.

제5장
안목커피거리 탄생과 산업화하는 강릉의 커피

1. '생각하는 음료' 커피가 강릉으로 오기까지

프랑스 정치가 탈레랑은 "커피의 본능은 유혹, 진한 향기는 와인보다 달콤하고, 부드러운 맛은 키스보다 황홀하다. 악마처럼 검고 지옥처럼 뜨거우며 사랑처럼 달콤하다"라고 말했다. 뜨거운 커피 같은 사랑을 만나본 사람은 안다. 가슴 깊은 곳에서부터 올라오는 중독성 강한 커피향의 그리움, 때로 커피향은 외로운 바람을 닮았다.

커피숍에 앉아 향기 진한 커피 같은 편지를 쓰고 싶을 때가 있다. 커피는 글쓰기와 밀접한 연관이 있다. 발자크, 에밀 졸라, 헤밍웨이, 카프카 같은 작가는 글을 쓰기 위해 커피를 즐겨 마셨다. 프랑스 문학사는 커피숍의 단골을 찾아보는 것만으로도 가능할 정도로 커피숍은 문인들의 아지트였다. 볼테르, 빅토르 위고, 장 자크 루소, 사르트르, 카뮈 등의 문학은 커피숍에서 나왔다.

커피숍은 단순히 커피를 마시는 공간이 아니라, 사람들이 모여 대화를 나누는 소통의 장이었다. 사회 현실이나 모순, 집권세력에 대한 비판이 제기되면서 또한 커피숍은 지배권력에 대한 저항의 담론을 생산하는 현장으로 작동했다. 커피숍은 지지자를 확보하는 지식인 사회의 세력화 공간이기도 했다. 민중의 각성이 두려운 지배층은 의사나 종교지도자까지 내세워 커피가 종교에 반한다거나 건강에 나쁘다는 주장을 폈다. 커피가 치료제로 부각되면서 의사들 역시 커피를 못마땅하게 여겼다. 이슬람교는 1580년대에 커피를 금한다는 칙령을 선포했고, 오스만튀르크의 무라트 4세(통치 기간 1623~1640)는 커피 마시는 사람에게 사형을 선고했다. 그리고 커피숍을 부숴버렸다. 영국 국왕 찰스 2세 역시 1675년에 커피숍을 금지한 바 있다.

맥주와 포도주를 즐겨 마시던 시기에 이성을 잃는 사람이 늘어났다면, 커피가 등장하면서부터 지식인들의 이성이 맑아졌다. 커피의 각성제가 이성적 사유를 이끌면서 부조리한 사회 모순에 대한 의식의 눈을 뜨게 했으며, 예술가들의 작품이 질적으로 향상하는 효과도 거두었다. 지배층은 지식인을 각성시키는 커피, 부조리한 사회에 항거하는 준비 장소로 기능하는 커피숍을 몹시 못마땅하게 여겼다.

실제로 커피가 전래되는 곳에서는 사회혁명이 일어났다. 1789년 카미유 데물랭(1760~1794)이 커피숍에서 프랑스 혁명의 필요성을 연설하자 군중은 박차고 나가서 행진을 시작했다. 그로부터 이틀 뒤 바스티유 감옥이 함락됐다. 1776년 미국의 독립선언서가 낭독된 장소 역시 커피숍이다. 커피의 각성제 성분이 지적이고 사회적인 담론을 펼치는 카페의 기능과 맞아떨어진 셈이다.

튀르키예에서는 집에 손님이 방문했을 때 커피 대접을 관습으로 여겼고, 손님은 커피 거절을 무례한 일로 여겼다. 한때 한국 남자들이 연인에게 "나랑 결혼하면 손에 물 안 묻히고 살게 해줄게"라는 약속을 한 것처럼, 오스만제국(튀르키예)의 남자들은 신부에게 "커피 없이 사는 일은 없을 것"이라고 맹세했다. 만약 남편이 부인에게 커피를 못 마시게 하거나, 부족하게 공급하면 중요한 이혼 사유가 되었다.

요즘 시중 마트에서 판매하는 캔커피 브랜드명인 '칸타타'는 바흐의 「커피 칸타타」(1732년 작)에서 나왔다. 「커피 칸타타」는 커피에 중독된 딸과 못 마시게 하는 아버지의 분쟁을 다룬 작품이다. 이 노래를 통해 커피가 유행한 당시의 시대상과 더불어 여성의 커피 음용을 반대하는 보수 세력의 팽팽한 대결을 엿볼 수 있다.

역사상 최초의 커피숍은 1530년대 오스만튀르크 알레포와 다마스쿠스에서 생겨났다. 1554년에는 이스탄불에 커피숍이 들어선다. 오스만튀르크, 이스탄불을 커피의 고향이라 부르는 것은 그 때문이다.

커피가 로마에 전래되었을 때, 일부 성직자들은 '사탄의 음료'라면서 신도들의 음용을 반대했다. 당시 교황 클레멘트 8세(1535~1605)가 커피를 맛본 뒤 커피향기에 반해서 한 말은 유명하다.

"어떻게 사탄의 음료가 이렇게 맛있을 수 있단 말이냐? 당장 커피에 세례를 내려 사탄을 쫓아내고 진정한 기독교의 음료로 명하겠다."

미술계의 거장 반 고흐는 가난한 화가로도 유명하다. 고흐가 끝까지 그림을 그릴 수 있었던 것은 동생 테오의 지원이 있었기에 가능했다. 동생의 뒷바라지로 그림 그리는 일을 하던 고흐였지만, 커피를 마시고 싶은 유혹은 참을 수 없었다. 고흐가 동생 테오에게 쓴 편지 한 대목을 보자.

"계속 그림을 그리려면 찻집에서 약간의 빵과 함께 마시는 커피 한 잔이 꼭 필요하다. 형편이 허락한다면 야식으로 커피숍에서 두 잔째의 커피를 마시고 약간의 빵을 먹거나 가방에 넣어둔 호밀 흑빵을 먹는다면 더욱 좋겠지."

예술가들은 커피를 마시면서 정신을 맑게 가다듬었다. 또한 커피숍에서 동료 예술가들과 만나 예술 세계를 넓혀갔다. 유명 예술가들이 커피를 즐기는 것은 그 때문이다. 음악계의 거장 베토벤 역시 커피를 몹시 사랑했다. 베토벤이 커피를 만드는 과정은 특이했는데, 60알의 커피콩을 일일이 센 뒤 그것을 갈아 커피를 끓였으니 말이다.

튀르키예에서는 커피를 마신 다음 잔에 남은 찌꺼기를 통해 운세를 점친다고 한다. 잔을 뒤집어서 생긴 찌꺼기 모양으로 하기도 한다. 예컨대 '길' 모양이 나오면 '여행'을 의미하고, 여우나 뱀, 전갈 같은 모양이 나오면 불행이 닥칠 것으로 보았다. 반면 말, 사슴, 새 같은 모양이 나오면 길운이 생길 것으로 해석하는 것이다. 커피를 마시면서 커피에 얽힌 문화와 예술을 섞어보면 커피 맛이 조금씩 더 좋아지기도 한다.

분명한 것은 커피의 진정한 맛을 느끼려면 좋은 바리스타를 만나야 한다는 것이다. 훌륭한 바리스타는 좋은 생두 선별 능력, 능숙한 로스팅 기술, 커피 추출 기술을 갖추고 있다. 그런 바리스타에게 커피를 주문하면서 자신이 좋아하는 신맛, 단맛 등의 향미를 알려주면 된다. 그러다 보면 자신이 사랑하는 커피가 하나쯤 생기고, 그 입맛에 이끌려 커피 마니아가 되는 것이다.

커피콩

커피 로스팅

우리나라에 커피가 처음 등장한 것은 1890년대 고종 황제가 러시아 공관에 머물던 아관파천(俄館播遷) 때의 일이다. 1920년대 들어와서는 지식인들을 중심으로 커피 예찬자가 늘어난다. 「메밀꽃 필 무렵」의 작가 이효석은 낙엽 타는 냄새에서 갓 볶아낸 커피 냄새를 맡았고, 천재 시인 이상은 아예 다방을 차렸다. 열두어 살 때부터 커피를 마시기 시작해 40대까지만 해도 하루 몇 차례씩 서너 잔 분량의 사발에 커피를 마신 다형(茶兄) 김현승 시인은 자신의 호에 차를 뜻하는 '다(茶)' 자를 넣기까지 했다.

2000년대 들어 한국 커피의 중심지는 강릉으로 자리 잡고 있다. 강릉의 대표적 관광지로 경포대, 경포바다, 경포호수, 오죽헌, 선교장, 초당, 정동진 등을 꼽았는데, 이제는 커피거리 안목이 추가되었다. 강릉을 방문할 땐 역사 인물인 이율곡, 신사임당, 허균, 허난설헌, 김시습을 찾거나, 먹거리로 초당순두부와 주문진의 회를 찾던 것이 이젠 커피를 마시기 위해 찾아온다. 강릉 하면 바다를 떠올리던 관광 패턴에 커피를 추가한 것이다. 바다를 보러 강릉 간다는 말은 옛말이 되어버렸을 정도다. 요즘은 바다가 아니라 커피를 마시기 위해 강릉 나들이에 나서는 이들이 더 많아졌기 때문이다. 커피 마시러 강릉에 갔다가 덤으로 바다 향기를 맡고 온다는 것이 요즘 트렌드다. 커피 마시러 온 김에 회도 먹고, 초당순두부도 먹는다.

주말이면 수도권의 커피 마니아들이 안목커피거리를 찾아와 북적인다. 횟집 거리로 유명하던 안목이 2000년대 들어와서는 커피숍으로 유명해지더니, 커피거리라는 지명을 획득했다. 이곳의 도로명도 커피거리다. 강릉의 커피숍을 순례하듯 찾아가는 관광객이 늘어나면서 커피는 강릉의 대표적 먹거리 브랜드로 등장했다.

커피가 관광산업에 활력을 불어넣자 강릉시도 커피를 지역의 산업으로 육성하는 정책을 모색하고 나섰다. 커피가 강릉시에 미치는 경

강릉커피

제효과가 수천억 원에 달하면서 커피는 생활문화가 아니라 부가가치를 지닌 산업으로 자리했다. 강릉시에서 커피축제를 적극 지원하고, 바리스타 양성을 통한 창업의 길을 모색하는 것도 그 때문이다.

강릉커피축제는 '100인 100미(味)'(100명의 바리스타가 저마다 개성 있는 드립커피를 내려 관람객에게 커피 맛을 전하는 행사)를 비롯하여, 다양한 커피 체험행사가 마련되어 있다. '커피생두 구입-로스팅-그라인딩-커피 추출-시음' 과정을 단계별로 참여할 수 있다. 참여자들은 수망 로스팅 체험을 통해 자신이 직접 볶은 커피를 마신다. 추출 도구에 따라 달라지는 에어로프레스 커피(미국식 피스토 가압식 추출), 튀르키예식 커피, 모카포트 커피(이탈리아식), 베큠브로어 커피(일명 사이폰) 중 하나를 선택해 마시는 색다른 경험은 맛의 감동을 증폭시켰다.

언젠가부터 강릉의 커피숍은 어느 특정한 곳이 좋다고 추천하기 힘들어졌다. 커피숍마다 독특한 맛과 향기로 최고의 커피를 추출해내고 있기 때문이다. 또한 사이드 메뉴나 인테리어 역시 개성을 만들어 가고 있다.

2. 강릉을 커피 성지로 만든 일곱 가지 요소

1) 안목커피거리

강릉이 커피도시로 유명세를 얻은 강릉항(일명 안목항) 앞의 안목거리가 '커피거리'라는 별칭을 얻으면서부터다. 횟집거리로 유명하던 안목에는 오래전부터 100대 정도의 커피자판기가 즐비하게 서 있었다. 자판기마다 커피 맛이 달랐는데, 회를 먹고 나서는 자신의 취향에 맞는 자판기 커피를 뽑아 들고 동해바다를 바라보는 정취는 별미였다. 다른 지역보다 유독 자판기가 많던 안목지역에 커피숍이 많이 생겨난 것은 결코 우연이 아닌 셈이다. 안목 커피가 인기를 끌면서 횟집 자리에 커피숍이 비집고 들어서더니 한 집 건너 커피숍이 자리를 잡았다. 아니, 2015년 이후부터는 커피숍 옆집이 커피숍일 정도로 안목커피거리의 상가 대부분이 커피숍이다. 안목커피거리에는 1층짜리 커피숍을 비롯해 3층짜리 건물을 통째로 커피숍으로 쓰는 업소만도 여러 곳이다. 어느 집을 들어가도 커피 맛이나 바다 전경은 우리나라 최고를 자랑한다.

2) 눈으로 마시는 바다의 커피

푸른 동해바다를 바라보면서 마시는 커피는 눈으로 마시는 향기다. 마음에 드는 커피숍을 고를 땐 커피 맛뿐만 아니라 실내 인테리어도 맛만큼이나 중요하다. 유리창 가득 동해바다를 담은 안목해변, 경포해변, 그리고 연곡과 사천해변의 커피숍 풍경은 커피의 맛에다 파도까지 섞어서 내놓는다. 추억과 사랑, 고독과 낭만이 철썩이는 동해바다의 커피에는 중독성 짙은 그리움이 넘실댄다. 바다의 멋과 커피 맛이 조화를 이루면서 강릉은 커피의 명소로 거듭나고 있다.

안목커피거리의 커피숍 대부분이 2층이나 3층에 야외 테라스를 두고 있다. 바닷바람과 살을 맞댄 야외 테이블에 앉으면 바다 전망이 일품이다. 발밑에서 파도가 찰랑거리는 낭만을 느끼는 순간 혀끝에 닿은 커피 맛은 벌써 치명적인 중독성의 징후를 보이기 시작한다.

커피거리와 마주한 강릉항에서는 울릉도행 정기여객선이나 인근 바다를 둘러보는 유람선을 탈 수 있다. 안목의 테이크아웃 커피는 큰 바다로 나가는 안목을 길러주는 셈이다.

3) 신라 시대부터 내려온 차문화 유적지

강릉 남항진의 '한송정(寒松亭)'은 신라 시대 화랑이 몸과 마음을 수련하면서 차를 마신 유적지다. 『동국여지승람(東國輿地勝覽)』은 "정자 곁에 차샘〔茶泉〕, 돌아궁이〔石竈〕, 돌절구〔石臼〕가 있는데 곧 술랑선인(述郞仙人)들이 놀던 곳이다"라고 한송정을 기록하고 있다. 차와 커피의 주성분 중에서 물이 차지하는 비중이 절대적이고 보면, 백두대간의 맑은 정기를 받아 석간수를 타고 흘러나온 강릉의 맑은 물이 차의 맛을 그윽하게 했을 것이다. 시문(詩文)에 등장하는 '제일강산 강릉'의 명성 역시 한송정 차의 품격을 높여주었을 것이다.

한송정이 우리나라 차 유적지 중에서 가장 오래된 곳이고 보면, 강릉시가 커피도시로 자리매김하는 일은 차문화의 맥을 잇는 일이기도 하다. 한송정은 현재 제18전투비행단 공군부대 구역이어서 일반인의 출입은 불가능하다. 그래도 매년 10월 강릉동포다도회가 주관하는 '한송정 헌다례와 들차회' 행사 때는 개방하고 있다. 한송정에서 다례회 행사를 이어가는 것은 강릉시의 차문화 전통을 가꾸는 일이다. 신라 때부터 이어온 차문화 전통은 강릉의 커피문화로 변모·계승되었다고 볼 수 있다.

4) 커피 마니아의 성지 보헤미안과 테라로사

강릉 연곡의 '보헤미안'은 국내 바리스타 1세대로 손꼽히는 박이추 사장이 직접 커피를 끓이면서 일찌감치 커피 마니아의 성지로 자리 잡았다. '보헤미안'이 문을 연 2004년부터 강릉의 커피는 맛의 품격을 갖춘 셈이다.

이보다 앞선 2001년에는 커피의 산업화를 염두에 둔 공장형 커피숍 '테라로사'가 강릉 구정면에 들어섰다. 테라로사는 품질 좋은 세계의 커피를 찾아 직접 수입하여 국내에 공급하는 공장형 커피숍을 운영하고 있다. 테라로사가 커피 맛의 품격을 높이면서 전국 각지의 커피 마니아들이 커피향에 이끌려 강릉을 찾아왔다. 테라로사는 커피숍을 넘어 하나의 기업으로 성장했다.

연극의 보헤미안과 구정면의 테라로사는 외지인들이 찾아가기 쉽지 않은 외진 곳에 자리하고 있다. 그런데도 줄을 설 정도로 전국에서 고객이 물어물어 찾아오는 것을 보면, 강릉이 커피 마니아의 성지이기 때문에 가능한 일이다. '테라로사'와 '보헤미안' 등에서 커피 맛을 배운 마니아들이 안목커피거리를 비롯하여 강릉시 곳곳의 커피숍들을 차례차례 순례하면서 강릉시 전역을 커피 성지로 이끌고 있다.

5) 최고의 바리스타, 고객도 바리스타

바리스타에 따라 맛이 다른 '드립커피' 순례는 강릉만의 매력이라 할 수 있다. 강릉 커피는 바리스타 과정을 거친 시민이 많아지면서 맛도 한층 더 업그레이드되었다. 대학과 기관의 사회교육원을 비롯해 커피숍 자체의 커피아카데미까지 합하면 10여 개가 넘는다. 초기에는 창업을 지원하는 바리스타 교육 과정에 대한 강릉시의 지원이 이어지면서 커피숍 창업을 이끌었다.

강릉에서는 커피숍 손님 5명 중 1명은 바리스타 자격증을 보유하고 있다는 말이 있다. 바리스타 자격증을 가진 고객이 많아질수록 커피에 대한 입맛은 까다로워졌다. 이들의 입맛을 충족시키려면 커피숍 운영자의 손맛 역시 점점 고급스러워질 수밖에 없었다. 커피숍 운영자가 살아남기 위해 커피 맛에 신경을 쓰는 동안 강릉의 커피는 한국 최고의 맛을 자랑하게 되었다.

에스프레소가 과학이라면, 핸드드립은 마음이라고 했다. 바리스타의 마음을 담은 손맛 때문일까? 유명 프랜차이즈 커피숍들이 인기 몰이하는 대도시와 달리 강릉에서는 프랜차이즈 커피숍들이 맥을 못 춘다. "강릉에서 커피 프랜차이즈점은 무덤이다"라는 말까지 나돌 정도였다.

강릉의 이름 있는 커피숍들은 대부분 로스팅(roasting) 기계를 두고 원두를 직접 볶아낸다. 대형 커피숍에서는 로스팅 공장을 별도로 건립하여 인근 커피숍에 고품질의 커피 원두까지 공급하고 있다. 그러면서 로스팅 작업을 하지 않는 커피숍의 커피 맛까지 상향 표준화되는 것이다.

6) 산업으로 성장한 커피: 커피박물관, 바이오루왁커피, 커피빵

강릉 왕산면에는 커피나무를 재배하는 커피농장과 커피박물관이 있다. (주)커피커퍼는 제주 여미지식물원에서 아라비카 커피나무를 들여와 커피농장을 꾸렸다. 2001년 심은 3만 그루의 커피나무에서 2011년부터는 해마다 커피콩 수확이 이뤄지고 있다. 커피나무의 체리 껍질을 벗겨 말려 탈곡한 원두는 직영 커피숍을 통해 맛을 선보이고 있다. 아직은 개발 단계이지만 강릉에서 생산된 커피를 맛본다는 점은 이색적이다. (주)커피커퍼는 안목 1·2호점, 왕산점, 수영장점, 통일공원점 등 직영점을 두고 있다.

(주)커피커퍼는 2009년, 커피 관련 유물 2만여 점을 전시한 커피박물관을 대관령에 개관했는데, 경포 인근에 전시관을 하나 더 열었다. 커피박물관에는 프랑스 작가 오노레 드 발자크(Honore de Balzac)가 좋아하던 커피포트와 커피잔, 로스팅된 커피를 빻는 필리핀산 나무절구 등이 눈길을 끈다. 커피숍이 혀끝을 자극한다면, 커피박물관은 눈과 두뇌를 자극하면서 커피의 역사여행을 이끈다. 해마다 5~6월경 커피꽃이 피는 시기에 맞춰 커피박물관과 농장에서는 커피나무 축제가

열린다. 커핑대회(커피 맛 감별), 커피꽃 그림 그리기, 커피로스팅, 핸드드립 추출, 커피공예 등 다채로운 체험행사를 통해 커피 인구의 저변을 넓히는 데 한몫한다.

강릉에서는 세상에서 가장 비싼 커피로 알려진 루왁커피를 생산하기도 했다. 루왁은 사향고향이가 배설하는 커피원두를 말하는데, 루왁 생산을 위해 사향고향이를 강제 사육하는 일이 보도되면서 동물학대 논란을 빚기도 했다. 그런데 가톨릭관동대학교 의과대학 바이오벤처인 (주)트라이엠에서는 지난 2010년 동물 대신 루왁의 생산원리를 과학적으로 적용한 바이오루왁을 개발해 시중에 내놓았다. 개발자인 이석준 교수는 "입으로 씹는 효소 반응-위의 촉매작용-소장의 소화효소 작용-소장의 미생물 작용 등의 4단계 과정을 똑같이 적용하여 바이오루왁을 개발했다"고 밝혔다. 바이오루왁에서도 보듯 강릉은 세상에 없던 커피까지 만들어낼 정도로 커피를 산업으로 성장시켜나가고 있다.

7) 강릉커피축제

강릉시는 커피를 축제로 이끌면서 문화축제이자 관광산업으로 승화시켰다. 2009년 커피업계 종사자들 중심으로 시작한 커피축제를 강릉시와 강릉문화재단이 직접 주관자로 참여하면서 규모를 확대했다. 강릉커피축제는 강릉단오제, 경포벚꽃축제와 더불어 강릉의 3대 대표 축제로 자리 잡았다. 강릉커피축제는 강원도의 대표 축제로 선정되었으며, 해마다 규모를 키워나가고 있다. 강릉시는 축제를 통해 커피 인구의 저변을 확대하면서 커피의 산업화 가능성에 주목하고 있다.

강릉시는 단오제를 유네스코 세계무형문화유산으로 등재한 저력을 지니고 있다. 단오제는 전국 곳곳에서 열리다가 시들해졌는데, 강릉시는 강릉 특유의 단오 전통을 계승하면서 지속적으로 발전시켰다.

그러한 노력이 강릉단오를 세계 속의 문화로 자리매김하도록 했다. 커피축제 역시, 생활문화이자 낭만으로 머물던 커피를 강릉지역의 고유문화이자 축제문화로 승화시키고 있다. 커피축제를 통해 강릉은 커피도시의 브랜드를 확고하게 만들어냈다.

강릉커피축제 체험

강릉커피축제 풍경

제6장
경포가시연습지와 생태주의

1. 순포습지와 경포가시연습지 탐방

강릉지역의 습지는 생태탐방 코스로 적지다. '순포습지-경포호-도시녹색체험센터-경포가시연습지'를 돌아보면서 생태주의를 새겨보는 것이다. 습지는 생물다양성의 보고다. 습지란 물을 담고 있는 땅을 말하는데, 지형이나 기후에 따라 연안습지, 내륙습지, 인공습지 등으로 구분한다. 연안습지는 바닷가에 위치한 석호나 갯벌 같은 습지를 말하며, 내륙습지는 육지·내륙·산림 등에 위치한 습지를 말한다. 인공습지는 인공적으로 만든 습지로, 논도 이에 해당한다. 습지는 홍수시 물을 저장하여 홍수피해를 방지하고 해안이 쓸려 내려가지 않도록 한다.

습지는 다양한 생물이 살 수 있는 환경을 제공하며, 얕은 물과 소초지대는 어류의 산란처나 서식처 역할을 한다. 조류에게는 휴식 공간, 먹이터, 은신처 역할을 한다. 습지는 지구상에서 가장 생명력이 풍부한 곳이라 할 수 있다. 지표면의 약 6%를 차지하는 습지는 지구 온

순포습지 조감도

난화의 주범인 이산화탄소를 저장하고, 지역의 대기온도와 습도를 조절한다. 습지 정화 식물로 갈대, 부들, 마름, 연, 가시연, 창포 등이 꼽힌다. 경포습지에는 갈대, 부들, 마름, 가시연과 수련 등의 식물과 고니, 원앙, 물닭, 황조롱이, 저어새 등의 조류와 너구리, 수달, 두더지 등의 포유류가 함께 공동체를 이루며 살아간다.

경포호수는 석호다. 석호란 하천에서 바다로 유입된 모래나 흙을 바닷물이 밀어 올려서 퇴적된 둑처럼 해안지형을 형성하여 바다를 차단한 호수를 말한다. 석호는 해안습지의 한 종류로서 동해안에 주로 분포한다. 동해의 습지를 형성하는 것이 석호라면, 서해의 습지를 형성하는 것은 갯벌이다. 우리나라에는 20개 정도의 석호가 있는데 강릉시, 속초시, 양양군, 고성군 등에 집중돼 있다. 강릉의 경포(鏡浦), 주문진의 향호(香湖), 속초의 청초호(青草湖)·영랑호(永郎湖), 고성의 삼일포(三日浦)·송지호(松池湖)·화진포(花津浦) 등이 대표적이다. 북한 강원도 통천군의 강동포(江洞浦)·천아포(天鵝浦) 등도 유명한 석호

경포호수

로 꼽힌다.

작은 석호는 사주로 바다와 완전히 분리되어 있으나 비교적 큰 석호는 모두 좁은 수로를 통해 바다와 연결된다. 이 때문에 경포호수의 물은 '기수(汽水)'라고 할 수 있다. 기수는 바닷물과 민물이 만나 서로 섞여 염분이 적은 물을 의미한다. 그런데 경포호수에는 홍수 때 바닷물 유입이 늘어나면서 예전보다 염분이 더 많아졌다. 경포호는 루사(2002년) 때의 태풍 피해보다 미탁(2019년) 홍수 때 영향을 더 많이 받았다. 밀물이 들어선 바다의 만조 때문이다. 홍수로 모인 민물이 바다로 내려가지 못하고 호수 주변에 몰리면서 경포호 주변이 큰 피해를 입었다.

경포호수와 습지를 구분한 보행로의 좌우에 서 있는 벚나무의 가지 형태가 다르다. 호수 주변의 벚나무 가지는 버드나무처럼 축 처져 있다. 1980년대까지만 하더라도 경포호에서는 겨울에 스케이트장을 운영하여 호수 위로 걸어 다닐 수 있었다. 석호와 바다가 연결되는 수문을 '강문(江門)'이라 하는데, 경포바다 남쪽에 다리 하나 건너 있는 바다가 강문바다다.

순포습지는 경포호와 더불어 동해안의 대표적인 석호 가운데 한 곳이다. 2016년 복원사업 전에는 대부분 소실되어 1만 5천여 m^2만 남아있었으나 복원사업 후 1920년대까지 남아있던 본래의 면적을 회복했다. 순포습지의 '순포'라는 지명은 과거에 순채(蓴菜)나물이 많았다고 해서 붙여졌는데, 순채는 환경부 지정 멸종위기 2급 생물이기도 하다. 이 지역은 경포해변에서 사근진을 거쳐 사천까지 이어지는 해안도로의 중간에 있어 경포호수 및 사천 해안 송림 등지를 연계한 자연생태관광 벨트로 조성되고 있다. 순포습지는 물회로 유명한 사천항과 경포의 중간에 위치해 있다. 습지에는 왜가리, 황조롱이, 원앙, 청둥오리, 흰비오리, 흰뺨검둥오리 등이 서식한다. 습지는 남호, 북호로 나뉘며 탐방로가 잘 조성되어 있다.

> 호수는 옛날에 부유한 백성이 살던 곳이라 한다. 하루는 스님이 쌀을 구걸하러 왔는데 그 백성이 똥을 퍼주었더니 살던 곳이 갑자기 빠져 내려서 호수로 되고 쌓여 있던 곡식은 모두 자잘한 조개로 변하였다고 한다. 매년 흉년이 되면 조개가 많이 나고 풍년이 되면 적게 나는데 맛이 달고 향긋하여 요기할만하며 지방 사람들은 적곡(積穀)조개라 부른다(『택리지』).

> 옛 노인이 전하는 말에 강릉은 옛날에는 경포 수중에 있었다 한다. 한 노파가 여자아이를 데리고 살았는데 하루는 노승이 문 앞에 와서 시주를 하고자 하니 그 여자아이가 욕설을 퍼부으며 삼태기에 인분을 담아 중의 바랑에 던지니 중이 그것을 받아가지고 돌아갔다. 노파는 벌이 내릴까 두려워하며 북문 밖에까지 따라가니 중이 돌아보며 말하기를 "너희 집이 물에 잠기어 곧 수재를 당할 것이니 속히 달아나라"라고 말하는데, 문득 중은 보이지 않았다. 그날 저녁 과연 중이 말한 대로 집이 물에 잠기니 여

자아이에게 알릴 겨를도 없이 성 밖으로 달아났다. 강릉 모두 물에 잠기어 호수가 되고 사람과 가축이 모두 물속에 가라앉았다. 노파가 그 딸을 생각하고 서서 울부짖다가 돌로 변했다. 지금도 경포호수 가운데서 종종 기와조각과 자갈이 보이며 자세히 살펴보면 큰 길과 작은 도로가 종횡으로 나 있는 것을 분별할 수 있다.[1]

이중환의 『택리지』에는 경포의 장자못 설화가 등장하는데, 위의 두 번째 인용문처럼 더 구체적인 이야기를 담은 버전도 있다. 『택리지』의 조개 이야기는 경포호의 별칭과 관련이 깊다. '경포'는 수면이 거울처럼 맑다고 해서 붙여진 이름이고, 흉년이 드는 해는 적곡(積穀)조개가 많이 나서 주민의 기아를 면하게 해주었던 데서 '군자호(君子湖)'라는 별칭이 나왔다. 경포호는 석호이다 보니, 주변 하천에서 들어온 물과 바닷물이 섞이면서 조개들이 살기 좋은 환경이 되었다. 껍질이 붉은 작은 조개가 경포호에 많이 서식했는데, 흉년에는 이 조개를 먹고 허기를 면했다고 한다. 경포호수에는 잉어, 붕어, 가물치, 새우, 뱀장어 등 각종 담수어가 서식하고 있고 각종 철새가 도래한다. 과거에는 둘레가 12km에 이르는 규모였으나 지금은 4.4km로 줄어들어 있다.

경포호수는 예전에는 지금보다 2~3배 정도 큰 규모였다. 그러나 쌀 생산을 통해 식량을 증산하는 것이 중요하던 농업 중심 사회는 호수를 메워 논으로 만드는 것이 시대정신이었다. 경포호 주변의 습지를 매립하고 배수로를 만들면서 농경지로 바꾸는 작업은 농업 중심 사회의 정책을 보여준다. 이 과정에서 경포호수가 줄어들고, 그 일대에 농경지는 증가했다. 경포호수 인근 습지에 자생하던 가시연꽃이 사라진

---

1 「증수영림지」, 『강릉시사 상편』, 강릉문화원, 1996.

것도 그 때문이다.

2000년대 들어 시대정신은 쌀 생산보다 생태보존을 중요시하는 정책을 펼치도록 했다. 무분별한 도시개발을 성찰하면서 친환경 개발의 논리가 나오는 것도, 자연생태계를 복원하고 보존하는 생태주의 정신이 강화되는 것도 그런 시대정신이다. 또한 세계가 함께 나서서 기후변화를 고민하고, 탄소중립과 녹색성장을 핵심 키워드로 삼는 것도 그러한 시대정신에서 기인한다.

2008년부터 강릉시에서는 경포호수 주변에 묵논으로 있던 곳을 습지로 복원하고 나섰는데, 2010년 생태계의 기적이 일어났다. 50년 전에 있었다고 소문으로만 알려지던 가시연이 꽃을 피운 것이다. 농지화하는 과정에서 발아할 환경을 잃고 사라진 가시연이 50년 만에 깨어났다. 경포바다 일대가 관광산업을 추구하는 장소라면, 경포가시연습지는 농업사회에서 생태관광으로 변화하는 과정을 보여주는 장소다. 경포가시연습지는 단순한 생태관광지가 아니라 생태주의를 학습하는 장소로 기능하고 있다.

가시연은 경포습지 외에도 진주, 대구, 경산, 함평, 나주, 익산, 화성 등지에서 서식하는데, 멸종위기 동식물 2급으로 보호받는 소중한 생명체다. 강릉지역 풍호(楓湖)는 가시연 자생 식물의 월동 한계선으로 예전에 이곳에서 많은 종자를 약재로 채취했으며, 강릉 향교의 10월 대제 때 제물로 진상했다는 기록도 있다. 경포지역에 가시연이 있었다고 구전으로만 전해지던 가시연꽃 종자가 휴면 상태에서 자연 발아한 것이다.

연꽃은 2천 년 전의 씨앗도 싹을 틔울 정도로 생명력이 강하다고 한다. 불교에서는 신성한 것으로 보는데, 불사(不死)의 상징으로도 보는 것은 생명력에서 기인한다. 중국의 주돈이는 「애련설」에서 "진흙탕에서 피어났으되 더러움에 물들지 않고 / (중략) 향기는 멀수록 더욱 맑

경포 가시연습지

다"라고 노래한 바 있다. 군자의 덕행이 오래 은은하게 전할 것을 의미하는 "향기는 멀수록 더욱 맑다"는 향원익청(香遠益淸)이 『춘향전』에서는 이 도령의 닭살 돋는 작업 멘트로 활용된 바 있다.

> "향원익청(香遠益淸)이라. 연꽃의 향기는 멀수록 맑다 하였거늘, 남원에 가득한 네 향기는 동헌 내아까지 실려와 나를 취하게 하였으니, 춘향이는 연꽃보다 아름다운 꽃 중의 꽃이로다."

이제는 경포습지에서도 연꽃향을 노래하고 있다. 경포습지 전역에 가시연꽃이 발아한 것이다. 서식처 훼손으로 사라졌던 가시연, 땅속에 묻혀있던 휴면 종자가 수분이나 온도 등 발아하기 좋은 조건이 형성되자 50년 만에 자연 발아한 것이다. 이를 두고 기적이라고 부르기도 하는데, 생태계가 보여주는 생명의 힘이다. 경포가시연습지는 습지 조성의 소중함을, 생태계 복원의 중요성을 실증적으로 증거하는 구체적인 현장이다.

생물군집에서 일어나는 현상으로는 천이, 교체변화, 변동 등이 있다. 천이는 습생천이 및 건생천이 등이 있고, 교체변화는 삼림에서 수관 교체가 있다. 변동은 서식지의 환경변화로 군집구조나 종(種) 조성이 교체되는 현상을 말한다. 이 중에서 경포습지의 가시연 발현은 변동에 해당하는 현상이다. 복원이란 자연환경을 원래의 상태로 되돌리거나, 자연이 건강하거나 활발한 상태로 되돌아가는 것을 의미하니, 경포습지의 가시연 발아야말로 진정한 의미의 복원이라 하겠다.

가시연꽃의 꽃말은 '그대에게 행운을, 청결, 순결, 번영, 장수' 등 모두 좋은 의미를 지니고 있다. 가시연꽃은 수련(睡蓮, Waterlily)과 가시연속에 속하는 1년생 수초다. 중부 이남의 연못에서 서식하며 '개연'이라고도 불린다. 가시연 잎맥(잎살 안에 분포되어 있는 관다발과 그것을 둘러싼 부분)에 가시가 돋는 것이 특징으로, 열매와 잎에 뾰족한 가시가 있어 가시연이라고 명명했다. 가시연은 뿌리와 꽃잎에만 가시가 없다.

물 위에 뜨는 가시연의 둥근 잎은 지름이 최대 2m 정도까지 자랄 정도로 크는데, 그 위에 큰 새가 앉아도 잎이 흔들리지 않을 정도로 단단하다. 7~8월에 가시가 돋친 꽃자루에 자주색 꽃이 핀다. 경포가시연습지를 자주 찾는데도 가시연꽃을 보기가 쉽지 않다는 사람들이 많다. 몇 년을 가서도 한 번도 못 보았다는 것이다. 다른 사람은 자주 본다는데 자신의 눈에만 띄지 않는다는 것이다. 오후에만 가시연습지를 방문한 것은 아니었을까? 가시연꽃은 10~14시 사이에 피었다 지는 개폐운동을 3일 정도 하다가 물속으로 들어가 씨를 형성하는 폐쇄화다. 경포의 가시연꽃은 대체로 오전 9~12시 사이에 개화한다. 오후에 경포습지를 찾는 이들에게는 가시연꽃이 곁을 내어주지 않은 것이다.

맑은 가을 호수 옥처럼 푸른데
연꽃 핀 깊은 곳에 꽃배를 매어두었지
님을 만나 물 건너 연밥 따 던지고
행여 누가 보았을까 반나절 부끄러웠지

- 허난설헌, 「채련곡(采蓮曲)」

경포가시연습지에는 줄을 당겨 물을 건너는 나룻배가 한 척 있다. 이 배를 타고 건너는 동안 허난설헌의 시 한 편 소리 내어 읽어보면 어떨까? 허난설헌의 시 중에서 「채련곡」을 낭송하기 가장 적합한 장소는 경포습지의 나룻배 위가 아닐까. 경포는 겨울철새 도래지로 새들이 비상하는 또 다른 볼거리를 제공한다. 고니, 청둥오리, 학, 물오리, 큰고니, 재갈매기, 괭이갈매기 등을 볼 수 있다.

2. 소로의 『월든』과 생태주의 이해

1) 소로와 『월든』

경포둘레길을 따라 걸으면서 순포습지-경포해변-경포호-경포가시연습지를 탐방하는 경로는 생태주의적 학습의 기회가 될 것이다. 경포호수 옆의 경포가시연습지는 강릉시가 생태주의 학습장으로 재장소화하는 모습을 보여준다. 이참에 경포가시연습지에서 소로와 월든호수를 함께 떠올린다면 좋을 것이다. 미국 동부지역 매사추세츠주 콩코드에 있는 월든호수는 둘레가 4km 정도이니 경포호수(4.4km)와 규모도 비슷하다. 헨리 데이비드 소로(Henry David Thoreau, 1817~1862)는 생태주의적 삶의 실천가이며, 그의 책 『월든』에 상세히 기록되어 있다.

소로는 하버드대학을 졸업한 후에 세속적인 성공을 거부하고 육체적인 노동으로 생계를 꾸리면서 생태주의적 삶을 살았다. 사색과 독서와 저술활동을 즐기면서, 생태주의적 삶을 모색한 것이다. 28세부터 2년여 동안 월든이라는 호숫가에 오두막을 짓고 살았던 그의 생애는 생태주의의 효시로 꼽힌다. 월든호수가 경포와 비슷한 규모라는 점에서, 경포가시연습지가 소로의 생태주의 정신을 지켜간다는 점에서 닮아있다. 따라서 경포호수와 가시연습지에서 소로의 『월든』과 연관지어 생태주의를 체험하면 좋을 것이다.

『월든』은 소로가 월든 호숫가에서 2년 2개월간 자급자족하며 경험한 내용을 다룬 책이다. 이 책은 대자연을 예찬한 동시에 문명사회에 대한 통렬한 비판이며, 그 어떤 것에 의해서도 구속받지 않으려는 한 자주적인 인간의 독립선언문이기도 하다. 단순히 물욕을 버리고 간소하게 살라고 외치는 것이 아니라 자신을 실험 삼아 월든 호숫가에서 직접 통나무집을 짓고 끼니를 해결하고 살아가는 과정을 구체적으로 서술했다. 자연과의 교감을 비롯해 그의 사상과 돈, 출세, 명예 등 세속적인 것에 목메는 현대인에 대한 비판도 담아냈다.

『월든』에는 자연과 동식물에 대한 장면들을 상세히 기록하면서 읽는 재미도 있다. 소로가 몸소 실천하며 경험한 이야기를 들려줌으로써 독자들에게도 무소유의 철학과 사유를 자연스럽게 유도하고 있다. 물욕에 지친 현대인에게 산다는 것이 무엇인지를 성찰하게 만든다. 자연 속의 성찰을 통해 하루하루 힘들게 살아가는 우리에게 '멈춤'이라는 휴식의 의미를 전한다. 소로의 사유는 근본생태주의에 가깝다. 근본생태주의의 문제는 근대자본주의사회에서 이상에 가깝다는 비판의 시각도 있지만, 과학환경주의와 사회생태주의를 함께 생각해볼 기회가 될 것이다.

> 샐비어 같은 약초를 가꾸듯 가난을 가꾸어라. 옷이든 친구든 새로운 것을 얻으려고 너무 애쓰지 마라. 헌 옷은 뒤집어서 다시 짓고 옛 친구들에게로 돌아가라. 사물은 변하지 않는다. 변하는 것은 우리다.
>
> 옷은 팔더라도 생각은 그대로 간직하라. 신은 당신이 외롭지 않도록 보살펴줄 것이다. 만약 내가 날마다 온종일 거미처럼 다락방의 한구석에 갇혀 있더라도 나의 생각만 잃지 않는다면 세상이 조금이라도 좁아진 것으로 생각되지 않을 것이다.[2]

소로가 월든호수 주변에 직접 지은 통나무집의 건축비는 28달러가 조금 넘는 금액이었다. 당시 하버드대학 기숙사의 1년 방세가 30달러였으니, 1년 방세도 안 되는 금액으로 집을 지은 것이다. 『월든』에는 건축비용까지 상세하게 기록되어 있다. 소로는 자급자족하면서 여유 있게 살 수 있다는 것을 행동으로 보여주고자 했다. 소로는 『월든』에서 간소한 삶, 검소한 삶을 주문했다. 소로는 사회적 모순에 항거하는 혁명적인 인물이기도 했다.

소로의 부모는 노예제 폐지가 논의될 때, 자기 집을 노예 폐지론자의 모임 장소로 내어줄 정도였다. 이런 환경 속에서 노예제라는 부당한 사회제도에 대해서도 성찰한다. 소로는 랠프 왈도 에머슨과 만나면서 초월주의(transcendentalism)에 대해 눈을 뜬다. 소로는 대학 졸업 후 교편을 잡기도 하지만, 학생들을 체벌하는 현실에 반발하면서 2주 만에 사직한다. 소로는 에머슨의 집에 기거하면서 에머슨이 주도하는 초월주의 운동에 행동으로 동참한다. 집단보다는 개인을, 이성보다는 감성을, 인간보다는 자연을 중시하는 소로의 신념은 초월주의에 이끌리도록 했다.

---

2 헨리 데이비드 소로, 강승영 옮김, 『월든』, 은행나무, 2011, 485쪽.

소로는 자연 사상을 온몸으로 실천했다. 흑인 노예제도와 멕시코 전쟁에 반대한 것도 그 때문이다. 소로는 항의 표시로 인두세 납부를 거부하다가 투옥되기도 했다. 국가 권력보다 개인의 자유를 깊이 사유한 사람이다. 노예제도 폐지 운동가를 위해 탄원서를 제출하는 등 사회 저항에도 나섰다. 『월든』이 자연을 함부로 대하는 인간 중심의 사고방식을 성찰하는 저항의 삶을 보여주었다면, 그의 에세이 「시민 불복종」은 국가 조직 속의 개인이 지닌 인권의 가치를 보여주었다. 「시민 불복종」은 간디의 비폭력 저항운동과 마틴 루서 킹 목사의 시민운동, 베트남전 참전 반대 운동가들에게 큰 영향을 주었다. 「시민 불복종」은 '개인의 양심이 민법보다 우선한다'는 믿음을 통해 선하고도 정의로운 양심을 행동하도록 이끈 것이다.

소로의 사상은 인도의 성자 마하트마 간디, 미국의 인권운동가 마틴 루서 킹 같은 위인들에게 커다란 영향을 줬다. 우리나라의 법정 스님도 『월든』 책을 평생 곁에 두었을 정도로 큰 영향을 받았다. 법정 스님의 무소유 사상은 소로의 『월든』이 보여준 청빈함을 기초로 한다. 법정 스님은 사상의 원천인 월든호수를 두 번이나 찾아간 적이 있다. 소로의 정신을 따르는 이들은 월든 호수 일대를 사색의 성지로 받아들이고 있다.

2) 생태주의 이해

생태주의는 느림을 중시한다. 경제발전이나 자본 중심, 속도주의 등의 강박을 경계하는 사상이다. 생태주의는 인간 중심으로 자연을 대하던 삶을 성찰하면서, 인간과 모든 생명체 및 모든 지구의 존재와 상생을 지향하는 사상이다. 자연의 모든 존재는 평등한 권리와 가치를 지닌다는 인식이다. 생태주의는 21세기의 주류 미학으로 자리 잡았는데, 미개발 덕분에 자연을 간직한 강원도의 환경은 생태주의의 가치를 잘 반영하고 있다.

샤갈, 「나와 마을」(1911)

샤갈의 그림에선 사람과 동물이 한 공간에서 함께 어울리는 장면이 많다. 「나와 마을」에서는 사람과 동물이 동등한 관점, 같은 눈높이에서 마주하고 있다. 사람과 동물이 같은 크기로 등장하고, 서로의 눈을 응시하면서 서로가 소중한 존재라는 것을 확인하고 있다. 사람과 동물이 같은 생명체의 동등한 존재라는 것을, 사람과 식물이 같은 생명체의 동등한 존재라는 것을 인식하는 마음에서 생태주의가 출발한다. 생태주의를 보여주는 일화 몇 개를 살펴보자.

> 스페인의 구엘 단지 지하성당에는 가우디가 얼마나 자연을 소중히 생각했는지를 여실히 보여주는 또 하나의 일화가 있다. 가우디가 설계를 마치고 공사를 막 시작하려고 할 때 계단이 들어갈 자리에 소나무 한 그루가 버티고 있는 것을 발견했다. 수십 년은 족히 되어 보이는 거목이었다. 사람들은 그깟 나무가 대수냐며 공사를 진행하려 했지만 가우디의 생각은 달랐다. 그는 이 나무가 이렇게 되기까지 얼마나 많은 세월을 견뎌왔는지를 생각하며 고민했다. 이윽고 생각을 정리한 가우디는 그를 둘러싼 동료들에게 "우린 고작 며칠이면 계단을 완성할 수 있지만, 저 나무는 수십 년의 세월이 만든 자연의 작품이다"라는 말을 하고 설계를 변경하기 시작했다.[3]

3 김용대, 『가우디: 신은 서두르지 않는다』, 미진사, 2012, 157쪽.

초등학교에서부터 자연과 인간의 생명을 다루는 산악윤리와 산행교육에 대해 배울 기회는 거의 없다. 그런 탓으로 산 정상에서 큰 소리로 야호를 외치는 것이 동식물들에게 얼마나 큰 해악인지를 생각하지 않는다. 그것은 산의 소리를 듣지 못하는 무식하기 이를 데 없는 행동이다. 그것은 산에 대한 사랑이 아니라 자신에 대한 사랑과 애를 쓰고 올라온 행위를 단박에 보상받으려는 천박한 입증이다. 산에 들어와, 산에 올라 자연에 소속되었다는 것을 안다면 그렇게 하지 않을 것이다. 산은 "솟아오르다 영원히 응결된 순간의 꽃봉오리"(파스칼 키냐르, 『은밀한 생』)가 아닌가![4]

몇 년 전에는 불경을 갉아먹는 좀벌레로 골치를 앓은 적이 있다. 도서관 직원들은 도덕적인 딜레마에 처했다. 불경은 부처의 말씀이니 잘 지켜야 하고, 모든 생명체는 숭고한 삶을 영위하고 있으므로 살생하면 안 된다. 살아 있는 모든 생명체와 조화롭게 살아가는 것이 이념이라는 나라에서는 해충 방역도 하지 않는다. 도서관 직원들은 어떻게 했을까? 직원들은 연구를 하고 전문가와 상의한 후에 대책을 마련했다. (좀약에 쓰는 하얀 물질) 좀뇌 같은 물질을 이용해 해충이 늘어나는 것을 막는 약초요법이었다. 즉, 퇴치는 하되 죽이지는 않는다.[5]

위의 일화가 특별한 이야기 같지만, 스페인 · 한국 · 부탄 등 여러 나라의 이야기이고 보면 이미 세계의 많은 이들이 인간 이외의 생명을 깊이 생각하며 산다는 것을 확인할 수 있다. 생태주의를 실천하면서 살아온 민족으로는 인디언을 꼽을 수 있다. 인디언은 백인이 아메리카 대륙을 침략하기 전부터 그곳에 살던 원주민이었다. 인디언은 보호구역이라는 이름으로 척박한 땅으로 내몰렸다. 이방인인 백인에게

4 안치운, 『그리움으로 걷는 옛길』, 디새집, 2003, 365쪽.

5 린다 리밍, 송영화 옮김, 『부탄과 결혼하다』, 미다스북스, 2011, 93쪽.

삶의 터전을 빼기고 나서도, 야만인으로 몰려 학대당하면서도 생태주의에 대한 실천은 쉬지 않았다. 생태주의라는 담론을 내세우지 않고도 인디언은 삶 속에서 생명체인 동식물뿐만 아니라 흙과 공기 같은 대상도 평등하게 대했다. 인디언은 자연의 법칙을 깨지 않는 것이 아름다운 삶이라는 것을 안다.

> 어떻게 우리가 공기를 사고팔 수 있단 말인가? 대지의 따뜻함을 어떻게 사고판단 말인가? 우리로선 상상하기조차 힘든 일이다. 부드러운 공기와 재잘거리는 시냇물을 우리가 어떻게 소유할 수 있으며, 또한 소유하지도 않은 것을 어떻게 우리로부터 사들이겠단 말인가?
>
> 햇살 속에 반짝이는 소나무들, 모래사장, 검은 숲에 걸려 있는 안개, 눈길 닿는 모든 곳, 벌 한 마리까지도 우리 부족의 기억과 가슴 속에서는 신성한 것들이다. 나무에서 솟아오르는 수액은 우리들 붉은 얼굴 가진 사람들의 기억 속에 고스란히 살아 있다.
>
> 우리는 대지의 일부분이며, 대지는 우리의 일부분이다. 들꽃은 우리의 누이고, 순록과 말과 독수리는 우리의 형제다. 강의 물결과 초원의 꽃들의 수액, 조랑말의 땀과 인간의 땀은 모두 하나이며 모두가 같은 부족, 우리의 부족이다(시애틀 추장/수콰미쉬족과 드와미쉬족).[6]

> 문명인은 자신들의 마음에 들지 않는 식물을 잡초라 부르는데, 세상에 잡초라는 것은 없다. 모든 풀은 존중되어야 할 목적을 갖고 있고, 쓸모없는 풀이란 존재하지 않는다.
>
> 풀들도 인간처럼 가족을 이루고 살고, 부족과 추장을 갖고 있다. 따라서 약초를 캐러 가는 사람은 그 약초의 추장에게 선물을 바쳐 존경심을 표시해야 한다. 그런 다음 실제로 그 풀에게 꼭 필요한 만큼의 풀만 채취

6 류시화, 『나는 왜 너가 아니고 나인가』, 김영사, 2003, 21-22쪽.

해 갈 것이고 그것도 좋은 목적에 사용하리라는 것을 밝혀야 한다.

문명인은 그러한 순서를 잊어버렸다. 그들은 목적만을 추구한 나머지 인간과 자연의 관계를 무시하고 말았고 나아가 '자기를 아는 일'로부터 멀어지고 말았다(구르는 천둥, 체로키족).[7]

인용문은 백인 이주민이 인디언을 궁지로 몰면서, 인디언이 살고 있던 땅을 팔도록 강요하던 때의 이야기들이다. 그 당시 수콰미쉬족과 드와미쉬족의 시애틀 추장이 백인에게 되묻던 질문은 인디언이 평생 실천하던 생태주의가 무엇인지 잘 보여준다.

인류의 역사는 더 많은 땅을 차지하기 위해 약소민족을 무자비하게 짓밟은 폭력의 역사로 얼룩져 있다. 미국은 기존에 있던 인디언을 무시하고, 아메리카 대륙을 발견했다는 식민지적 발언으로 정복하여 만들어진 나라다. 미국을 짓밟은 백인은 땅을 빼앗는 죄악뿐만 아니라 인디언의 문화를 열등하다고 세뇌하기도 했다. 백인은 원주민인 인디언의 땅을 지배하기 위해 인디언을 야만적이고 포악한 집단으로 매도하기도 했다. 『나는 왜 너가 아니고 나인가』라는 책에는 인디언의 삶과 문화가 잘 나타나 있다. 특히 생태주의를 실천하며, 권력을 부정하는 진정한 민주주의적 삶을 살아온 인디언의 삶이 감동적으로 다가온다. 인디언은 소유에 대한 욕망이 살인이나 전쟁을 만든다는 것을 알고 있었다. 자연과 가까이 지내면서, 자연의 품속에서 명상하면서 선한 마음을 지키려 한다면 우리의 삶은 더 평화로워질 것이다.

---

7 위의 책, 139쪽.

생태주의를 강화하는 강원의 도시들

● 경포가시연습지 옆에 건립된 녹색도시체험센터(e-zen)는 자체 생산하는 태양열과 지열로 운영되고 있다. 화석연료를 사용하지 않고 태양광과 지열 에너지만 사용하도록 건립된 체험센터는 강릉의 저탄소 녹색시범도시 건축물이다. 각종 회의와 교육을 할 수 있는 컨벤션센터와 숙박과 체험이 가능한 체험연수센터 2개 동으로 구성됐다. 이용자들은 자연에서 얻는 에너지를 실제로 어떻게 사용하는지 체험하고 기후변화에 따른 적응을 경험할 수 있다. 전국 처음으로 만들어진 녹색도시체험센터는 녹색에너지 체험 장소이자, 이곳 마당에서는 강릉의 문화축제가 이뤄지기도 한다. 한편, 강릉지역에서 숲과 관련한 체험을 하기 좋은 장소로는 솔향수목원, 대관령 자연휴양림, 국립 대관령 치유의 숲이 있다.

● 화천군은 생태와 영상미디어가 결합한 화천생태영상센터를 개관했다. 화천생태영상센터는 산천어와 수달의 고장인 화천을 다룬 '생태전시관', 인간과 물의 관계를 과학적으로 접근하는 '물 과학체험관', 사방에서 화천의 물속 생물을 만날 수 있는 '워터드롭 상영관' 등이 있다. 화천생태영상센터는 65세 이상 입장객의 인생 이야기를 추억으로 남기는 '영상자서전 DVD' 제작 프로그램도 제공하고 있다.

● 고성군은 화진포생태·해양박물관을 개관했다. 담수와 해수가 섞인 석호인 화진포에서 생태박물관과 해양박물관을 함께 관람할 수 있다. 화진포생태·해양박물관은 수만 종의 조개류와 수중생물 등의 어류전시관, 아쿠아리움의 해저터널, 동해바다를 보여주는 입체영상관, 지역생태관과 생태체험관 등으로 꾸며져 있다.

● 양구군은 DMZ생태식물원을 두고 있다. DMZ 휴전선 가까이 있는 식물원에서는 희귀식물을 볼 수 있다. DMZ생태식물원에는 숲놀이터, 우주과학놀이터, 연못분수, 선인장다육식물전시관, 숲배움터, 로맨스 정원 등이 있다. 숲배움터에서는 숲치유를 체험할 수 있으며, 전망대에서는 야생화정원 전체를 한눈에 감상할 수도 있다.

● 홍천군은 공작산 생태숲을 운영하고 있다. 역사문화 생태숲, 교육·체험 생태숲, 유전자보전의 숲으로 구성되어 있다. 수타사계곡의 숲길을 걸으며 경관을 감상하고 힐링할 수 있다. 공작산 생태숲은 영서 북부지방의 자연생태계를 보존하면서 탐방객이 숲 문화를 체험하는 학습장이자, 맑은 공기를 제공하는 산림휴양문화공간으로 가꿔지고 있다.

● 횡성군에는 국립횡성숲체원이 있다. 숲체원은 '숲을 체험할 수 있는 시설'이라는 뜻을 지니고 있다. 청태산 자락에 있는 숲체원에서는 숲탐방로, 테라피코스 등을 산책할 수 있다. 운영 프로그램으로는 수채화 키트, 숲놀이 키트, 힐링 마사지, 건식족욕기를 활용한 건강장비 체험 등이 있다. 52개 객실에 400명이 숙박할 수 있는 시설도 갖추고 있다.[8]

---

8 김수린·김지영, 『52주 여행, 우리가 몰랐던 강원도 408』, 책밥, 2023, 108쪽.

제7장
주문진등대와 묵호등대로 살핀 해양관광 자원화 양상

1. 등대로 떠나는 소풍

"등대의 고집스러운 가르침은 기다림"(주강현)이라고 했다. 바다 곁을 지키는 등대, 얼마나 낭만적인 풍경인가? 등대만 있으면, 바다는 아름다운 풍경 사진이 된다. 항구에는 하얀 등대, 파란 등대 색상이 다른 두 개의 등대가 마주 보고 있다. 푸른 바다와 색상의 대조까지 잘 이뤄낸 하얀 등대. 파란색과 하얀색의 조화, 마치 그리스의 산토리니를 연상시키는 이국적 정취가 풍긴다. 푸른 바다 옆의 빨간 등대는 얼마나 정열적인가. 아무렇게나 셔터를 눌러도 예쁜 사진이 나오는 풍경이다. 또 푸른 바다 옆의 노란 등대는 얼마나 몽환적인가?

등대의 색깔이 다른 것은 선박의 안전을 위한 신호라는 걸 알고 나니 등대가 더 흥미롭게 다가온다. 어느 항구라도 하얀 등대〔左舷標識〕는 바다에서 항구 방면으로 볼 때 항로의 왼쪽에 설치되어 있다. 배가 들어올 때 왼쪽의 암초 같은 위험물을 조심하여 오른쪽에 있는 부두로 향하라는 뜻이다. 빨간 등대〔右舷標識〕는 바다에서 항구 방면으로 볼 때 항로의 오른쪽에 설치되어 있다. 배가 들어올 때 오른쪽의 암초 같은 위험물을 조심하여 왼쪽에 있는 부두로 향하라는 뜻이다.

그럼, 이번에는 육지에 서서 바다를 향해 보자. 모든 포구의 하얀 등대는 오른쪽에 있고, 빨간 등대는 왼쪽에 있다. 흰색은 포구에서 바다로 출항하는 쪽, 빨간색은 바다에서 포구로 입항하는 쪽이라고 뱃길이 그려진다. '좌청룡 우백호'라 했는데, 바다 관광객 입장에서는 '좌홍등 우백등'인 셈이다.

노란 등대는 소형 선박이 다니는 통로에 서 있다. 그런데 포구가 아닌 곳에 노란 등대나 검은색 줄무늬 등대가 있기도 하다. 무인도인 비양도(제주도)에 서 있는 검은색 줄무늬 등대는 주변에 암초 같은 위험물이 있는 지역이므로 배가 선회하여 주의하여 가라는 뜻을 품고 있다. 등대의 색깔에 따라 빛의 색상도 다르다. 흰색 등대에서는 파란빛이 나오고, 빨간 등대에서는 빨간빛이 나온다.

> 자주 꽃 핀 건 / 자주 감자 / 파 보나 마나 / 자주 감자 // 하얀 꽃 핀 건 / 하얀 감자 / 파 보나 마나 / 하얀 감자(권태응 동시 「감자꽃」 전문)

빨간 등대에선 빨간빛 / 보나 마나 / 빨간빛 // 하얀 등대에선?

파란빛이다! 확실히 감자와 등대는 다르다.

낮에 보는 등대도 충분히 낭만적이지만, 밤을 비추는 등대의 불빛에는 고적한 낭만이 스며있다. 때로는 거친 파도, 혹은 칠흑의 밤바다나 귀신보다 사나운 안개와 싸우는 등대 불빛에선 처절한 투쟁이 느껴진다. 바다와 맞선, 바다를 정면으로 응시하는 매서운 눈빛에서 등대의 강인한 근성을 엿보는 것이다.

안개가 지독한 날이면, 등대는 지옥까지 엎어버릴 신음을 낸다. 포세이돈을 깨울 것 같은 무적(霧笛: 안개 등이 끼어 시계가 불량할 때 선박 사이의 충돌을 방지하기 위해 울리는 고동)소리를 내는 것이다. 선박들도 안개가 심한 날은 다른 선박과의 충돌을 방지하기 위해 고동을 울리는데, 그것이 바로 무적이다. 등대가 빛 대신에 울리는 고동은 출항한 배들을 부르는, 물가에 아이를 내보낸 엄마의 애타는 소리다. 안개 낀 날 무적소리를 들으면 기형도의 시 「안개」가 떠오른다.

> 앞서간 일행들이 천천히 지워질 때까지
> 쓸쓸한 가축들처럼 그들은
> 그 긴 방죽 위에 서 있어야 한다.
> 문득 저 홀로 안개의 빈 구멍 속에
> 갇혀 있음을 느끼고 경악할 때까지.
>
> (중략)
>
> 아침저녁으로 샛강에 자욱이 안개가 낀다.
> 안개는 그 읍의 명물이다.
> 누구나 조금씩은 안개의 주식을 가지고 있다.
> 여공들의 얼굴은 희고 아름다우며
> 아이들은 무럭무럭 자라 모두들 공장으로 간다.
>
> – 기형도, 「안개」

그림 같거나, 낭만적이거나 내면에는 강렬함까지 지닌 등대를 지키는 등대지기! 얼마나 낭만적인 이름인가? 그런데 진짜 등대지기는 그 말을 엄청 싫어한다는데…, 우리나라 모든 등대지기가 제발 그렇게 부르지 말라고 항의한다는데…. 예나 지금이나 등대는 관공서라는 것이다. 그럼 등대지기를 뭐라고 불러야 하냐고? '항로표지원' 혹은 '등대원'으로 불러야 한다는군.[1] 쯥, 등대지기보다는 덜 낭만적인걸. 이를

---

1 "등대지기란 말은 쓰지 말아주세요. 우리 항로표지원들은 백이면 백, 등대지기를 싫어

우타 하나?[2] 향로표지원들은 또 싫어하겠지만 이 대목에서 노래 한 곡 부르고 가련다.

> 얼어붙은 달 그림자 물결 위에 차고 / 한겨울에 거센 파도 모으는 작은 섬 / 생각하라 저 등대를 지키는 사람의 / 거룩하고 아름다운 사랑의 마음을 // 모질게도 비바람이 저 바다를 덮고 / 산을 이룬 거센 파도 천지를 흔든다 / 이 밤에도 저 등대를 지키는 사람의 / 거룩한 손 정성 이어 바다를 비친다(「등대지기」)

우리가 낭만적으로만 바라보던 등대의 탄생 이면에는 무서운 음모가 담겨 있다. 주강현의 『등대』는 근대국가의 제도적 산물로서, 제국의 배를 인도하는 '제국의 불빛'으로도 작동했다고 기록한다. 등대가 낭만의 불빛과 제국의 불빛이라는 양면성을 지녔던 것이다. 그래설까, 등대의 불빛은 예사롭지 않다. 외눈박이 거인이 세상을 감시하는 그런 무서운 등대였던 것이다. 등대 불빛이 나를 향할 때, 잠시 오싹하기도 했던 것은 그런 제국의 불빛이 지닌 음모 때문일지도 모르겠다.

2. 강원도 최초의 주문진등대

강릉시 주문진읍에 있는 주문진등대가 최초 점등한 것은 1918년 3월 20일의 일이다. 강원도 최초의 등대로, 주문진등대가 다른 도시보다 먼저 세워진 까닭은 주문진항이 부산·원산의 중앙에 위치한 중간

해요."(주강현, 『등대』, 생각의나무, 2007, 265쪽)

2 '어떻게 하지?'라는 뜻의 강원 영동 방언

주문진등대

기항지로 자리한 때문이다. 주문진항에 처음 배가 입항한 것은 1917년이었다. 바다의 숨결, 동해의 푸른 물결 위에 자리 잡은 주문진항은 한국 근대 해양사의 생생한 증인이다. 부산과 원산의 중간 지점에 위치한 주문진항은 동해안의 주요 기항지로, 동해안의 교통과 물류를 연결하는 중요한 거점이었다. 주문진항의 풍경은 계절 따라 변화무쌍했다. 겨울이면 높은 파도가 배들을 항구 안으로 몰아넣었고, 여름이면 오징어와 명태, 꽁치로 가득 찬 어선들이 항구를 북적이게 했다. 웅기-판신(阪神: 일본의 고베와 오사카) 간 선박이 심한 풍랑을 만나면 주문진항에서 정박하곤 했다. 무연탄과 경유가 실려오고, 규사가 실려나가는 이 항구는 동해안 최고의 어업 전진기지로 자리 잡았다.

1944년, 주문진등대는 단순한 등대의 역할을 넘어섰다. 전신취급소가 설치되고 동해안 최초의 무선표지국으로 운영되면서, 이 등대는 바다의 등대이자 통신의 중심지가 되었다. 등대의 불빛은 선원들에게 희망의 신호였고, 무선 신호는 육지와 바다를 연결하는 생명줄이었다. 세월은 흘러 주문진항의 모습도 조금씩 변화했다. 400여 척에 달하던 어선 수는 300여 척으로 줄어들었고, 어획량도 예전만 못하다. 하지만 여전히 이 항구는 동해안의 숨결을 간직한 채 바다와 대화하고 있다. 오징어잡이 배들이 출항할 때면 여전히 항구는 생동감 넘치는 활기를 되찾는다. 오늘날 주문진항은 단순한 어항을 넘어 해양문화유산의 보고로 자리 잡았다.

항구를 알리기 위해 설치된 등화를 갖춘 일반적인 탑 모양의 구조물을 등대, 혹은 기둥이란 뜻에서 등주(燈柱)라고 하며, 육지에 세웠다고 하여 육표(陸標)라고도 부른다. 우리가 통상적으로 등대라고 부르는 항구의 것들이 이것이다. 항해하는 선박에 장애물을 알리고 항로의 소재 등을 통지하기 위해 암초나 얕은 곳 등에 설치된 것을 등표하고 부르며, 같은 기능을 하되 불빛은 없이 세운 간이구조물은 입표라고 부른다. 그 밖에 물에 떠있는 부표, 암초 등을 비추는 조사등(照射燈), 좁은 수로나 항만에서 선박에 안전한 항로를 알려주는 지향등(指向燈) 등 다양하다. 일반적으로 등대라고 부르는 총칭 속에는 이처럼 등급과 기능이 다른 것들이 혼재되어 있다.[3]

시간을 초월한 바다의 수호자인 주문진등대는 100년이 넘는 세월 동안 동해의 밤바다를 밝혀온 역사의 산증인이다. 주문진등대는 단순한 건축물이 아닌, 우리나라의 근현대사를 고스란히 담고 있는 살

3 주강현, 『등대』, 생각의나무, 2007, 522쪽.

아있는 역사의 한 페이지다. 주문진등대의 외관은 한국 근대식 등대의 초기 모습을 잘 보여주고 있다. 벽돌로 지어진 이 등대는 최대 직경 3m, 높이 13m로, 기초와 등롱, 등탑으로 구성되어 있다. 등탑의 기단 부분은 등대 규모보다 높게 축조되었다. 마치 신전의 계단 같은 장엄함이 느껴지는 것도 그 때문이다. 주 출입구는 르네상스 양식으로 건축되어 외관이 아름답다. 이러한 특징과 역사성을 인정받아서 주문진등대는 2019년 등대문화유산 제12호로 지정되었다.

주문진등대의 가장 큰 특징은 공기폰, 에어컴프레서, 벚꽃 문양 등을 꼽을 수 있다. 주문진등대는 전기폰이 아니라, 예전 방식의 공기폰으로 무적소리를 냈다. 많은 등대가 전기폰으로 전환했는데, 주문진등대는 여전히 공기폰을 사용하고 있다. 공기폰은 전기폰보다 더 멀리 소리를 전달할 수 있다. 15초마다 한 번씩 비추는 등대의 불빛은 37km 떨어진 곳에서도 볼 수 있다. 그런데 기상 상태가 좋지 않을 때는 1분에 한 번씩 5초간 울리는 고동소리가 5.5km까지 퍼져나가 선박들의 안전한 항해를 돕는다. 등대는 야간에는 바다를 향해 광파표지 방식의 조명을 비추고, 가시거리가 1.5마일 이하로 떨어질 때는 음파표지 방식의 경적을 울려 항해 중인 선박에 등대의 위치와 항구를 알려준다.

주문진등대 기계실의 에어컴프레서는 3.1 독립운동 이전에 만들어진 것이어서 희소성이 있는 유산이기도 하다. 한편, 주문진등대는 출입구 상부의 삼각형 박공 중앙에 일제의 상징인 벚꽃이 새겨져 있어 일제강점기의 식민지 설움도 느낄 수 있다. 또 6.25전쟁 당시의 총탄 흔적이 외벽에 남아있는데, 복원작업을 하면서도 흔적들을 보존하기 위해 남겼다고 한다. 오늘날 주문진등대는 단순한 항해 보조 시설을 넘어 역사를 보여주는 해양문화공간으로 자리한다.

주문진등대 주변에는 소돌아들바위공원, 주문진낭만비치, 향호해변, 주문진수산시장 등 예전부터 알려진 관광지도 있지만, 새롭게 명소로 부각한 곳은 영진해변의 방사제와 주문진해변의 BTS 버스정류장이다. 영진 방사제는 드라마 「도깨비」(2016)의 촬영지로 등장하면서 명소로 등극했다. 이 드라마의 작가 김은숙은 강릉 출신인데, 고향에 큰 선물을 준 셈이다. 한편 BTS 버스정류장은 K-Pop 최초로 미국 빌보드 음반차트 1위를 기록한 방탄소년단의 앨범 「You Never Walk Alone」(2017)에 등장하면서 명소로 등극했다. 촬영 당시에 임시로 만들었다가 철거된 버스정류장을 재현하여 포토존으로 만들었다. BTS 아미(팬클럽 이름)들의 성지순례 장소가 되었으니, 해외 팬들도 종종 찾아올 정도로 유명해졌다.

3. 묵호등대, 논골담길, 도째비골 스카이밸리, 해랑전망대

동해시 묵호읍 동문산 해발 93m에 위치한 묵호등대는 1963년 6월 8일 첫 불빛을 밝혔다. 묵호등대는 해양수산부의 9개 유인등대 중 하나다. 2006년 말에는 해양문화공간을 조성하고, 2007년에는 등탑 개량공사를 진행했다. 등대의 나선형 계단을 올라가면 바깥 풍경을 파노라마처럼 감상할 수 있도록 중앙 기둥에 풍경과 주변 지명을 표시해놓았다. 이 등대는 하얀 원형 콘크리트 구조로, 등탑 전망대에 올라서면 동해바다와 동해시 전경을 한눈에 담을 수 있다. 담벼락에 시작품을 새겨둔 묵호등대는 해양문화전시관, 등대홍보관 등을 갖추고 해양문화공간으로 재장소화되고 있다.

묵호등대는 1968년 영화 「미워도 다시 한번」의 촬영지라는 점을 내세워 2003년 '영화의 고향' 기념비까지 세워놓았다. 이곳은 애니메이션 「마리 이야기」, 영화 「연풍연가」, 「인어공주」, 「봄날은 간다」, 드라마 「찬란한 유산」 등도 촬영지로 선정할 정도로 전망이 아름답다.

묵호등대

묵호등대는 2003년 설치된 프리즘 렌즈 회전식 대형 등명기 덕분에 42km 떨어진 곳에서도 그 불빛을 식별할 수 있다. LED 조명등을 더 추가해 다양한 색상을 연출하며 야경의 매력을 더하고 있다. 해양수산부는 2020년 묵호등대를 '이달의 등대'로 선정했다.

묵호등대 일대의 산동네가 논골담길이라는 명소로 재장소화하면서 주변에는 카페와 펜션이 즐비하게 들어섰다. 논골담길 벽화마을이라든가, 도째비골 스카이밸리 등의 콘텐츠와 어울리면서 동해시 최고의 명소로 재탄생했다. 가장 전망이 좋은 곳에 등대가 자리했다지만, 등대 일대의 마을 자원을 활용하여 다양한 콘텐츠를 구성하여 명소로 성공시킨 곳은 우리나라에서도 묵호등대 일대가 으뜸이다.

묵호등대와 논골담길 전경

묵호등대로 올라가는 논골담길은 주민공동체가 완성한 마을재생의 모범 사례로도 꼽을 수 있다. 논골담길은 통영 동피랑마을, 부산 감천마을 등에 비견되기도 한다. 산동네에 벽화를 활용해 관광상품화를 시도한 점은 유사하지만, 묵호지역의 독특한 정체성을 반영했다는 점에서 논골담길은 다른 지역에서는 볼 수 없는 고유성을 지닌다. 논골담길은 묵호저탄장과 묵호항구가 있던 지역의 역사와 주민의 삶을 이야기로 담아냈다. 논골담길은 단순히 흔한 벽화를 감상하는 마을도 아니고, 바다나 전망하는 장소도 아니다. 묵호지역 마을, 논골담길 마을의 삶을 새긴 살아있는 역사이자, 지역의 정체성을 간직한 문화의 장소다.

2010년 동해문화원 중심의 공공미술공동체가 마을주민과 아이디어를 공유하면서 논골담길 프로젝트를 진행하고, 2015년 마을재생 공모사업을 통해 마을 이야기를 살렸다. 잊혀가는 묵호의 역사와 문화를 되찾는 작업을 시도하면서 새로운 관광자원으로 재탄생한 것이다.

논골담길로 상징되는 묵호등대마을은 묵호항이 축조되면서 마을이 형성된다. 묵호항은 일제강점기에 삼척과 태백지역에서 생산한 석탄을 일본으로 수탈하기 위해 축조된 공간이기도 하다. 묵호항에는 다른 어촌에서는 볼 수 없는 석탄가루가 날렸다. 1936년 개광한 삼척탄광(도계광업소와 장성광업소)의 석탄을 일본으로 수송하기 위해 일본과 가까운 동해지역에 묵호항을 축항한 것이다. 삼척·태백지역 탄광에서 생산된 석탄수송량이 급증하면서 묵호항 역시 팽창한다. 1937년 묵호항-도계 간 42km 구간에 철도가 개설되었는데, 인근의 다른 지역보다 빨리 기차가 개설된 것도 일본제국주의가 석탄자원 수탈을 위해 산업철도를 개설했기 때문이다.

해방 이후 묵호항은 1980년까지 연간 80만 톤의 석탄을 국내 지역과 외국에까지 수출하는 발전을 가져왔다. 광업소의 이름을 딴 장성호, 도계호 등의 선박이 묵호항을 통해 드나들면서 철도수송이 어려운 동해안 북부와 남해안 연안지역, 제주도 등지로 석탄자원을 공급했다. 묵호항에는 석탄 선적을 자동화하는 리크레이머(집적기) 시설이 갖춰졌으며, 1951년부터 1996년까지 대한석탄공사 묵호사무소(이후 도계광업소에 통합)가 별도로 설치·운영될 만큼 탄광개발의 중요한 기능을 담당했다.[4] 동해지역에 석탄을 주원료로 하는 화력발전소가 가동되는 것 역시 묵호항의 석탄수송과 깊은 연관을 맺고 있다. 탄광 하나 없는 묵호항 주변에 석탄가루가 무수히 날아다니고, 어민들의 수만큼이나 선탄부(여자)와 석탄운반부(남자)가 득실거렸던 것도 대형 저탄장이 있었기 때문이다.

동해시는 묵호항과 동해항처럼 우리나라에서 유일하게 국제항만을 두 개씩이나 보유한 항구도시다. 해안의 깊은 수심이라는 지리적

4 대한석탄공사, 『대한석탄공사 50년사』, 2001, 481-483쪽 참조.

묵호항의 석탄 선박 도계호(1953~1972년) 출처: 대한석탄공사

묵호항의 선탄부 출처: 대한석탄공사

조건이 대형선박들의 출·입항을 용이하게 하면서 항구도시로 발전할 수 있었다. 묵호항은 무연탄, 시멘트, 수산물, 유류, 여객선, 잡화 등의 화물수송을 담당하는데, 묵호항-울릉도 간 정기여객선과 독도 유람선이 취항한 것도 특징적이다. 동해항은 1998년 11월 18일 북한 장전항으로 가는 금강산 유람선이 첫 출항하면서 북한으로 향한 관광의 문을 연 감격의 장소이기도 하다. 2001년 6월 27일 중단되기까지 2년 7개월간 북한으로 가는 창구 역할을 한 사실은 동해항의 중요한 역사적 상징이다.

논골담길의 아랫마을에는 주로 뱃사람들이 살았고, 윗마을인 안묵호에는 덕장 일을 하는 사람들이 거주했다. 묵호등대로 오르는 논골담길은 산동네이므로 묵호항 주변에서도 가장 가난한 사람들이 살던 곳이다. 어촌 주변의 가난한 어민 가족, 묵호항 저탄장 주변의 가난한 사람들이 모여 살았다. 논골담길 벽화 중에 오징어와 명태가 많은 것도 언덕 위에 오징어와 명태를 말리던 덕장이 있던 것과 관련이 있다. 오징어와 명태는 묵호등대마을 사람들에게 가장 중요한 산물이었다. 마을 벽화에는 장화, 손수레, 고무대야들도 등장하는데, 이 역시 논골담 주민의 생존과 관련한 물품들이다. 덕장으로 들어오는 해산물은 지게, 손수레, 고무대야에 담아 좁은 골목을 굽이굽이 돌아가면서 높은 언덕에 위치한 덕장으로 옮겼다. 그 골목길은 해산물을 싣고 가는 길에 쏟아지는 물 때문에 질퍽거렸다. 또 석탄가루가 날려서 일부러 물을 많이 뿌리기도 했다. 골목이 마치 논처럼 질퍽거린다고 하여 마을을 '논골'이라고 불렀다. 논골담길 주민은 "마누라 없이는 살아도 장화 없이는 못 산다"고 했다. 벽화에 장화가 등장한 것은 그 때문이다.

묵호항에서 묵호등대로 이어지는 논골담길의 골목은 네 곳이다. "서쪽의 논골1길은 어부들의 옛 삶을 돌아보는 길, 논골2길은 추억 속의 옛날 풍경과 이야기 속으로, 논골3길은 억척스런 아낙네와 묵묵히

논골담길 골목

논골담길의 표지판

일만 하는 남정네들의 숨결이 있는 곳, 그리고 동쪽의 등대오름길"[5]이 정겹게 관광객을 맞이한다.

묵호등대로 가는 논골담길과 연결한 '도째비골 스카이밸리와 해랑전망대'는 2021년 개장한 관광지다. '도째비'는 '도깨비'의 방언으로, 밤에 비가 오면 도깨비불이라는 푸른빛들이 보인다는 마을 이야기를 토대로 '도째비골'이 탄생했다. 도째비골 스카이밸리는 재해위험지역이던 골짜기를 안전하게 정비하는 과정에서 마을의 도깨비 모티브와 결합하여 체험관광지로 재장소화했다는 점에서도 의미가 있다. 스카이밸리는 해발 59m 높이에 위치한 하늘산책로와 초대형 슬라이드, 스카이사이클(하늘자전거) 등 지형을 이용하여 이색 체험시설을 갖췄다. 이곳에는 묵호 바다를 조망할 수 있는 해랑전망대와 파도 소리와 바다 내음을 즐길 수 있는 해상보도교량을 포함한 산책로를 함께 갖췄다. 바닥이 투명 유리로 되어 있어 하늘을 걷는 듯한 스릴을 선사하는 스카이워크인 하늘산책로가 인기를 끈다. 그 외에도 바다를 바라보는 해랑전망대, 하늘자전거 등이 입소문을 타면서 한국관광공사의 '한국관광 100선(2023~2026)'에 4년 연속 선정되었다. 묵호등대-논골담길-도째비골 일대는 마을의 정체성을 반영한 스토리텔링을 바탕으로 현대 트렌드에 맞는 공간으로 재장소화하는 데 성공했다.

2022년 방문객별 강원 관광지 Top 10으로는 속초해수욕장(속초), 강원랜드 카지노(정선), 설악산(속초), 남이섬(춘천), 낙산사(양양), 한탄강 주상절리길 잔도(철원), 오대산-월정사(평창), 소금산 그랜드밸리(원주), 고석정(철원), 아바이마을(속초) 순으로 집계되었다. 한국관광공사 선정 100선과 비교하면서 장소의 변화와 트렌드의 의미를 살펴본다면, 강원지역의 장소 변화를 추적할 수 있을 뿐만 아니라 새로운 장소

5 강원도민일보, 『강원명품, 문화관 100선(9)』, 강원도민일보, 2020.

의 가능성을 진단할 수 있을 것이다.

* 한국관광 100선(한국관광공사)

선정 시기	장소	도시
2015~2016	폐광에 예술과 스토리를 불어넣다, 정선 삼탄아트마인	정선
	정동진 모래시계공원	강릉
	물레길 따라 춘천 호수를 유람하다	춘천
	등걸마다 허연 소금꽃 피었네, 원대리 자작나무숲	인제
	'소원을 말해봐', 새해맞이 낙산사 템플스테이	양양
	새하얀 눈꽃 세상이 반기는 오대산 트레킹	평창
	은빛으로 가득한 눈꽃 세상, 태백산 눈꽃산행	태백
	커피향 가득한 바다를 마주하다(강릉커피거리)	강릉
	설악이 선사하는 대자연의 이야기, 속초(설악산)	속초
	애잔한 삶의 현장, 강원도 속초 아바이마을	속초
	경포호 따라 즐기는 벚꽃 산책	강릉
	이름만 불러도 청정한 바람이 불어온다(대관령)	평창
	북한강의 작은 정원에서 자연과 동화된 하루	춘천
	빛의 예술, 치유의 정원 '안도 다다오의 뮤지엄 산'	원주
	미리 만나는 「사임당 빛의 일기」의 무대, 강릉 오죽헌과 선교장	강릉
2017~2018	등걸마다 허연 소금꽃 피었네, 원대리 자작나무숲	인제
	새하얀 눈꽃 세상이 반기는 오대산 트레킹	평창
	커피향 가득한 바다를 마주하다(강릉커피거리)	강릉
	설악이 선사하는 대자연의 이야기, 속초(설악산)	속초
	대자연 속 전쟁과 평화 기행	고성
	외옹치 바다	속초
	경포호 따라 즐기는 벚꽃 산책	강릉
	이름만 불러도 청정한 바람이 불어온다(대관령)	평창
	4계절 내내 즐거운 복합리조트 비발디파크	홍천
	북한강의 작은 정원에서 자연과 동화된 하루	춘천

선정 시기	장소	도시
2017~2018	빛의 예술, 치유의 정원 '안도 다다오의 뮤지엄 산'	원주
	신비롭고 놀라운 세상 삼척대이리 동굴지대	삼척
2019~2020	등걸마다 허연 소금꽃 피었네, 원대리 자작나무숲	인제
	새하얀 눈꽃 세상이 반기는 오대산 트레킹	평창
	커피향 가득한 바다를 마주하다(강릉커피거리)	강릉
	설악이 선사하는 대자연의 이야기, 속초(설악산)	속초
	대자연 속 전쟁과 평화 기행	고성
	이름만 불러도 청정한 바람이 불어온다(대관령)	평창
	항구의 정취와 펄떡펄떡 희망이 오가는 주문진수산시장	강릉
	스키 없이 즐기는 스키장, 하이원리조트	정선
	4계절 내내 즐거운 복합리조트 비발디파크	홍천
	북한강의 작은 정원에서 자연과 동화된 하루	춘천
	빛의 예술, 치유의 정원 '안도 다다오의 뮤지엄 산'	원주
	신비롭고 놀라운 세상 삼척대이리 동굴지대	삼척
	원주 출렁다리	원주
2021~2022	원대리 자작나무숲	인제
	남이섬	춘천
	소노벨 비발디파크	홍천
	뮤지엄 산	원주
	간현관광지	원주
	설악산 국립공원(외설악)	속초
	주문진항	강릉
	대관령 관광특구	평창
	설악산 국립공원(남설악)	양양
	고석정(한탄강 유네스코 세계지질공원)	철원
	강릉커피거리	강릉

선정 시기	장소	도시
2023~2024	원대리 자작나무숲	인제
	춘천 삼악산 호수 케이블카	춘천
	남이섬	춘천
	도째비골 스카이밸리와 해랑전망대	동해
	무릉계곡	동해
	뮤지엄 산	원주
	간현관광지	원주
	대관령 관광특구	평창
	고석정(한탄강 유네스코 세계지질공원)	철원
	강릉커피거리	강릉
2025~2026	원대리 자작나무숲	인제
	남이섬	춘천
	철원 한탄강 주상절리길(잔도)	철원
	도째비골 스카이밸리와 해랑전망대	동해
	무릉별유천지	동해
	무릉계곡	동해
	뮤지엄 산	원주
	간현관광지	원주
	발왕산 천년주목숲길	평창
	대관령 관광특구	평창
	속초관광수산시장	속초
	설악산 국립공원(외설악)	속초
	정동심곡 바다부채길	강릉

제8장
관동팔경의 가치와 문화산업의 힘

1. 경포대에서 생각하는 관동팔경

2009년 강릉시 방문객 여행실태조사에서 강릉을 떠올릴 때 가장 먼저 떠오르는 장소로 경포대 19.7%, 동해바다 13.9%, 오죽헌 11.3%, 정동진 3.6% 등의 순으로 나타났다. 경포바다(경포해수욕장), 경포호수, 경포대(정자)는 각각 별개의 장소인데, 예나 지금이나 여전히 경포대를 경포바다의 상징어로 사용하고 있다. 경포대는 경포바다를 바라보는 정자가 되기도 하고, 경포바다를 일컫기도 한다. 그러다 보니 경포대를 다녀왔다 하면, 정자를 간 것인지, 바다를 간 것인지, 호수를 보고 온 것인지, 아니면 세 곳 모두를 보고 온 것인지 알 수 없다. 하여, 경포바다에 다녀가는 도시 사람들을 두고 만들어진 강릉사람들의 농담이 있다.

"경포대(정자)는 가지도 않았으면서 경포대(바다) 다녀왔다고 하는구먼."

경포바다 입구에 세운 경포오월 상징물

경포대는 강릉의 대표적 명소이기도 하지만, 관동팔경 중에서도 으뜸으로 꼽히면서 우리나라의 대표적 명소로 자리해왔다. "금강산도 식후경"이라는 속담이 생겨날 정도로 신라-고려-조선 시대 내내 금강산과 관동팔경은 우리나라 최고의 명승지로 자리했다. 오늘날 동해안 바다 관광이 최고의 여행코스로 인기를 끌고 있는 것처럼, 예부터 관동팔경은 문인이나 화가들의 필수 여행코스였다.

많은 화가들이 관동팔경을 유람하며 작품을 남겼는데, 그중에서도 겸재 정선(1676~1759)과 단원 김홍도(1745~1759) 같은 대가의 그림은 지금도 쉽게 볼 수 있다. 정선은 세 번 이상 관동지역을 유람하면서 『풍악도첩』 등의 작품을 남겼고, 김홍도는 관동팔경을 보고 싶다는 정조의 명령을 받아 다녀오면서 『해동명산도첩』을 남겼다. 관동팔경도는 진경산수화뿐만 아니라 민화의 병풍으로도 만들어져 일반 민중의 집안을 장식하기도 했다.

관동팔경 그림 중에서는 경포대 그림이 드물다고 한다. 경포대

경포대에서 바라본 경포호

누각에서 외부를 보는 풍광은 아름다운데, 누각 주변의 경관이 다른 관동팔경만큼 빼어나지 않은 탓으로 분석하기도 한다. 그런 점에서 김홍도와 정선의 경포대 그림은 귀한 셈이다. 김홍도의 경포대 그림은 「금강사군첩」에 수록되어 있다. 김홍도는 경포대와 호수를 높은 곳에서 내려다보는 부감법 방식으로 그리면서 호수에다 낚싯배 넣고 멀리 바다도 함께 담았으며, 솔숲에 묻힌 초당마을도 담았다. 정선의 경포대 그림은 바다에서 바라보는 경포대와 호수를 그리면서 경포대의 뒷배경으로 산맥을 담았다. 정선의 경포대 그림에는 호해정도 함께 등장하는데, 정선의 스승 김창흡이 호해정에서 1년간 머문 것을 생각하며 그린 것이라 한다.

호해정은 경포호수에서 1km 가까이 떨어져 있는데, 『동호승람』 같은 문헌에는 호숫가에 접해있다고 기록되어 있다. 예전의 경포호수는 지금보다 훨씬 더 넓었다는 것을 보여주는 대목이다.

최초의 경포대는 고려 시대인 1326년경 방해정 뒷산에 있는 인월

사 옛터에 건립되었다가 조선 시대인 1524년 산불 화재로 사라지고, 그 직후 지금의 자리에 옮겨 건축되었다. 경포대는 관아의 부속건물로 지어졌는데, 현재의 건물은 1745년 홍수로 떠내려온 아름드리나무를 활용해 중건한 것이다. 팔작지붕의 익공계 건축양식인 경포대는 경포호를 내려다보는 언덕에 위치하고 있다.

경포대는 조선의 태조와 세조가 찾아와서 구경할 정도로 경관이 아름다운 곳이다. 경포대 안에는 율곡이 열 살 때 지었다는 「경포대부」, 숙종의 친서가 걸려있다. 경포대로 올라가는 길목에는 정철의 「관동별곡」을 비롯하여 임금과 문인들이 경포를 노래한 시비도 세워져 있다. 숙종은 관동팔경 모든 곳을 각각 시로 노래한 '관동팔경시'를 남겼는데, 임금이 쓴 시를 어제시(御製詩)라 부른다. 경포대에는 숙종(1661~1720)과 정조(1752~1800)의 시가 있다.

물가의 난초가 동서로 뻗어가며 가지런히 감돌고
십 리 호수 물안개는 물속까지 비추이네
아침 햇살 저녁노을 천만 가지 형상인데
바람결에 잔을 드니 흥겨움이 무궁하네

- 숙종

강남에 비 개자 저녁 안개 자욱한데
비단 같은 경포호수 끝없이 펼쳐졌네
명사십리 해당화에 봄이 저물어 가고
흰 갈매기 나지막이 소리내며 지나가네

- 정조

관동팔경은 통천의 총석정, 고성의 삼일포와 청간정, 양양의 낙산사, 강릉의 경포대, 삼척의 죽서루, 울진의 망양정과 월송정을 꼽는

경포호수에서 세그웨이

다. 관동팔경 중에서 가장 북쪽에 있는 것이 총석정이고, 가장 남쪽에 자리한 것이 월송정이다. 관동팔경을 두고, 강원 영동지역의 팔경쯤으로 오해하는 이들도 있다. 관동은 본래 한반도의 동쪽 지역을 넓게 지칭하는 표현으로 강원도 대부분을 포함하고 있다. 우연하게도 8경이 모두 강원도 영동지역에 위치하여 관동과 영동이 겹쳐지고 있다. 이는 예부터 강원 영동지역이 그만큼 자연환경이 아름다운 곳이라는 것을 증명하는 것이고, 현대에 와서도 강원 영동지역이 최고의 자연관광 휴양지로 인기를 끄는 것과 맥락을 같이한다. 총석정과 삼일포는 북한에 위치하고 있으며, 망양정과 월송정은 경상북도 울진에 위치하고 있다. 울진군도 강원도 땅이었으나, 1962년 경상북도로 편입되었다.

8경은 꼽는 사람마다 다른데, 그것은 시인의 취향에 따라 8경을 달리 선정하기 때문이다. 예컨대, 허목의 관동팔경에는 청간정과 망양정을 빼고, 그 자리에 고성의 해산정과 속초의 영랑호를 넣었다. 숙종은 관동팔경을 시로 읊으면서 청간정을 빼고 간성군의 만경대를 넣으면서 1군 1경(당시 평해군의 월송정)을 기준으로 삼았다. "군주의 은혜는 소외된 지역 없이 골고루 내려야 하기에 아름다운 경관을 노래하는 데에서도 예외는 아니었다"[1]는 분석이다. 이중환은 『택리지』에서 간성의 만경대 대신에 청간정으로 바꾸고, 평해의 월송정 대신 가장 북쪽에 있는 흡곡의 시중대를 넣었다. 이 때문에 관동팔경에는 월송정이나 시중대가 들어가기도 하고, 누락되기도 했다.

예부터 관동팔경 중에서 경포대를 으뜸으로 치는데, 그 근거로 다음의 기록을 꼽는다. 서거정(1420~1488)은 「운금루기문」에서 "우리나라 산수의 훌륭한 경치는 관동이 첫째이고, 관동에서도 강릉이 제일이다. 강릉에서도 가장 으뜸 명승지는 경포대이다"(『동국여지승람』)라고 찬사를 보냈다. 성현(成俔, 1439~1504) 역시 칠언고시 「등경포대(登鏡浦臺)」에서 "기이한 경치 멋진 풍광 어디에 짝 있으리 / 온누리 세상 안에서 예가 응당 제일이로세"라고 노래했다. 고려 시대의 이곡은 1349년 동해안을 38일간 유람하고 쓴 「동유기」에서 "경포의 경치는 삼일포와 비교해서 우열을 가릴 수 없지만, 멀리까지 환히 보이는 전망은 삼일포보다 낫다"고 기록했다.

삼척시에 가면 관동팔경 제1루는 죽서루라고 한다. 죽서루가 관동팔경 중에서도 으뜸으로 손꼽히는 근거로 허목(1595~1682)의 『미수

---

1 차장섭, 『자연과 역사가 빚은 땅 강릉』, 역사공간, 2013, 197쪽.

기언』에 등장하는 「죽서루기」를 꼽는다. 허목은 관동팔경 중 죽서루가 으뜸인 이유는 "이곳의 빼어난 경치는 큰 바다의 볼거리와는 매우 달라 유람하는 자들도 이런 경치를 좋아해서 제일가는 명승지라 한 것이 아니겠는가"라고 했다. 허목이 남긴 「죽서루기」는 현존하는 기록 중에서 관동팔경을 구체적으로 기록한 가장 오래된 자료라는 점에서 의미를 지닌다. 고려 명종 때의 문인 김극기(1150~1209)의 시에 죽서루가 등장하고 있어 1190년 이전부터 죽서루가 존재한 것으로 보인다. 조선 중기의 화가 정선의 그림에도 죽서루가 등장한다. 죽서루를 건축 특징으로 살펴보면 처마는 겹처마이고, 지붕은 팔작지붕이다. 정면 7칸으로 장방형 평면을 이루고 있는데, 본래는 정면 5칸, 측면 2칸이었다고 한다. 관동팔경 중에서는 죽서루의 마루가 가장 넓다. 나무기둥의 크기가 다른 것은 바닥의 자연 암반을 최대한 훼손시키지 않으려고 기둥 밑면을 그렝이질 했기 때문이다. 두 부재가 맞닿을 때 한쪽 부재의 모양대로 따내는 작업인 그렝이질은 친환경 건축 공법이기도 하다.

죽서루는 삼척 관청 객사에 딸린 부속건물로 지어진 누각이다. 객사의 중심건물인 진주관을 비롯하여 여러 부속건물은 소실되고 죽서루만 남아있다. 죽서루의 기능은 접대와 휴식을 주목적으로 하는 '향연을 위한 누각'이었다. 관동팔경 다른 곳은 모두 바다를 바라볼 수 있는 곳에 접해있는데, 죽서루만 유일하게 바다를 보지 못한다. 오십천 하류의 강 절벽 위에 들어선 죽서루는 관동팔경 중 유일한 국가지정 문화재였는데, 2024년에는 국보로 승격되었다. 죽서루는 관동팔경 중에서 유일한 국보다.

지역마다 서로 자기 고장의 누정이 관동팔경 제1루라고 주장하는 것은 옛 문인들이 으뜸으로 꼽은 제1루가 각기 다르기 때문이다. 누구는 총석정을 1경이라고 하고, 누구는 경포대를, 누구는 죽서루를 꼽는 것이다. 관동팔경의 누정이 지닌 공통점은 모두 공적인 용도로 활용되었다는 점이다.

관동팔경 중에서 사찰이 들어간 것은 낙산사가 유일하다. 허균은 20대 때 낙산사에 머물면서 "낙가산을 물어 낙산사에 묵으려 했더니만 / 길 가던 사람이 저 멀리 오봉산 가리키네"〔「도중망낙산(道中望洛山)」〕라는 시를 남겼다. 조선의 숭유억불(崇儒抑佛) 정책 속에 자유분방한 허균이 승려들과 사상을 교류하는 장소로 사찰을 활용했다는 것을 짐작할 수 있다. 낙산사뿐만 아니라 관동팔경의 누정이 지닌 공간은 유흥상경의 공간이자, 지적 교류의 공간이었다. 여행하는 지식인을 위해 마련된 누정의 핵심 기능은 다음 다섯 가지로 정리할 수 있다.

① 유흥상경(遊興賞景)의 공간: 명승지 유람과 산수의 아름다움을 감상하면서 휴식을 취하던 곳이다. 강원도 관찰사를 지낸 송강 정철이 관동팔경을 유람하고 지은 「관동별곡」에 북관정 · 산영루 · 총석정 · 백옥루 · 청간정 · 경포대 · 죽서루 · 망양정 등의 누정이 등장한다.

② 시문학의 산실: 누정에서 창작된 한시를 '누정제영(樓亭題詠)'이라 하는데, 유명인이나 유림이 경영하는 누정에는 누정시단도 형성되어 있었다. 강릉의 경호정은 춘하추동으로 나눠 시회를 가졌다.

③ 학문 수양의 교육 공간: 강학(講學)을 통해 인륜의 도를 가르쳤다.

④ 지식인의 친교와 지적 교류 공간: 당대의 지식인이 지역의 누정을 찾아오면 서로 만나서 사교를 나누고, 시국과 당면 현실을 토론하는 친교와 토론의 공간이다.

⑤ 풍류의 공간: 누정에서 손님을 접대하며 술과 차, 노래와 춤 등의 유흥이 이뤄진다.

누정은 누각과 정자를 함께 일컫는 말이다. 둘 다 자연경관을 감상하기 위해 세운 것이긴 해도 누각은 공적 기능이 크고, 정자는 사적 용도로 활용된 점에서 차이가 있다. 누정은 누(樓), 정(亭), 당(堂), 대(臺), 각(閣), 재(齋) 등을 통칭하는 말이다.

▲ 누(樓): 마루가 높은 다락식 건물. 벽이나 문은 없고, 기둥과 단청 등이 있는 건물(예: 죽서루)

▲ 정(亭): 작고 간단한 건물로, 벽이 없고 기둥과 지붕만 있는 구조(예: 망양정, 월송정, 총석정, 청간정)

▲ 당(堂): 높은 터 위에 세운 건물. 전(殿: 가장 격이 높은 건물로 궁궐이나 고위 관리의 집)보다는 한 단계 격이 낮은 건물

▲ 대(臺): 흙과 돌로 쌓아 올린 언덕에서 사방을 볼 수 있도록 세운 건물(예: 경포대)

▲ 각(閣): 사방이 열린 건물. 누와 비슷하지만, 전이나 당보다 작은 건물

▲ 재(齋): 사방에 벽이 있는 폐쇄적 건물. 서재나 강의실처럼 연구, 서고, 숙식 등 실용적 용도로 활용

풍광이 아름다운 강릉에는 누정이 많다. 각종 기록에 등장하여 그 이름을 지닌 것이 총 57동에 이를 정도였다. 경포호 먼 곳에서부터 순서대로 호수를 따라 살펴보면 다음과 같다. 강릉 선교장의 활래정, 강원도 관찰사로 있던 심언광의 별당식 정자인 해운정, 관동팔경의 하나인 경포대, 주민 모임인 창회계 모임 장소이던 경호정, 경포호수가 바라보이는 곳에서 향토 유림 모임인 상영계를 하던 상영정, 강릉에서 가장 오래된 계인 금란반월회의 모임 장소이던 금란정, 강원도 유형문화재로 지정된 홍장암 바로 앞의 방해정, 산기슭에 들어가 지은 호해

해운정

환선정

정, 경포호와 바다 사이의 솔숲에 있는 계모임 장소인 창랑정, 씨마크 호텔 안에 있는 죽도의 명소이자 취영계 계원의 모임 장소이던 취영정, 경호팔경에 등장하는 환선정, 경포호수 가운데 있는 월파정 등이 있다. 상영정, 금란정, 취영정 등은 지역의 지식인이자 학자라 할 수 있는 유림이 모여 계를 형성하고 만든 정자다. 또 온돌을 갖추고 먼 곳에서 온 학자 손님의 숙식을 돕는 정자도 있었으니, 요즘 경포대 근처에 많은 펜션과 비슷한 역할을 했을 것으로 본다. 다만 당시의 정자는 펜션처럼 상업성이 아니라, 문인들을 접대하며 시를 읊거나 강론하는 지식의 교유 공간이었다는 점에서 그 품격은 다른 셈이다. 경포대 인근의 펜션에서도 이런 누정의 뜻을 계승하는 인문학 프로그램을 운영하면 어떨까?

창랑정 옆에 석란정도 있었는데, 2017년 호텔 건립 과정에서 화재로 소실되었다. 그 과정에서 소방관이 순직했으며, 그 희생을 기리는 기념물이 석란정의 흔적을 보여주고 있다. 경포호수 둘레에는 12개의 유서 깊은 정자가 남아있으니, 정자 기행에 나서 천천히 둘러보는 것도 의미가 있을 것이다.

경포호 주변의 누정은 경포대를 제외하면 개인 혹은 계원이 모여 건립한 특징을 지니고 있다. 호수 주변에 정자를 세운 뜻은 전망 좋은 곳에서 수양하며, 시문을 읊거나 교유하려는 지식인의 일상적 풍류였을 것이다. 요즘 강변이나 해변에 전망 좋은 아파트를 세우는 그 마음이었을 것이다. 그런데 유독 경포호수에만 정자가 몰려 있고, 바로 옆에 있는 경포바다를 전망으로 하는 정자가 없다. 요즘은 호수보다 바다를 더 선호하는 것과 대조적이다. 그러고 보면 옛 선비들의 시에서는 바다를 노래하기보다 강이나 호수를 노래한 것이 훨씬 더 많다. 바다가 관람하는 장소이자, 전망 좋은 곳으로 인기를 모은 것은 1990년대 들어와서의 일로 볼 수 있다. 그 한 예로 커피거리로 유명한 안목 근처에는 아파트(견소동의 신도브래뉴)를 건립하면서 거실을 바다 배경이 아닌 반대 방향으로 잡았다. 바닷가 사람들은 "바다를 오래 보면 우울해진다"고 여겼기 때문이다. 또 바닷가에 사는 사람들은 바다야 조금만 걸어가면 매일 볼 수 있으니 굳이 창까지 달 필요가 있는가 생각했다. 그런데 바다 전망에 대한 인기가 치솟으면서 이어서 그 조금 옆에 지어진 아파트(송정동의 로얄신도브래뉴)는 바다를 전망으로 창을 냈다. 바다를 그리워하던 서울 사람들이 별장 삼아 로얄신도브래뉴 아파트를 사기 시작하면서 집값도 날이 갈수록 뛰었다. 아쉬운 것은 서울 사람이 많이 소유한 탓에 아파트 주변의 마트 같은 상권이 형성되지 못했다. 실거주하는 사람들은 겨울에는 주변에 빈방이 많아 난방비가 더 들어간다고 투덜댈 정도였다. 견소동과 송정동의 두 신도브래뉴의 거실 방향이 바뀐 것은 바다 전망에 대한 현대인의 욕구 변화를 보여주는 사례라 하겠다.

정자 기행에 나설 때 선교장과 해운정 사이에 있는 김시습 기념관을 빼놓지 말자. 우리에게 널리 알려진 「만복사저포기」, 「이생규장전」, 「취유부벽정기」, 「남염부주지」, 「용궁부연록」 등 다섯 편의 이야기를 담은 우리나라 최초의 한문 소설 『금오신화』을 쓴 김시습(1435~1493)의 기념관 말이다. 태어난 지 8개월 만에 글을 알고, 5세에는 대학과 중용을 이해한 소문난 신동 김시습을 궁금하게 여긴 세종대왕이 궁궐로 직접 불러들여 시험까지 했다. 이때 김시습이 시를 지어 세종을 감동시켜 비단 50필을 하사받으면서 '5세 동자'라는 별칭도 얻었다.

김시습은 강릉 출생은 아니지만, 외가인 강릉에서 은둔생활을 했다. 그의 은둔은 단종의 비극에 얽힌 사육신, 생육신 이야기에 닿아 있다. 단종이 수양대군에 의해 왕위를 빼앗겼을 때 목숨을 던진 사육신의 시신을 수습했고, 그 스스로는 죽을 때까지 벼슬을 얻지 않은 것으로 의리를 지킨 생육신 중의 한 사람이다. 단종이 왕위를 잃었을 때, 서적을 모두 불태우면서 사흘간 통곡한 일이라든가, 머리를 깎고 법명을 얻은 승려가 되어 전국 유랑에 나선 삶은 김시습의 강직한 선비정신을 보여주는 일화다. 율곡은 1년간 승려를 했다는 이유로 오래도록 유학자들로부터 비난을 받았고, 허균은 예불을 드렸다는 이유로 탄핵을 받아 관직에서 쫓겨나기까지 했다. 그런데 김시습은 승려가 되어 유랑생활을 했는데도 유학자들로부터 오히려 존경을 받았다. 김시습의 의리, 충절, 강직 등의 성품이 유학자들이 본받아야 할 정신이라고 여겼기 때문일 것이다. 김시습은 유랑생활, 은둔생활을 하면서 시와 산문 등 많은 작품을 남겼는데, 강릉지역을 노래한 한시들도 여러 편 있다.

鷄犬連鮫市(계견련교시) 닭과 개 우는 소리 바닷가 마을을 잇고
桑麻接海門(상마접해문) 뽕밭과 삼밭이 푸른 바다까지 이어졌다.
腥風吹晩浦(성풍취만포) 날 저문 바닷가로 비릿한 바람 불어오니
漁艇返花村(어정반화촌) 고깃배는 꽃피는 마을로 돌아온다.

- 김시습, 「강릉」

경포대 마루 위에 올라서면 한여름에도 시원한 바람이 불어온다. 이승휴(1224~1300)도 그 시원함을 알았는지 시에서 "행인이 가리키며 경포대라 하는데 / 유월에도 시원한 가을바람 불어오네"[2]라고 노래했다. 피서객들은 경포대 주변만 둘러보고 가는데, 마루 위에 올라 호수 경관을 바라보면 운치가 더 그윽하다. 경포대 누각 위에서 보는 밤 경치는 호수에 비치는 불빛과 어우러져 더욱 환상적이다. 강릉에서 가장 아름다운 풍광을 감상할 수 있는 장소를 꼽으라면 경포대 누각 안에서 바라보는 호수 풍경이 으뜸이다. 경포대에 앉아 있으면 경포호수가 한꺼번에 누정 안으로, 마음 안으로 다가오는 걸 느낄 수 있다.

산과 호수, 바다까지 함께 감상할 수 있는 장소가 경포대다. 그런 점에서 우리나라 누정 전체를 통틀어서도 경포대의 경관적 가치는 으

2 行人指說鏡浦臺/六月金風吹颯颯

뜸이라 할만하다. 누정은 원래 용도가 주변 경관을 감상하는 장소다. 그런데 요즘 관광객은 밖에서 누정의 건물만 보고 가니, 거꾸로 된 셈이다. 강릉사람들이 관광객을 보면서, “경포대 왔다면서 경포대는 보지 않고 경포바다만 본다”고 농담하는 것은 그 때문이다. 누정 안에 들어가 앉아서 찬찬히 바깥 풍경을 완상하는 것이 참맛을 느끼는 방법이다.

누정을 감상하는 핵심 포인트는 주변의 아름다운 풍경을 완상하는 것이 가장 중요하다. 그다음으로는 관심도에 따라 누정시와 그림을 감상하거나 건축물의 특성을 살펴보는 것이다. 그런 다음 마지막 과정으로는 누정 탐방을 통해 얻은 깨달음을 생산적인 산출물로 만들어내는 것이 필요하다. 송강 정철은 관동팔경을 탐방하고 나서 요즘까지도 고등학교 국어 교과서에 등장하는 「관동별곡」을 남겼다. 정철은 관동지역 북쪽에서부터 출발하여 망양정에서 여정을 마무리했다.

고려 시대 안축(1287~1348)의 「강릉부 경포대기」에는 총석정과 경포대의 비교가 나온다. 총석정에 비해 경포대가 더 아름답다고 평가되지 않았을 당시에 지추부학사 박숙은 “경포대에 올라 산수의 아름다움을 보고 즐겁게 느꼈던 일이 지금까지도 떠오르며 잊히지 않는다”라고 말했다. 이에 대해 의아하게 여기던 안축은 관동지역을 여행한 후에야 박숙의 의견에 동의했다. 안축은 경포대를 두고 “이치의 묘한 것을 깨달을 수 있는 장소”라고 평가한 것이다. 이에 비해 총석정은 기이한 바위들이 사람의 눈을 놀라게 하는 것일 뿐이라고 평가했다. 경포대에는 기이한 것은 없지만, ‘이치’를 느끼게 만드는 장소라고 극찬했다. 경포대 주변의 호수, 바다, 산, 달 등의 자연을 감상하면서 깨달음을 얻을 수 있다는 것이다. 총석정을 탐방하는 사람의 시선이 외부 자연풍경으로 향한다면, 경포대를 탐방하는 사람의 시선은 내면의 정신으로 향하는 힘이 있다는 것이다.

관동팔경의 누정 문화를 옛것으로 치부할 것이 아니라 현대의 커피숍과 연계하여 법고창신의 공간으로 모색하는 것도 의미 있는 일이다. 누정의 기능과 커피숍의 기능은 매우 닮아있다. 따라서 강릉의 산업이 된 커피문화와 현대인에게 익숙한 커피숍을 고전의 누정이 지닌 지적 담론의 장으로 융합하는 것도 가능하리라고 기대된다. 누정과 커피숍의 융합 및 현대적 문화 담론의 재장소화, 관동팔경 지역의 중심으로 기능하는 강원 영동지역 현장과 유기적으로 학습하는 활동을 시도해볼 만하다.

녹두일출(菉荳日出): 녹두정에서 맞이하는 일출
죽도명월(竹島明月): 죽도에서 맞이하는 달맞이
강문어화(江門漁火): 강문바다의 고기잡이 불빛
초당취연(草堂炊煙): 초당마을에 피어오르는 저녁 짓는 연기
홍장야우(紅粧夜雨): 홍장암을 적시는 밤비 풍경
증봉낙조(甑峯落照): 증봉에 깃드는 저녁노을
환선취적(喚仙吹笛): 환선정에서 부는 피리 소리
한송모종(寒松暮鍾): 한송사의 저녁 종소리

경포대를 중심으로 하는 경포팔경은 참 아름답다. 저녁에 밥 짓는 연기, 밤비, 피리 소리까지 팔경에 담아냈으니, 진정 아름다운 것을 볼 줄 아는 사람의 멋이 담겨 있다. 연기와 소리까지 한 마을의 아름다운 풍경으로 품을 줄 안다면, 여행은 더 풍요로워질 것이다. 녹두정은 경포대 동남쪽에 위치한 한송정을 일컫는다. 죽도에는 현재 씨마크호텔이 들어서 있다. 홍장암에는 기생 홍장과 선비의 연애 얘기라는 설화가 서려 있다. 증봉은 경포대 북서쪽 뒤인데, 라카이샌드파인 골프장 바로 옆에 있다. 환선정에서 영랑과 술랑 등 화랑들이 놀며 피리 소리를 냈다는데, 호수를 사이에 두고 경포대 맞은편에 환선정을 새로

지어두었다.

강릉에는 달에 얽힌 기이한 이야기도 전한다. "음력 7월 기망(16일)에 경포에 달이 뜨면 호수 속에는 달이 보이지만, 바다 속에는 달이 보이지 않는 기이한 현상이 있다."[3] 경포대에 왔다면, 달의 매력을 놓쳐선 안 된다. 경포는 낮과 밤 그 어느 때고 정취가 있다. 밤에는 호수에 비친 달빛이 시심을 절로 불러일으킨다. 그래서 경포대에서는 5개의 달이 뜬다는 전설이 전해진다. 하늘에 뜬 달, 바다에 비친 달, 호수에 잠긴 달, 술잔에 빠진 달, 마주한 님의 눈동자에 담긴 달. 강릉에서 달맞이 축제가 열리는 것도 그런 전통에서 비롯된 것이다.

얼마 전까지만 해도 강릉시민은 경포대 달맞이를 새해 해맞이보다 더 중요하게 여겼다. "새해 해맞이보다는 보름 경포 달맞이 행사에 맘이 들떴다"[4]는 증언이 그것이다. 달에 얽힌 이야기는 경포에 넘친다. 물에 비치는 세 가지 아름다운 달빛인 경포월삼(鏡浦月三)도 그중의 하나다. 잔잔한 바다나 호수에 길게 늘어진 황금물결의 달기둥인 월주(月主), 출렁이는 물결 위로 일렁이는 달빛의 모양이 탑처럼 보인다는 월탑(月塔), 달빛이 파도에 비쳐 부서지면서 생기는 월파(月波)를 '경포월삼'이라고 부른다.

물을 두려워하는 강릉사람들에게는 그들만의 은밀한 이야기가 있다. 예부터 강릉사람들은 바닷물이 강릉 시내로 올라올 것을 두려워했다. 바닷물이 육지로 순식간에 올라와 강릉을 물바다로 만들 것이라는 소문이 있었기 때문이다. 강릉사람은 이런 현상을 '강릉 미데기'라고 불렀는데, 파도가 심하게 치거나 날씨가 험상궂게 변할 때마다 혹시나 하는 마음에

---

3 김기설, 『강릉에만 있는 애기』, 민속원, 2000, 33쪽.

4 최철, 『강릉, 그 아득한 시간』, 연세대학교 출판부, 2005, 71쪽.

가슴을 졸이곤 했다. 주문진 소돌, 강문, 송정, 안목 사람들은 강릉 미데기의 두려움을 안고 산다.[5]

워낙 많은 눈이 내리기 때문에 밖에 나갔다가 길을 잃고 눈 속에 묻혀 생명을 잃을 수 있다. 강릉에서는 눈 때문에 길을 잃고 산속을 이리저리 헤매다가 정신을 잃고 죽는 것을 '눈에 홀린다'라는 표현으로 대신했다. 물의 재해를 막기 위해 진또배기가 등장하고, 풍어제가 등장한다. 경포대나 경포바다에 왔다면 바로 옆에 있는 강문바다까지 가보는 것도 좋다.

강릉사람들이 두렵게 생각하는 재앙은 물, 불, 바람 이 세 가지로 이를 삼재라 했다. 바닷가 어민들은 특히 태풍의 피해를 두렵게 여겼다. 이에 어민들은 강문 골메기의 남 성황당과 죽도 부근의 여 성황당 사이에 진또배기라는 장대를 세웠다. 이를 솟대라고도 한다. 맨 꼭대기에 오리 세 마리를 깎아 올려놓았는데 장대에 의해 받쳐져 있다. 오리의 방향은 북의 경포 쪽을 바라보았다. 이 진또배기가 마을의 삼재를 막아 부락의 풍요와 농촌의 안녕을 지킨다고 믿었다. 매년 정월(춘계예축), 사월(풍어), 팔월(추수) 보름에 세 차례 굿을 한다. 지금까지 이어지는 강릉마을 축제의 하나이다. 안목에도 이와 비슷한 부락축제가 있다.[6]

강문바다를 상징하는 것은 진또배기다. 장대 위에 오리(어떤 지역은 갈매기)가 앉아있는 형상의 솟대를 강릉에서는 '진또배기'라고 부른다. 강문의 진또배기는 우리나라 여러 솟대 중에서도 조형미가 아름답다는 평가를 받고 있다. 솟대 신앙은 우리나라 여러 곳에 분포되어 있

5 위의 책, 53쪽.

6 위의 책, 72쪽.

강문 진또배기(솟대) 공원

지만, 강문에서처럼 진또배기를 성황신만큼이나 받들면서 제를 지내는 사례는 그리 많지 않다. 그래서 강문해변을 '진또배기마을'이라고 부르고, 강문의 성황당 바로 옆에 진또배기공원도 조성되어 있다. 진또배기는 나무를 깎은 것이라 쉽게 상하므로 3년에 한 번씩 4월 보름날 풍어제가 열릴 때 새로 깎는다. 강릉지역 행사에서는 종종 작은 진또배기를 깎는 체험활동도 진행한다. 쉽게 만들 수 있는 데다 만들고 나면 조형미가 있어 장식용으로 활용하기도 좋다.

2. 강릉의 헌화로에서 삼척의 해가사의 터까지

1) 수로부인, 강릉으로 행차하다

신라 성덕왕(재위 702~737) 때의 순정공은 강릉(당시 명주) 태수로 부임받고 가는 도중이었다. 옆에 병풍처럼 둘러쳐진 바위 절벽이 바다에 맞닿았는데, 높이가 천 길이나 되었다. 천 길 바위에 철쭉꽃이 탐스럽게 활짝 피어 있었다. 순정공의 부인인 수로부인은 주변 사람들을 둘러보면서 "저 꽃을 꺾어다 바칠 이가 그 누가 있겠느냐?" 물었다. 수로부인을 모시던 사람들마저 "저곳은 감히 사람의 발자취가 이르지 못하는 곳입니다" 하고 거절했다. 이때 암소를 끌고 지나가던 한 노인이 부인의 말을 듣고는 꽃을 꺾어 노래까지 지어 바친다.

> 자줏빛 바위 끝에
> 잡은 암소를 놓게 하시고
> 나를 아니 부끄러워하시면
> 꽃을 꺾어 바치오리다

꽃을 바치면서 부른 「헌화가」는 『삼국유사』 권2 「수로부인」조에 설화와 함께 실려 있다. 신라의 향가 「헌화가」는 창작의 긴 세월만큼이나 다양한 해석을 지니고 있다. 수로부인을 수행하던 젊은 장정 수백 명이 두려워 피하던 차에 노인이 나타나 꽃을 꺾어 바치겠다는 것이다. 꽃을 탐미하는 수로부인을 두고 노인의 구애로 해석하는가 하면, 소나 노인의 상징성에 맞춰 종교적 관점으로 해석하기도 한다. 또, 지형을 안다는 점에서 노인을 토호세력으로 보거나, 재물을 상징하는 소를 끌고 간다는 점에서 물질을 탐하는 세속의 인물로 보기도 한다. 해석을 어떻게 하든 간에 「헌화가」는 신라의 대표적인 4구체 향가로 인정받고 있다.

「헌화가」가 불리고 나서 수로부인 일행은 강릉으로 이틀 길을 더 가다가 바닷가 정자〔臨海亭〕에 머물러 점심을 먹는 중이었다. 그때 갑자기 바다에서 용이 나타나 부인을 끌고 바닷속으로 들어가 버렸다. 순정공이 놀라 땅을 쳐보았지만 아무런 방법이 없었다.

이때 한 노인이 "옛사람들의 말에 여러 사람의 입은 쇠도 녹인다

하였는데, 지금 바다짐승이 어찌 뭇사람의 입을 두려워하지 않겠습니까. 당장 이 경내의 백성을 불러서 노래를 부르며 막대기로 언덕을 두드리면 부인을 찾을 수 있을 것입니다"라고 일러준다.

노인이 시키는 대로 했더니 용이 바다에서 부인을 데리고 나와 바쳤다. 순정공이 부인에게 바닷속의 사정을 물었더니 부인은 "칠보궁전에 음식이 달고 부드러우며 향기가 있고 깨끗하여 세상의 익히거나 삶은 음식이 아닙니다"라고 대답한다. 이때 수로부인의 옷에는 이상한 향기가 배어있었는데, 이 세상에서 맡을 수 있는 향기가 아니었다. 수로부인의 자색과 용모가 이 세상에 견줄 이가 없을 만큼 절대가인이어서 깊은 산이나 큰못을 지날 때마다 여러 번 신물(神物)에게 잡히었다. 바다 용에게 잡혀갔을 때 여럿이 부른 노래가 「해가(海歌)」로 다음과 같다.

龜乎龜乎出首露(구호구호출수로)	거북아, 거북아,
	수로부인을 내놓아라.
掠人婦女罪何極(약인부녀죄하극)	남의 아내 앗아간 죄 얼마나 큰가?
汝若悖逆不出獻(여약패역불출헌)	네 만약 거역하고 내놓지 않으면
入網捕掠燔之喫(입망포략번지끽)	그물로 너를 잡아서 구워 먹겠다.

문헌으로 기록된 최초의 해양문학 작품이라 할 수 있는 「해가」는 배경 설화와 함께 『삼국유사』 권2 「수로부인」조에 실려 있다. 이 노래는 그 내용과 주제가 「구지가」와 비슷한데, 이는 건국신화 속에 삽입되어 임금을 맞이하기 위한 강림신화와 관련 있다. 「구지가」는 수로왕의 탄생을 비는 기원의 노래다. 반면, 「해가」는 데려간 수로부인을 내놓지 않으면 구워 먹겠다는 협박성 노래다. 하여, 「해가」는 신라 시대 민간에 널리 전승되어 액을 막고 소원 성취를 비는 노래로도 기능했다.

龜何龜何　거북아, 거북아,
首其現也　머리를 내어라.
若不現也　내어놓지 않으면,
燔灼而喫也　구워서 먹으리.

-「구지가(龜旨歌)」

「해가」에 등장하는 사람들을 두고, 무서운 대상을 거북으로 대체하여 꾸짖으며 싸우는 백성이라고 해석하기도 한다. 외세와 맞서 싸운 이들은 관리자가 아니라 일반 백성이었다는 것을 강조하는 것이다. 또,「해가」에서 수로부인을 데려간 존재를 왜구로 보기도 한다. 돌아온 수로부인의 옷에서 나는 특이한 냄새를 외국 향수로 본 것이다. 또 다른 해석으로는 수로부인을 납치한 대상을 지방호족으로 보아, 통일신라의 중앙정부와 지방호족의 대립으로 해석하기도 한다.

한편, 우리 역사상 미모에 대한 기록을 놓고 보면 수로부인이 으뜸이다. 백제에서는 정절과 빼어난 미모를 지닌 도미의 아내가 있고, 고구려 안장대왕의 태자 시절 연인으로 빼어난 미모 때문에 '연애전쟁'의 빌미를 제공했던 백제의 절세미인 한주가 있다. 신라에서는 왕이 탐낸 여자 도화녀, 서동요의 주인공 선화공주, 신이 흠모해 범하고만 처용의 아내가 있다. 고려의 미인 류화도 있고, 조선 시대 때는 미모와 문장으로 선비들을 사로잡으면서 자유분방한 풍류의 삶을 산 기생 황진이도 있다.

미모를 따지자면 미실(美實)궁주를 빼놓을 수 없다. 통일신라 제5대 풍월주 사다함의 연인이자 화랑들의 대모였던 미실궁주는 타고난 미색과 재능으로 40년간 신라 황실을 주무른 절세미인이다. 『화랑세기』에 따르면 미실궁주는 뛰어난 미색으로 진흥왕·진지왕·진평왕 등과 관계를 맺었고, 이사부의 아들 세종, 화랑 풍월주 등도 미실의 치마폭에 놀아나면서 후궁으로 여왕 노릇까지 했으니 말이다.

그런데도 수로부인을 최고 미인으로 꼽는 것은 『삼국유사』에서 수로부인의 용모를 가리켜 "수로의 자색과 용모가 이 세상에 견줄 이가 없을 만큼 절대가인이어서 깊은 산이나 큰못을 지날 때마다 여러 번 신물(神物)에게 잡히었다(水路姿容絶代. 每經過深山大澤. 屢被神物掠攬)"고 기록했기 때문이다.

도미의 아내나 한주는 백제의 미인일 뿐이며, 황진이와 미실궁주는 인간만 반한 인물이다. 또, 처용의 아내는 신만 혹했을 뿐이다. 그런데 통일신라의 수로부인은 인간과 여러 신들까지 함께 탐을 냈을 정도였으니, 가장 빼어난 미모임에 틀림없다. 이어령은 수로부인을 두고, "한국의 아프로디테"로 표현하기도 했다. 서정주는 수로부인을 두고 "바다의 신도 땅의 신도 정신을 잃을 만큼 예뻤다"라고 평가했다.

중국의 서시는 오나라를 멸망시켰고, 초선은 동탁과 여포를 이간질했으며, 양귀비는 현종과 당나라를 위태롭게 했다. 그러나 수로부인에겐 아름다움은 있으되 세상을 어지럽히는 부정적 요소가 없다. 중국의 미인들이 권세가의 정신을 못 차리게 하는 정도였다면, 한국의 수로부인은 하늘, 땅, 사람 모두를 정신 못 차리도록 한 미인이었다.

2) 뒤바뀐 역사: 강릉 헌화로 vs. 삼척 해가사의 터

안인-옥계해변 15km 구간은 해안단구여서 풍광이 아름답다. 모래층이 끊어지고, 깎아지른 바위 절벽이 절경을 이루는데, 이는 빙하시대 이전에 형성된 것이다. 우리나라에서 가장 오래된 해안단구의 절경을 정동진 일대에서 감상할 수 있다. 정동진-금진 구간에는 바다를 향해 불쑥 튀어나온 육지가 있다. 심곡항-금진항 2.4km의 해안도로에는 '헌화로'라는 이름이 붙은 아름다운 자동차 전용 도로가 있고, 그 반대 방향으로는 '바다부채길'이라는 아름다운 해안 데크가 있다. 정동진역이 바다와 가장 가까운 철로를 지니고 있다면, 헌화로는 우리나라에서 바다와 가장 가까운 도로다. 태풍이 심한 날은 바닷물이 육지를 덮쳐서 자동차 통행이 금지될 정도다.

암소를 몰고 가던 노인이 벼랑에서 꽃을 꺾어 수로부인에게 바쳤다는 『삼국유사』에 나오는 「헌화가」를 배경으로 하는 도로다. 헌화로는 북유럽의 해안 절경과도 같은 리아스식 해안단구 지형으로 기암괴석이 동해바다와 조화를 이루면서 북유럽의 아름다운 풍경과 닮았다고 한다. 바다와 맞닿은 헌화로에는 바람이 불 때마다 파도가 올라와 해안도로의 참맛을 느낄 수 있다. 거북을 닮은 거북바위, 구선암, 괴면암, 합궁골, 저승골, 백두대간, 해룡신전, 공룡가족 등 기암괴석을 보는 재미까지 더해 드라이브 코스로도 각광받고 있다. 헌화로의 중간 지점에 '합궁골'이라는 묘한 이름을 지닌 골짜기에 거북 머리 형상의 남근바위도 있다.

「헌화가」와 「해가」는 1,300년이 지나도록 대중의 사랑을 받고 있다. 수로부인의 강원도 행차는 신라 시대의 일이지만, 강원도 영동지역 곳곳에는 그 발자취가 여전히 선명하다. 삼척 증산의 해가사의 터라든가, 강릉 금진항의 헌화로에는 수로부인과 강원도가 맺은 인연이 천년의 시공간을 넘어서 살아있다. 수로부인에 얽힌 향가 「헌화가」와 「해가」의 소유권을 둘러싸고 지방자치단체 간의 싸움이 치열하다. 수로부인에게 꽃을 바치며 부른 「헌화가」의 발생지를 선점하고 든 것은 강릉시다. 강릉시는 1998년 정동진 근처의 도로, 즉 심곡리와 금진항 사이의 해안도로를 개설하고 시민의 공모를 통해 '헌화로(獻花路)'라고 명명했다. 전통적인 문향의 도시로, 문화도시를 시정 구호로 표방하던 강릉시다운 도전장이었다. 헌화로는 2006년 건설교통부가 지정하는 '한국의 아름다운 길 100선'에 선정되면서 가치를 인정받았다.

「헌화가」를 배경에 둔 헌화로의 명명은 신라의 향가를 계승하는 중요한 작업이기도 했다. 「헌화가」가 불리고 난 지점으로부터 이틀을 더 간 곳에서 「해가」가 불렸기 때문에 「해가」마저 차지할 수 있는 기반을 닦은 셈이다. 헌화로를 강릉권역 안에 두면서도 강릉-경주 구간에서 경주와 가장 가까운 지점인 금진항에 위치하게 했다. 이로써 강릉시가 「헌화가」와 「해가」의 연고권을 모두 차지할 수 있는 기반을 마련한 것이다.

그런데 삼척시는 「해가」의 발상지를 증산리라고 설정하고 나섰다. 2004년 증산리에 「해가」 시비를 세우는 한편 '해가사(海歌詞)의 터 기념탑'과 임해정을 건립했다. 이 지점은 수로부인의 이동 경로인 경주-강릉 구간 중 삼척을 기점으로 할 때 경주 쪽에서는 가장 멀고 강릉에서는 가장 가까운 장소다. 이로써 삼척시는 강릉 가까운 곳에 「해가」를 위치함으로써 「해가」가 불리기 이틀 전에 나온 「헌화가」 또한 삼척시 지역 안에 둘 수 있는 포석을 깔았다. 삼척시는 이미 오래전 「헌화가」에서 비롯된 철쭉을 시화(市花)로 지정한 바 있다. 해변도로를 개설하면서 '헌화로'가 거론되기는 했으나 2000년을 맞이하는 세계의 떠들썩한 축제 분위기 속에 전통문화는 '새천년해안도로'라는 이름에 밀리고 말았다.

삼척시는 원덕읍의 남화산 해맞이공원에 대형 수로부인상을 설치하고 수로부인 헌화공원으로 명명했다. '헌화공원'은 향가 「헌화로」를 계승한 것이다. 대리석으로 세운 수로부인상은 높이 10.6m, 무게 500톤으로 동양 최대 규모의 조각상을 자랑한다. 광화문에 있는 세종대왕의 동상보다 1.5배 더 크다.

『삼국유사』는 「헌화가」를 부른 이틀 뒤에 「해가」를 불렀다고 밝히고 있다. 그런데 오늘날 지방자치단체가 정한 장소를 보면 이틀 먼저 불린 「헌화가」의 발상지 헌화로가 강릉시에 있고, 이틀 늦게 불린 「해가」의 발상지 '해가사 터'가 삼척시에 위치한다. 역사서라 불리는

『삼국유사』의 기록과 엇갈린 상황이다. 이런 모순이 생긴 것은 문학이 산업에 영향을 주는, 문화산업의 힘을 보여준다. 수로부인 이야기에 등장하는 신라의 향가를 지자체가 문화적 자산으로 삼겠다는 의욕이 그렇게 만들었을 것이다. 경북 울진군 역시 수로부인 바위, 수로부인 길 등을 통해 이 향가들을 탐내고 있다.

향가 발상지의 고증은 도시 간의 치열한 문화전쟁이기도 하다. 「해가」를 부른 까닭이 중구삭금(衆口鑠金), 즉 "여러 사람의 입은 쇠도 녹인다"는 의미였다. 강릉시와 삼척시는 서로 수로부인을 차지하기 위해 "거북아 거북아 수로부인을 내어놓아라. 남의 아내 앗아간 죄 얼마나 큰가" 하면서 서로 큰 목소리로 노래를 부르고 있다. 헌화로는 강릉시가 현대에 들어와서 만든 길이지만, 실물이 있는 지명인 까닭에 과거가 아니라 현재형의 통로로 기능하고 있다. 전국의 많은 관광객이 헌화로를 지나면서 강릉지역을 헌화가의 발생지라는 것을 기정사실로 받아들이는 것이다. 헌화로 바로 옆이 유명 관광지 정동진이라는 것도 하나의 이점이다.

강릉시와 삼척시 간에 벌어지는 수로부인을 둔 싸움은 강릉시가 선점했으나, 반격은 삼척시가 더 거세다. 해가사의 터에 여의주를 만들어놓고 관광객의 체험 거리를 보완했으며, 대규모 수로부인 헌화공원까지 만들어냈으니 말이다. 삼척시가 「해가」 노래비를 미리 세우고, 헌화로까지 빠르게 진행했더라면 강릉시에 헌화로를 뺏기지 않았을 수도 있다. 지리적으로는 「헌화가」가 불리고 이틀 지나서 「해가」가 불렸다는 점에서는 지리적 관점에서 삼척시가 더 유리해 보인다. 하지만 문화에 대한 의식이 비교적 높은 강릉시가 유명관광지 정동진 인근에 '헌화로'를 선점한 덕분에 대중적인 홍보는 강릉이 더 유리하다.

『삼국유사』는 경주에서 강릉으로 가는 길이라고만 언급되어 있을 뿐 「헌화가」와 「해가」를 부른 지명에 대한 언급이라든가 장소를 짐작할 자세한 풍광 묘사가 없다. 하여, 경주에서 강릉 가는 바닷가 길 중에서 문화적으로 계승하여 선점하는 도시가 주인이 되는 것이다.

학계에서 장정룡과 김선풍은 강릉 정동진 근처에서 「헌화가」와 「해가」가 불렸다고 보고 있으며, 전신재와 이창식은 삼척 임원 일대에서 「헌화가」가 불렸다고 주장한다. 바다의 용, 수로와 연관된 지명, 절벽과 철쭉이 많이 피는 곳 등을 중심으로 고증이 이뤄지기도 한다.

삼척으로 보는 견해 중에서는 임원항 회센터 남서쪽 산을 '수리봉', '수로봉'으로 부르는 데다 예전에 철쭉꽃이 많이 피었다는 주장, 삼척 시내와 인접한 와우산의 해안마을인 증산과 추암지역, 용에게 잡혀간 수로부인을 구하는 방도를 알린 노인과 관련 있는 "신우(神牛)의 수레바퀴 자국"이 있었다는 『척주지』의 기록, 그 일대 굴암이라는 곳의 용묘(龍墓), 마을 사람들이 막대기로 땅을 치는 것과 비슷한 '떼불놀이', 거북의 껍질을 문 위에 걸어두며 액을 막는 민속 등이 있다. 삼척시는 강원도민속예술경연대회에 헌화가를 다룬 '실직국 철쭉놀이'라는 작품을 출품하기도 했다.

한편 강릉으로 보는 견해는 단오 때 대관령 산신령을 모실 때 부르는 「영산홍」 혹은 「산유가」 노래가 헌화가라는 점이다. "꽃 바칠래 / 꽃 바칠래 / 사월 보름날 꽃 바칠래", "꽃 바칠래 / 신에게 꽃을 바칠래"라는 노래가 헌화가라는 것이다. 학산 사람들은 이 노래를 1천년 전부터 불렀다 하니 시기도 비슷하다는 것이다. 국사성황신 행차에서 횃불로 신을 맞이하는 행위를 영산홍꽃을 바치는 의식으로 해석하며, 수로부인을 맞이할 때 불렀다는 헌화가와 의미가 통한다고 본 것이다. 붉은색 바윗가는 '화비령'이라는 지명과 연관이 있다. 흙의 색이 붉어 화비령이라고 했다는 유래가 있다. 또 경주에서 강릉 올 때는 화비령을 넘어야 하므로 지형적으로 어울린다는 주장이다. 강릉이라고 주장하는 학자는 「해가」가 불린 곳을 정동진으로 보고 있다. 안인진,

해룡산, 용궁으로 들어가는 문이라는 '명선문' 바위, 용궁설화와 관련이 있는 등명사 등을 근거로 든다.

향가에서 더 나아가 수로부인을 스토리텔링화하는 방안도 고민할 필요가 있다. 삼척시가 남근으로 제사를 지내는 해신당을 수로부인과 연계하는 것도 한 방안이다. 여신 이미지에서 한 걸음 더 나아가 젠더 문화로까지 접근하는 것이다. 강릉시는 신사임당과 허난설헌이라는 위대한 여성들을 배출한 지역인 만큼 여기에 수로부인을 더하여 여성문화로 확대하는 것이다. 또 강릉시는 「헌화가」와 「해가」의 가사에만 너무 얽매이지 말고 수로부인이 찾아와 살던 도시라는 점에도 초점을 맞출 필요가 있다. 수로부인의 형상화를 통해 과거의 역사와 현대가 어우러지고, 과거의 문화와 현대가 어우러지는 세상을 만들어 낼 수 있다면 그보다 더 아름다운 일이 어디 있겠는가.

「수로부인」조 이야기는 「처용랑 망해사」조와 함께 『삼국유사』 중에서 논문 주제로 가장 많이 다뤄진 이야기이기도 하다. 수로부인은 가요, 무용, 오페라, 연극, 인형극, 시, 소설, 동화, 만화 등의 예술작품 주인공으로도 주목받고 있다. 다른 지역에서는 수로부인을 활용한 다양한 문화현장에 등장하고 있지만, 정작 강원지역에는 찾아보기가 어렵다. "용감한 자가 미인을 얻는다"라는 말처럼 문화에 대한 의식이 강한 도시가 아름다운 수로부인을 얻게 될 것이다.

헌화로를 얘기할 때는 중국의 노벨문학상 수상자도 다녀간 길이라는 말을 덧붙이고 싶다. 모옌은 2005년 강릉을 방문한 바 있다. 모옌이 가장 먼저 찾은 곳은 경포호수였다. 당시 그는 서울국제포럼에 참석했다가 동해바다를 보려고 강릉에 왔다. 경포대에 올라 경포호수를 바라보면서 아름다운 정경에 몇 번씩이나 감탄했다. 그는 오래도록 호수를 바라보았다. 그리고 경포바다와 헌화로를 걸으면서 동해안의 운치를 즐겼다. 소탈한 성격의 모옌은 만나는 사람들을 편안하게 대했지

경포대를 찾은 노벨문학상 수상 작가 모옌

만, 이야기가 시작되면 달변가였다. 고향 이야기를 할 때면 모든 것을 옛 시간으로 이끌고 갔다.

중국 최초의 노벨문학상 수상자인 모옌의 본명은 관모예(管謨業). 하지만 그는 '말이 없다'는 뜻의 모옌(莫言)이라는 필명을 쓰고 있다. 말 대신 글로 자신의 뜻을 나타내겠다는 의지인 셈이다. 노벨문학상 선정 직후, 중국에서는 '체제 순응적'이라는 이유로 모옌의 작가 의식에 대한 논란이 일기도 했다. 하지만 모옌은 말을 통한 사회참여는 없었으나 문학작품을 통해서는 강하게 체제비판에 나선 작가다. 그의 작품 상당수가 중국이 지닌 역사와 현실, 중국 민중의 고달픈 삶, 농촌의 곤궁함 등을 실존적이면서도 사회비판적으로 다뤘다.

1955년생인 모옌은 초등학교 5학년 때 문화대혁명을 겪으면서 고난의 시대를 살아왔다. 학업을 포기한 뒤 수년간 농촌 생활을 했으며, 열여덟 살에 면화가공 공장 노동자로도 일했다. 인민해방군에 입대한 뒤 해방군 예술학원 문학과 졸업, 베이징 사범대학과 루쉰 문학

창작원 문학석사학위 취득 과정을 통해 문학적 기반을 쌓았다.

등단작인 단편 「봄밤에 내리는 소나기」(1981년)와 「투명한 홍당무」(1985년)를 통해 문단의 주목을 받았다. 1987년에 발표한 장편 『홍까오량 가족』 작품 일부가 장이모우 감독의 영화 「붉은 수수밭」으로 제작되면서 한국에도 널리 알려졌다. 이 작품이 1988년 베를린영화제 황금곰상을 받으면서 모옌을 세계적인 작가로 부상시켰다. 『달빛을 베다』, 『열세 걸음』, 『티엔탕 마을 마늘종 노래』, 『술의 나라』, 『풍유비둔(豊乳肥臀)』, 『탄샹싱』, 『사십일포』, 『인생은 고달파(生死疲勞)』, 『풀 먹는 가족』, 『사부님은 갈수록 유머러스해진다』, 『개구리』 등 모옌이 쏟아내는 많은 작품이 한국어로 번역되었다. 모옌이 강릉에 방문했을 때는 번역가가 동행하여 통역을 도와줬다.

스웨덴 한림원은 모옌의 노벨문학상 선정이유를 "환상적인 리얼리즘을 민간 구전문학과 역사, 그리고 동시대와 융합시켰다"고 밝힌 바 있다. 역사적 삶을 소재로 삼는 모옌의 작품은 현실적 요소와 몽환적 요소를 아우르면서 미국의 윌리엄 포크너나 콜롬비아의 가브리엘 가르시아 마르케스에 비견된 바 있다.

모옌은 몽환주의적 측면을 강하게 드러낼 때조차 현실적 삶의 무게를 잃지 않는다. 그런 점에서 모옌의 문학은 삶의 진실을 추구한다. 모옌의 작품이 가난을 모티브로 하는 것은 그의 자전적 삶과 무관하지 않다. 인민해방군 부대 취사병으로 근무할 때 만두 18개를 먹었다가 군량미를 축내는 것을 염려한 지휘관에 의해 보초병으로 쫓겨난 일화는 작가의 배고픈 실존이었다. 가난한 시대와 문화대혁명의 격변기를 거친 작가의 체험이 작품 속에서 현실성을 획득하고 있다. 『개구리』는 강제 중절 수술에 나서는 중국의 산아정책인 계획생육의 비극을 다룬다. 모옌은 소설 속 산부인과 의사 같은 고모가 있었다고 한다. 자신의 고향 산둥성 까오미현을 배경으로 한 『홍까오량 가족』에서도 그랬듯, 모옌의 소설에는 삶의 구체성과 진실성이 큰 무게로 자리한다. 늘 푸른 동해바다처럼, 현실의 모순에 정직한 작가의식과 문학정신을 계속 기대해본다.

3) 지자체의 문학 주인공 쟁탈전: 문화산업의 힘

장소는 기억을 저장하는 곳이다. 헌화로는 『삼국유사』 속의 신라 때 수로부인이 걷던 향가의 길이며, 노벨문학상 수상자인 모옌도 걷던 길이다. 신라의 문학에서부터 현대의 문학이 함께 만나는 길이다. 모옌은 『붉은 수수밭』이라는 작품으로 유명하다. 『붉은 수수밭』에는 뜨거운 삶, 거친 삶, 가난한 삶, 상처받은 삶, 불의에 대항하는 삶, 자신의 생애 모든 것을 던지는 삶, 민족의 삶 등이 담겨 있다. 이 작품은 영화와 드라마로 나와 있고, 2000년대 들어서 『홍까오량 가족』이라는 제목으로도 출간되고 있다. 모옌은 헌화로를 걸으면서 "참 아름다운 바닷길인데, 「헌화가」라는 노래가 설화를 지니고 있어 더 아름답다"라고 소감을 밝힌 바 있다.

헌화로에 이어 함께 걸을 만한 길은 '바다부채길'이다. 2016년 만들어진 바다부채길은 정동진-심곡 구간 3km에 펼쳐져 있다. 기암괴석의 절경이 드러난 해안단구 지형을 온몸으로 느끼면서 바다의 파도를 맞으면서 걷는 길이다. 바다부채길은 예전의 군사구역이던 곳에 데크를 설치했는데, 지금도 날씨가 좋지 않은 날엔 군인의 통제를 종종 받는다. 파도가 심한 날은 들어갈 수 없고, 바람이 센 날에는 데크 위까지 파도가 들이친다. 바다부채길에서는 파도에 몽돌이 씻겨나가는 소리도 들을 수 있다.

자연의 아름다움을 가까이에서 체험하기 위해 철제 기둥을 박아 바다부채길을 개설했다. 환경을 생각하는 입장에서는 그 길을 개설하기 위해 해안단구를 훼손한 것이 아쉽기만 하다. 우리가 관광지에서 아름다움을 감상할 때는 그 이면에 있는 여러 관점을 함께 생각할 필요가 있다. 바다부채길에서 만나는 소나무들은 해안단구 절벽에 뿌리를 내리고 바닷바람에 맞서 성장해왔다. 자연의 생명력을 엿볼 수 있는 부분이다. 비단 소나무뿐이랴. 흙이며, 돌이며, 바위며, 바닷물이며, 각자가 제자리에서 최선을 다해 견뎌오지 않았겠는가? 인간의 손이 덜 갈수록 자연은 더 아름다울 것이다. 인간이 만든 관광지에서 자연의 아름다움을 즐기다가도 자꾸 부끄러워지는 것은 그 때문이다.

> 달은 지고 까마귀 울고 하늘 가득 서리 내리는데
> 강가의 단풍과 고깃배 등불이 어수선한 잠을 설치게 하네
> 고소성 밖에 있는 절 한산사
> 한밤중에 치는 종소리가 잠자는 배에 닿네
>
> - 장계, 「풍교야박(楓橋夜泊)」

중국 쑤저우시에 있는 한산사는 쑤저우시에서 관광객이 가장 많이 찾는 명소 중 하나로 꼽힌다. 6세기 초에 세워진 이 사찰은 당나라 때 기행을 일삼던 한산과 습득이 머물렀다고 해서 붙여진 이름이다. 평범한 절인 한산사가 유명해진 것은 장계의 시 「풍교야박」(풍교에서 하룻밤) 덕분이다. 나이가 들어 본 마지막 과거시험에 낙방하고 돌아오는 장계의 쓸쓸한 감회가 한산사의 풍경과 교차하고 있다. 어쩌면 유능한 인재를 몰라보는 부패한 관료사회나 공정하지 못한 과거시험 시스템에 대한 연민도 담겼을 것이다. 장계의 스토리와 감동을 담은 시 작품이 한산사 일대의 풍광과 어울리면서 명소를 만든 것이다. 시 「풍교야박」을 통해 한산사는 명승지로 재탄생하면서 세계적 관광지로 이름을 얻었으며, 쑤저우시에 가는 한국 관광객 역시 빠뜨리지 않고 찾는 지역이다. 시 「풍교야박」은 문학의 힘, 문학이 관광산업이 되는

문화산업의 힘을 보여준다.

문학의 힘을 인식한 지방자치단체에서 작품의 주인을 둘러싸고 벌이는 쟁탈전이 점점 치열해지고 있다. 역사적 인물이나 소설 속 주인공, 혹은 설화 속에 등장하는 문화자원을 두고 곳곳에서 연고권 다툼이 치열하게 전개되고 있다. 역사나 문학이 도시의 이미지 제고뿐 아니라 실질적 관광 수입원으로 각광받으면서 지방자치단체가 적극적으로 나서기 때문이다. 수로부인을 놓고 강릉시와 삼척시가 싸우듯, 홍길동을 두고 강릉시와 장성군이 싸우듯 말이다. 심청을 두고는 전남 곡성군과 인천 옹진군이, 별주부를 두고는 경남 사천시와 충남 태안군이, 서동을 두고는 전북 익산시와 충남 부여군이, 논개를 두고는 경남 진주시와 전북 장수군이, 흥부를 두고는 전북 남원 아영면과 인월면이, 콩쥐팥쥐를 두고는 전북 완주군과 김제시가, 김삿갓을 두고는 강원 영월과 경기 양주와 전남 화순이 다투듯 말이다. 심지어는 변강쇠를 두고 경남 함양군과 전북 남원시가 다투었다. 문화산업의 개념이 없던 1980년대 이전이었더라면 서로가 자기 고장 사람 아니라고 부끄럽게 내칠 변강쇠를 말이다.

유치환 시인의 연고를 두고도 경남 통영시와 거제시가 법적 소송까지 벌인 바 있다. 문인을 비롯한 역사 인물과 문학작품 속 주인공에 대한 지리적 연고를 지자체가 적극적으로 주장하고 나선 것은 문화행사가 지역 이미지 상승과 경제 활성화에 크게 기여하기 때문이다. 지자체는 문인이나 문학작품 속 인물들을 전략적 문화관광 자원으로 활용하면서 문학작품, 역사자료, 전설과 민담 등의 설화를 근거로 고품격의 문화콘텐츠를 개발한다. 강릉에서 신사임당과 율곡이라는 인물을 통해 오죽헌을 확장한 것도 그런 사례다. 게다가 2023년에는 그들이 세계 최초로 모자 화폐 주인공이라는 스토리를 바탕으로 강릉화폐 전시관까지 만들었다.

지폐를 강조한 오죽헌 정문

강릉시나 삼척시가 수로부인에 얽힌 향가의 소유권을 주장하기 위해서는 학술적으로 접근하고 고증할 수 있는 연구가 더 진행되어야 한다. 학술적 접근의 중요성은 강릉시가 홍길동의 연고권을 후발 주자인 전남 장성군에 뺏긴 사례에서도 잘 드러난다. 강릉시는 허균의 출생지인 만큼 홍길동의 캐릭터 소유권을 내세웠지만, 전남 장성군에서는 실존인물 홍길동의 출생지를 내세웠다. 장성군은 학술팀까지 구성하여 홍길동이 실존인물이라는 사실을 밝혀내고 홍길동의 생가 복원에 이어 홍길동축제를 통해 지역의 문화상품으로 자리매김한 것이다. 장성군은 1998년부터 매년 홍길동축제를 개최하면서, 2002년에는 생가 복원까지 끝냈다. 장성군의 홍길동 축제는 강릉시가 선점하고 있던 홍길동을 손쉽게 낚아챈 계기가 됐다. 강릉시는 허균·허난설헌문화제를 통해 홍길동의 상품화를 시도했지만, 장성군의 적극성에는 못

허균 생가터 앞의 사천 바다

미쳤다. 그 결과 강릉시가 홍길동 소유권을 둘러싸고 장성군을 상대로 법적 소송까지 진행했으나 지고 만 것이다.

한때 강릉시청 앞에는 360° 회전하는 대형 꽃 홍길동상이 있다가 철수되었다. 지금은 가로등이나 화장실 정도에서 홍길동 캐릭터를 만날 뿐이다. 경포호 주변에 '홍길동 캐릭터 로드'가 있다지만, 강릉시의 홍길동 문화콘텐츠는 빈약하기 짝이 없다. 최초의 한글소설 『홍길동전』을 탄생시킨 허균의 출생지가 강릉이라는 점에서 강릉시는 여전히 잠재력을 지니고 있다.

인기 있는 인물을 두고 전개되는 연고권 주장이 문화의 적극적 계승이라는 점에서는 바람직하지만, 문화의식에 대한 성찰 없이 마구잡이식으로 관광산업과 연계되는 것은 성찰해야 한다. 선점과 독점을 위해 치밀한 고증도 없이 막대한 예산을 먼저 투자한 뒤 홍보에 나서는 것이라든가, 시청 주도로 우후죽순 생겨나는 문화행사 속에 진정한 문화의식이 없다는 것을 비판하는 것이다.

3. 삼척의 정체성이 빚은 유리나라와 피노키오나라

1) 도계유리나라

삼척시 도계읍 심포리 국도에서 도계유리나라로 진입하다 보면 도로변 담이 유리 조각으로 이뤄져 있다. 이 유리 역시 도계유리나라의 작품 중 하나다. 폐광지역의 경제 회생을 위해 들어선 유리조형 문화관광 테마파크인 도계유리나라는 우리나라 최대 규모의 유리박물관이다. 경기도 안산시 유리섬 박물관, 제주도 유리의 성 및 유리박물관에 이어 국내에서 네 번째로 2018년 개장했다.

유리나라 설립 과정은 삼척시 도계읍의 산업변화와 관련이 있다. 폐광으로 인구가 줄어들면서 폐교된 심포초등학교 부지에 들어선 그 자체만으로도 도계의 장소 변화를 짐작할 수 있다. 또 유리라는 테마 역시 도계의 산업적 특성과 관련이 있다. 석탄 생산과정에서 발생하는 폐경석(사암, 세일)을 활용한 유리제품 생산을 통해 유리산업이 생겨난

도계유리나라

도계유리마을

것이다. 유리나라 테마파크 조성 이전에 폐석으로 유리를 만드는 실험과 도계주민을 대상으로 공예가를 양성하는 '유리마을'이 먼저 운영되었다. '유리마을'이라는 공간 조성과 유리공예 창업과정까지 일정 부분 성공하자 테마파크 조성으로 눈을 돌린 것이다.

도계의 과거이자 여전히 현재진행형인 석탄산업을 통해 도계의 미래가 될 수 있는 유리공예 산업으로 이끄는 시도였다. 도계의 생태적·문화적 특성과 어울리는 유리공예 산업의 테마파크 공간 조성은 지역의 유리공예산업과 조화를 이루면서 시너지를 얻었다. 석탄폐석을 활용한 유리제품 산업화의 가능성을 인정받으면서 '도계유리나라'는 산업자원부의 폐광지역 경제자립형 사업으로 지정됐다. 당초에는 심포리 지역을 휴양단지로 조성할 시책도 있었으나, 환경훼손과 관련한 인허가 과정이 까다로워 유리나라 테마파크로 선회한 것이다.

크리스탈왕국으로 표현되는 스웨덴 스몰란드 유리공예는 세계적인 명성을 얻고 있으며, 16개 크리스탈 단지는 물론 유리조형 작업실, 갤러리, 레스토랑, 유리 전문인력 양성을 위한 전문학교 등 연간 50만 명 이상의 관광객이 찾고 있으며, 대표적인 요네슨공방은 연간매출액이 100억 원대에 이른다. 이탈리아 베네치아 무라노섬의 유리공예는 관광상품이 되고 있으며 연간 360만 명의 관광객이 방문하며 매출을 극대화한다.[7]

위의 사례처럼 외국에서는 유리문화 관광 상품을 통해 성공한 사례가 많다. 테마파크 도계유리나라가 설립된 배경에는 지역의 유리공예산업과 밀접한 연관이 있다. 강원대학교 산학협력단의 삼척석탄폐석자원특화사업단인 '유리특성화사업단'에서는 유리의 산업화 가능성을 다양한 방법으로 타진한 바 있다. 또 폐경석을 녹여서 규사를 추출해 유리를 만드는 지역특화형 사업을 직접 수행했다.

삼척지역 석탄 채굴과정에서 생산된 도계지역 석탄폐석을 유리화하여 산업화함으로써 침체된 지역경제를 회생시켜야 한다. 삼척시가 유리문화 관광 도시로의 이미지 변신(시멘트·석탄 생산지 → 유리 관광문화 창출지)을 통하여 21세기 세계적인 폐광지역 경제활성화 모범도시 및 유리문화 관광 상품 집적지로 성장할 수 있는 방향을 제시한다. 도계석탄 폐석을 이용한 도계글라스(DG)를 이용한 유리업체 유치, 삼척유리조형문화관광 테마파크(삼척유리공원) 조성 및 유리공예 관광문화상품의 마케팅으로 지역경제 활성화 방안이다.[8]

7 김정국·이호선, 「지역특성화를 위한 문화 관광 상품 디자인 개발」, 『디지털디자인학연구』 10, 한국디지털디자인협의회, 2010, 183-184쪽.

8 위의 글, 185쪽.

삼척시와 강원도의 지원을 받는 삼척유리특성화사업단은 도계읍 흥전리에 공장과 전시장을 겸한 '유리마을'에서 연구 및 주민 교육 등의 활동을 펼쳐왔다. 유리특성화사업단 측에서는 석탄 폐석을 활용한 컬러유리는 착색제를 사용하지 않기 때문에 색상이 부드럽고, 눈의 피로도를 감소시키는 장점 외에도 환경호르몬이 없는 데다 음이온을 통해 건강에도 도움을 준다고 보았다.

유리특성화사업단의 활동이 활발해지면서 도계읍 흥전리 일대는 공장의 이름을 따서 '유리마을'이라고 불렸다. 특성화사업단 사업이 만기가 되면서 강원대학교 산학협력단이 물러난 공간인 유리마을을 지역주민이 이어받았다. 유리특성화사업단 교육에서 양성된 지역주민 공예가들이 협동조합을 꾸려 유리마을 운영에 나선 것이다. 석탄 생산과정에서 나온 폐석을 활용하려는 지역적 정체성 모색이 삼척지역의 유리산업을 만들었으며, 유리조형 테마파크인 유리나라도 만든 것이다.

"도계! 유리의 꽃으로 피어나다"라는 슬로건을 내건 테마파크 '도계유리나라'는 석탄산업의 폐산물인 폐석으로 만든 유리라는 점에서 예술과 산업이 결합한 공간이다. 또 지역경제 회복을 위해 주민 스스로 찾아낸 대체산업이라는 측면에서 예술과 산업재생을 융합시켜 설립한 지역의 문화공간이라는 큰 의미를 지닌다.

공무원 5명이 근무하는 데서도 알 수 있듯 테마파크 '유리나라' 사업은 삼척시가 직영하고 있다. 도계유리나라와 피노키오나라는 도계읍에 거주하는 광부 가족들의 일자리 창출에도 도움이 되었다. 진폐재해자와 그 가족 50여 명을 고용하여 도계 일자리 창출에도 기여했다. 유리나라는 지역 유리공방 작가들에게도 큰 도움이 되고 있다. 도계에는 유리공예 창업에 뛰어든 공방 운영가들이 10여 명 있는데, 이들의 작품을 구입하는 것이다.

석탄 생산 과정에 나온 폐석

폐석으로 만든 유리 공예

도계유리나라에서는 매일 블로잉 시연을 하고 있다. 블로잉은 1,250~1,500℃에서 녹는 액화 상태의 유리를 파이프로 찍어낸 뒤에 입으로 풍선처럼 불면서 빠른 손놀림으로 작품을 만드는 기법이다. '빛과 유리가 살아 숨 쉬는 세상'을 만들어가는 도계유리나라에서는 다양한 체험 프로그램도 운영하는데, 토치로 하는 램프워킹(Lampworking) · 블로잉(Blowing), 글라스페인팅(Glass Painting) · 샌딩

(Sanding) 등이 그것이다. 다소 위험할 수 있는 블로잉 체험은 시연 중심으로 이뤄지고 있으며, 토치로 작업하는 램프워킹 체험이나 샌딩 체험에는 많은 관광객이 직접 참가하고 있다. 체험하여 작업한 작품의 경우 샌딩과 램프워킹 참여 작품은 즉석에서 가져간다. 글라스페인팅이나 블로잉 체험의 경우에는 온도 감압 가마에 넣어서 하루를 지나야 하기 때문에 택배로 자신의 작품을 받는다.

2) 피노키오나라와 삼척의 나무

유리나라 옆에는 목재문화체험장인 피노키오나라가 건립되어 있다. 산림청이 지원하는 목재문화체험장은 강원도 6개소를 포함해 전국에 42개소가 운영 중이다. 강원도에는 삼척시를 비롯하여 화천군(하남면 계성리), 양양군(양양읍 월리), 인제군(인제읍 상동리), 철원군(갈말읍 지경리), 양구군(동면 원당리)에 조성되어 있다. 광업소의 사택 부지이던 심포리 지역에 건립한 피노키오나라는 2018년 도계유리나라와 함께 개장했다.

산림청에서는 목재이용 활성화와 국산 목재문화 진흥을 위해 목재문화체험장 조성 사업을 지원하고 있다. 우리나라는 국토의 65%에 달하는 산림면적이 있으며, 목재를 통한 풍부한 산림자원을 지니고 있으면서도 목재의 대부분이 가구나 종이의 원재료 혹은 연료용에 지나지 않아 부가가치가 낮은 실정이다. 따라서 목재문화체험장은 목재에 대한 정보 제공, 목제품을 활용한 다양한 체험 등을 통해 목재에 대한 이해도를 높이는 데 그 목적이 있다. 또 글로벌 환경의 관심사인 목재를 통한 지구온난화 방지에 기여하는 역할도 기대하고 있다. 목재자원 활용을 통해 탄소저감이라는 글로벌 기후변화 환경에 대응하는 세계적 협약 이행 역시 목재문화체험장의 주요 기능이다. 이를 위해 「목재의 지속가능한 이용에 관한 법률」이 2012년 제정되고 목재문화체험

삼척 피노키오 나라

장이 정부 예산으로 전국 각지에 조성되고 있다.

피노키오나라는 목재인형으로 유명한 피노키오라는 명칭을 통해 친환경 웰빙 자재인 목재와 친근하게 만날 기회를 제공한다. 참가할 수 있는 프로그램은 피노키오 필통 만들기, 핸들우드 트레이 만들기, 새집 만들기, 책꽂이 만들기 등이 있다. 목재체험장은 교육의 현장이자, 체험놀이의 현장이다. 피노키오나라를 찾아오는 관람객을 위해 목재체험장이 지닌 철학적 가치, 즉 산림청이 조성하고자 한 목적을 실현할 방안을 고심해야 할 것이다.

피노키오나라가 있는 심포리 일대는 한옥 건축용 목재에 적합한 소나무 목재의 생산과 공급지로도 유명하다. 국유림 측에서 심포리 일대 국유림 14.5ha를 '한옥 건축용 국산 목재 시범 생산지'로 지정하여 관리해왔다. 삼척시는 산림이 울창하여 우수한 목재가 성장하는 특성 외에도 목재와 관련한 흥미로운 스토리도 지니고 있다. 미로면 활기리 마을에서 준경묘로 올라가는 숲길은 2005년 산림청의 제6회 아름다운 숲 전국대회에서 '올해의 가장 아름다운 숲'으로 선정된 명품숲이다. 이 숲의 금강소나무에 얽힌 흥미로운 얘기를 들어보자.

> 삼척에는 경복궁 복원을 위한 황장목에 관한 이야기와 노래가 전해진다. 대원군 시절 경복궁을 복원하면서 필요한 많은 목재를 팔도에 배정하였다. 그 가운데 경복궁의 대들보로 쓸 만한 나무를 구하지 못해서 애를 태우다가 삼척의 사금산과 삼방산에서 이를 찾아내었다. 둘레는 6척 이상, 길이는 60척인 황장목이었다. 300여 명의 인부들을 동원하여 약 70리 길을 15일이 걸려서 삼척 덕산항까지 운반하여 배로 경복궁으로 실어갔다. 이 나무는 전국 최고의 나무로 경복궁의 대들보가 되었고, 사람들은 이 나무들을 경복궁 삼척목이라 하였다.[9]

국보 1호 숭례문의 대들보는 미로면 준경묘역의 금강송으로 만든 것이다. 인용문에서처럼 대원군 시절뿐만 아니라 현대에 들어와서도 중요문화재 복원에 삼척의 소나무를 활용하면서 그 위상을 입증한 바 있다. 2008년 국보 1호인 숭례문(남대문)이 화재로 소실된 뒤 복원할 때 준경묘 일대의 금강소나무(이하 금강송) 10그루를 활용했다. 10그루는 함께 벌목하면서 경복궁 정문인 광화문 복원에 사용했다. 준경묘 금강송은 이미 1961년 숭례문 중건 당시에도 사용된 바 있어 우리나라 최고의 목재라는 점에서 공인받은 지 오래다.

국보 1호 숭례문과 광화문 복원을 위해 삼척시 준경묘 일대의 금강송 20그루를 벌목할 때는 특별한 의례도 진행했다. 2008년 12월 10일, 국가유산청(당시 문화재청) 관계자와 전주이씨 준경묘·영경묘 봉향회 회원, 마을주민이 모여 금강소나무 반출에 대한 제례를 지냈다. 하늘

9 차장섭, 『고요한 아침의 땅 삼척』, 삼척시립박물관, 2015, 93쪽.

에 고하는 고유제를 비롯해 나무를 품어왔던 산신제를 봉행한 뒤에 1그루만 우선 벌채했으며, 나머지 19그루는 이듬해 3월까지 순차적으로 벌채했다. 벌채 지역도 준경묘나 영경묘의 봉분이 보이지 않는 곳을 대상으로 삼았다.

준경묘 일대의 금강송을 벌채할 때마다 지역주민과 전주이씨 종친회에서 강하게 반대하면서 지켜왔다. 준경묘는 조선 태조 이성계의 5대조 이양무 장군의 묘이자, 왕의 탄생을 예언하는 백우금관 설화를 지닌 장소라는 점에서 삼척지역의 주요 관광지로 자리하고 있다. 영경묘는 이양무 장군의 부인 묘다.

삼척에서 가져간 금강송은 2010년부터 3년간 복원 작업을 한 숭례문, 그리고 그와 비슷한 시기에 복원 작업을 한 광화문의 재료로 활용되었다. 대들보와 창방(기둥과 기둥 위에 가로질러 화반이나 공포 따위를 받치는 나무) 및 추녀 등에 삼척의 금강송이 들어갔다.

소나무의 제왕으로 일컫는 금강송은 심재부(나무의 속)가 붉어서 황장목으로도 불린다. 그렇다고 모든 황장목이 금강송은 아니다. 그건 황장목 중에서도 금강송의 가치를 최고로 친다는 의미다. 금강송은 금강산에서부터 강원도 양양·강릉·동해·삼척을 비롯해 경북 울진·봉화·영양지역에 주로 서식하는데, 그중에서도 삼척의 금강송 군락이 으뜸이다. 금강송은 나이테가 조밀한데다 송진 함유량이 많아서 갈라지거나 썩지 않는 재질로 문화재 복원용으로는 최상의 품질로 정평이 났다. 황장목은 예부터 임금의 관이나 왕궁을 짓는 전용 나무로 활용될 정도였다. 태백산 일대의 금강송은 '춘양목(春陽木)'이라는 별칭으로 불리기도 한다.

또 다른 삼척의 나무 스토리로는 충북 보은의 정이품송과 결혼한 삼척의 미인송을 꼽을 수 있다. 보은군의 정이품송은 조선 시대 왕(세조)으로부터 벼슬을 하사받은 스토리 외에도 당당한 나무의 풍채로 한국을 대표하는 소나무로 일컬어져 왔다. 수령 600년이 지나 기력을 잃어가자 산림청에서는 혈통 보존을 위해 준경묘역의 소나무를 찾아 혼례를 치렀다. 나무 혼인식을 위해 전국의 우수 소나무 425개체를 대상으로 접목증식·산지시험 등의 실험이 있었는데, 준경묘의 소나무가 가장 우수한 품질로 인정받았다. 준경묘역의 금강송이 정이품송 후계자 물색 과정에서 산림청으로부터 우리나라에서 가장 유전자가 좋고, 가장 아름다운 소나무임을 공인받은 것이다.

준경묘 미인송

미로면 준경묘 일대는 형질이 우수한 소나무가 많이 자라고 있다. 천연기념물 정이품송과 혼인한 '부인 소나무' 이야기는 이러한 품질을 증거하는 사례다. 미인송은 '백두산에서 자생하고 있는 소나무'를 이르는 말이었으나, 소나무 혼례식 이후부터는 준경묘의 부인 소나무도 미인송으로 불리고 있다.

산림청 임업연구원은 한국을 대표하는 소나무의 혈통보존을 위해 10여 년의 연구와 엄격한 심사를 통해 우리나라에서 가장 형질이 우수하고 아름다운 소나무를 찾았는데, 이 소나무가 선발되었다.

나이 95세, 키 32m, 가슴높이 둘레 2.1m인 이 소나무는 충북 보은군 내속리산 상판리에 있는 천연기념물 103호 정이품송을 신랑으로 맞아 2001년 5월 8일 산림청장이 주례를 맡고 보은군수가 신랑(신랑역: 삼산초등학교 6학년 이상훈) 혼주, 삼척시장이 신부(신부역: 삼척초등학교 6학년 노신영) 혼주로 참석하여 이곳 준경묘역에서 많은 하객을 모시고 세계 최초의 '소나무 전통혼례식'을 가짐으로써 한국 기네스북에 올랐으며, 이 행사를 계기로 삼척시와 보은군은 사돈관계의 인연을 맺게 되었다(정이품송 혼례소나무 안내판).

정이품송이 있는 보은군의 군수와 부인 소나무로 선발된 삼척시의 시장이 혼주로 나서서 세계 최초의 소나무 전통 결혼식이라는 이벤트를 열었으며, '정이품송 혈통보존 혼례식'이라는 현수막도 걸어놓았다. 소나무의 교접은 암수 소나무의 화분을 채취하는 것이 일반적인데, 정이품송과 부인 소나무는 호화로운 결혼식 잔치까지 했다. 정이품송의 가치와 준경묘의 부인 소나무가 지닌 품종의 가치 때문일 것이다. 두 소나무의 혼례 이야기는 한국 기네스북에까지 오를 정도로 세상의 시선을 끌었다.

주례와 혼주 측의 인사말에 이어 많은 하객의 주시 속에 합방례가 이어졌다. 합방례는 나무를 잘 타는 인부의 도움으로 진행되었다. 정이품송의 송화가루가 담긴 함을 바지춤에 찔러 넣은 인부가 30미터가 넘는 미끈한 미인송을 탈 때는 모두 숨을 죽였다. 오르기를 계속했던 인부는 암꽃이 달린 가지에서 멈추었다. 그리고 한국 제일의 미인 소나무 암꽃 머리 위에 조심스럽게 정이품송 꽃가루를 붓끝으로 묻혔다. 하객들의 박수가 터져 나왔다.[10]

정이품송의 수술 화분을 부인 소나무의 암술에 묻힌 교접 후에 다른 나무의 꽃가루가 범접할 수 없도록 비닐포장지로 봉했다. 소나무

10 차장섭, 『고요한 아침의 땅 삼척』, 삼척시립박물관, 2015, 94-95쪽.

결혼식을 통해 58그루의 자손목이 탄생했다. 엽록체 DNA 혈통검사를 통해 34그루가 자손목으로 인정받고 수원 국립산림과학원 혈통보존원에서 성장하고 있다. 이 교접을 통해 탄생한 자손목은 2009년 10개 공공장소에 정이품송 장자목 분양이 이뤄졌다. 당시 서울 올림픽공원, 국회의사당, 남산야외식물원 팔도소나무숲, 독립기념관, 충주 국립산림품종관리센터, 5.18국립묘지, 강원도산림개발연구원, 경남산림환경연구원, 제주한림공원, 화천군청 등에서 분양을 받았다. 또 혼례 10년 후인 2011년에는 국립고궁박물관에도 분양됐다.

정이품송과 삼척 미인송의 자손목을 피노키오나라에서도 분양받아 식재하면 좋겠다. 피노키오나라 마당에 자손목을 심는다면 스토리가 더 풍부해질 것이다. 피노키오나라의 목재체험장과 삼척의 나무 스토리가 결합할 때 관광객의 감동은 더 커지는 법이다.

도계읍의 유리나라와 피노키오나라는 유리와 목재라는 이질적 재료가 하나의 테마파크 안에 묶여 있다. 유리와 목재의 컬래버(collaboration)는 유리구두와 피노키오라는 동화적 요소와 만날 때 동심의 테마파크가 될 것이다. 유리와 목재의 컬래버는 도계의 지역적 정체

유리나라의 '유리구두'

성에서 생성된 것이다. 목재는 탄광 개발을 위해 필수 요소였으며, 유리는 석탄산업의 부산물로 만들어졌다는 점에서 교집합을 지니고 있다.

또 두 재료를 활용한 테마파크 추진 배경에는 석탄산업 사양길에 따른 대체산업의 모색 전략이 있었다. 석탄폐석을 활용한 신소재 개발에 나서서 유리가공까지 이어진 활동은 가치 있는 움직임이다. 석탄폐석이 많이 발생하는 도계의 산등성이 곳곳에 폐석장이 위치하고 있다. 이를 활용해 유리를 가공하려는 초기의 시도는 좋았다. 석탄폐석의 유리 재료가 질이 떨어진다 하여 지금은 다른 재료로 유리를 만들고 있지만, 그 출발은 폐석 활용에 있었다. 유리로 산업 기반을 마련하기 위해 유리마을을 운영하면서 지역의 유리공방 창업을 이끈 점은 일정 부분 성공으로 보아야 한다.

지역의 탄광 생산물인 폐석을 독창적으로 활용한 유리 제품을 제조하고, 유리공예 체험 프로그램을 운영한 활동은 높이 평가해야 한다. 탄광 폐석으로 가공한 유리라든가, 유리가 공예품으로 변하는 과정은 신데렐라 동화와도 닮았다. 부엌데기가 유리구두를 신으면서 아름답게 변신하는 신데렐라 동화와 일치하는 것이다. 삼척시 도계읍의 장소 변화상은 아직도 진행 중이다.

제9장
노벨문학상 작가의 『검은 사슴』으로 재조명한 태백시

1. 황곡시와 태백시의 일치점

한강의 『검은 사슴』은 검고 어두운 분위기 속에서도 애잔한 여인에게 마음을 주는 따뜻한 시선으로 가득하다. 더 중요하게 읽어야 할 것은 『검은 사슴』이 한국의 첫 노벨문학상 수상 작가의 첫 장편소설이라는 점이다. '첫', '처음'이라는 말은 늘 아름답지 않은가. 가상적 도시로 내세운 황곡시의 모델이 태백시라는 점에서 태백 역시 노벨문학상의 축복을 받은 것과 같다.

소설의 플롯은 심플하다. 여주인공 인영(잡지사 취재기자)과 그의 남자 후배 명윤(작가, 의선의 연인)이 종적을 감춘 의선을 쫓아 탄광촌 황곡시에 와서 옛날의 흔적을 되돌아보는 이야기다. 의선은 서울에서 인영과 같은 건물에서 직장 생활을 하다가 세상을 벗어던지고 방황하는 사이에 명윤의 연인이 된다. 황곡에 와서는 탄광 사진작가 장종욱의 안내를 받는데, 장은 의선의 아버지로 짐작되는 임영석의 도움으로 갱내에서 사진을 촬영할 기회를 얻는다.

등장인물들은 모두 상실의 경험을 통해 서로를 이해하고 위로하는 관계를 맺고 있다. 인영은 배 사고로 언니를 잃은 아픔이 있고, 명윤의 여동생 명아는 가출하여 유흥가를 떠돈다. 상실과 고통의 과거를 지닌 이들이 엄마를 잃은 의선의 고통을 동병상련으로 느끼는 것이다. 장종욱의 장인은 진폐증을 앓다가 진폐병동에서 죽는데, 그의 아내는 가출한다. 임영석의 동료 정 씨는 갱도에 함께 갇혔다가 죽고, 어린 아들 하나를 둔 정 씨의 부인은 미쳐버린다. 탄광에서 낙반사고로 남편을 잃고 정신줄을 놓은 여자는 "멀쩡할 때는 서너 달 도라지꽃처럼 곱고 고요하다가도, 어느 날이면 갑작스럽게 댓돌 위를 데굴데굴 뒹굴며 까닭 없는 마른 목울음을 울어대"(204)[1]고 있다. 그런 여자를 동거녀로 맞은 임 씨는 죽은 동료 광부를 품는 마음으로 받아들였을 것이다. 그사이에 딸이 태어나기도 했으나, 그녀는 어린 남매를 놓아두고 집을 나간다. 임 씨는 그녀를 찾겠다고 집을 떠나곤 했으니 온통 상실투성이다.

상처 입은 사람들로 가득한 이야기는 약자에게 애정의 시선을 둔 주인공 명윤의 시선이자, 작가 한강의 시선이기도 하다. 그동안 한국의 산업사에서 소외되고 버려진 광부들의 자화상이자, 탄광촌 황곡시를 구성하는 사람들의 아픔이기도 하다. 그 아픔을 임 씨와 의선을 통해 드러낸 것이다. 인영은 의선에게서 "늙고 상처받고 가난했던 날들이 한꺼번에 생각"(265)난다고 고백하고 있다. "눈물이라기보다 응축된 말이 흘러나온 것 같은 여자의 뺨"(68)을 지닌 의선은 우리의 내면이 지닌 고통이자, 우리 사회의 약자가 지닌 고통을 환기하는 존재다. 알몸으로 서울 시내를 활보할 정도로 정신줄을 놓고 사는 의선이지만, 그녀를 "어린아이와도 같이 무력했고 섬약했고 불가해했고, 무엇보다 선했다"(137)라고 정의한다. 인영과 명윤이 의선을 품으면서 그녀의

1 인용 쪽수는 초판본(한강, 『검은 사슴』, 문학동네, 1998)을 기준으로 삼는다.

고향을 찾아 떠나는 힘은 동병상련의 마음이자 레비나스의 타자윤리학에 닿아 있다.

또한, 사라진 의선은 사라져가는 광부들의 생애, 시대가 잊은 산업전사의 노고다. 인영과 명윤이 사라진 의선을 찾아 황곡으로 떠나는 여정, 의선과 함께하던 기억을 더듬는 인영과 명윤의 시간들은 탄광촌과 광부들에게 보내는 헌사의 길이다. 인영의 목소리로 "수천 미터 지하에서는 휴일 근무를 맡은 광부들이 광차를 밀고 있었을 것이다. 그 까마득한 땅속의 깊이와 고통을 생각하며 나는 몸을 떨었었다"(332)라는 진술은 작가가 광부들에게 보내는 직접적 헌사다.

"젊은 여자의 젖가슴살 같은 해풍"(9-10)이라든가, "얼굴이 오래된 귤껍질같이 오그라들기 시작했다. (중략) 마침내 들쥐 새끼만 한 크기로 쪼그라든 나는 은박지처럼 구겨진 가슴을 움켜쥐며 여전히 흐느끼고 있었다"(11)라는 구절에서는 아름다운 문체를 엿보기도 하는데, 그보다 더 아름다운 것은 연민의 시선들이다. 마치 인영이 거리를 배회하는 의선을 애틋하게 품어주듯, 작가는 약자를 보듬어주고 있다. 의선의 고통을 통해 자신의 상처를 들여다보며, 이들의 관계는 결국 사회적 약자들에 대한 작가의 시선, 즉 '연민의 시선'으로 발전한다. 우리 사회의 낮은 자, 우리 사회가 잊은 자들에게 연민의 시선을 보내는 것이다. 이러한 연민은 단순한 감정적 반응을 넘어서, 광부와 그 가족들이 겪었던 고통과 사회적 억압에 대한 깊은 통찰을 바탕으로 한다. 의선을 찾아 황곡으로 나선 길은, 우리 시대가 산업전사라고 부르다가 잊어버린 광부를 찾아나서는 길이다. 서울 한복판에서 벌거벗고 길을 걷는 의선은 벌거벗은 생명으로 나타난 광부와 그 가족의 실체이기도 하다. "그의 얼굴에서 내가 읽은 것은 환멸이라기보다는 견고한 외로움이었다"(187)라는 진술은 광부와 탄광촌 주민의 막막한 삶을 가장 잘 표현하는 대목이다. 작가는 "견고한 외로움"을 향해 소설을 바친 것이다.

황곡시가 태백시를 모델로 하고 있다는 핵심 증거는 ▲해발 600미터, ▲도시 이름과 같은 산 이름 태백산, ▲두 개의 읍으로 시를 형성한 탄광도시, ▲태백석탄박물관, ▲추전역, ▲대발촌, ▲석탄산업합리화, ▲탄광 이름과 같은 중학교 함태 등을 꼽을 수 있다.

> 인영의 말대로, 산들이 바람을 막아주어서인지 춥다기보다는 그럭저럭 푸근한 느낌이었다. 봉우리가 지척까지 다가와 솟아오른 산들의 비현실적인 크기만이 이곳이 해발 육백 미터 이상의 고지대라는 것을 실감시켜주고 있을 뿐이었다(112).

태백시는 소설에 밝힌 것처럼 "해발 육백 미터 이상의 고지대"에 위치한 도시다. "대덕산, 함백산, 태백산, 삼방산, 백병산 등으로 둘러싸인 해발 고도 650m인 산간 분지"[2]로 구성된 태백시는 우리나라 탄광촌 중에서 해발고도가 가장 높은 도시다. 황곡시에 와서 "시가지의 우뚝 솟은 황곡산을 보았다"(189)고 했는데, 도시 이름과 도시의 산 이름이 같은 것도 태백시의 현실과 일치한다. 태백시의 행정명 역시 태백산과 이름이 같다.

"강원도 일대에 탄광촌이 황곡밖에 없는 건 아니고"(16)에 드러나듯, 강원도라는 실제 지명을 통해 황곡시가 강원도에 속한다는 것을 명시하고 있다. 강원도의 탄광촌으로는 태백 · 삼척 · 정선 · 영월 · 강릉(옛 명주군)이 있다. 또, "마지막 남은 국영 탄광의 병방 막장"(96)에 대해서도 언급하는데, 여기서의 국영 탄광은 대한석탄공사를 의미한다. 소설 배경인 1996년을 전후하여 강원도에 존재하는 대한석탄공사 산하 광업소로는 태백시의 장성광업소(2024년 폐광)와 삼척시의 도계광

---

2 『태백시지』, 태백시, 1998, 190쪽.

업소(2025년 폐광)뿐이다. 그 이전에 강원도 내에 존재하던 석탄공사로는 영월군의 영월광업소(1990년 폐광), 정선군의 함백광업소(1993년 폐광)가 있었다.

> 인영은 명윤에게 이 도시가 원래는 탄광이 밀집된 두 개의 읍으로 이루어져 있었다고 설명해주었다. 인접한 두 읍의 인구가 합하여 십이만에 달하자 전격적으로 통합되면서 시로 승격되었다는 것이다(112).

> 두 개의 읍을 합쳐 만든 시라더니 두 구읍 사이의 공간은 허허벌판이었다. 시청은 구 황성읍 쪽에, 교육청은 구 천강읍 쪽에 세워져 있는 것이다.
>
> 구 천강읍의 시가지는 황성 쪽에 비해 후락했다. 완행버스를 타고 우연히 지나치는 빈한한 면소재지 같았다. 게딱지 같은 집들의 모습도 옛 탄광촌의 모습 그대로였다. 주점이며 식당들이 대로변에 즐비했는데, 대부분 간판에 먼지가 끼고 유리가 떨어져나간 빈 점포들이었다.
>
> 여기가 원래는 굉장한 거리였단다. 월급날이면 어깨가 인파에 부딪혀서 걷기도 힘들었다고 해. 황곡시로 승격되기 전부터 이 거리에는 경찰서가 두 군데 있었대. 지금은 물론 하나뿐이지만, 한 지역단위에 경찰서가 둘 있다는 건 유례없는 일이지. 이 지역에 얼마나 우발 범죄가 많았는지 알 수 있어.
>
> 교육청은 외벽을 칠하지 않은 콘크리트 단층 건물이었다. 황성 쪽의 시청보다 규모가 작을뿐더러, 차 한 대가 간신히 다닐 만한 외진 소로변에 위치하고 있었다(225).

석탄산업이 호황을 이루던 1981년, 삼척군 장성읍과 황지읍을 묶어 태백시로 승격했다. 이로부터 태백은 탄광촌이 아니라 탄광도시라는 명성을 얻는다. 석탄산업이라는 단일산업으로 시(市) 직제를 형성한 것은 우리나라에서도 유례를 찾아볼 수 없다. 태백시는 장성읍과 황지읍 두 개 읍으로 이루어진 도시다. 1981년 태백시로 승격하기 전에는 삼척군 장성읍과 황지읍에 소속되어 있었다. 태백시 두 개의 읍 모두 탄광으로 밀집한 현실은 소설 속 황곡시와 일치한다. 소설에서 '황곡시'라고 표기한 것처럼, 강원도 탄광촌 중에서 '군' 단위가 아닌 곳은 태백시가 유일했다. 1995년 이전까지 도계읍은 삼척시가 아니라 '삼척군'의 수도읍이었다.

"두 읍의 인구가 합하여 십이만에 달하자 전격적으로 통합"한 문장은 황곡시가 가상의 도시가 아니라, 태백시를 핵심 모델로 삼고 있다는 것을 가장 명징하게 보여준다. 1981년 장성읍과 황지읍이 통합하여 태백시로 승격되던 때의 인구는 11만 4천 명이며, 유동인구를 포함하면 12만 명이라고 얘기하곤 했다. "두 읍의 인구가 합하여 십이만"이라는 소설의 내용과 일치하는 것이다.

또한 "두 개의 읍을 합쳐 만든 시라더니 두 구읍 사이의 공간은 허허벌판이었다. 시청은 구 황성읍 쪽에, 교육청은 구 천강읍 쪽에 세워져 있는" 지리적 묘사도 태백시의 실정과 일치한다. 황성읍은 황지읍을, 천강읍은 장성읍을 지칭하는데, "천강읍의 시가지는 황성 쪽에 비해 후락"한 현실도 황지에 비해 장성이 낙후된 현실과 같다. 또, 태백시의 시청이 황지읍에 들어서고, 교육청은 장성읍에 세워진 기관의 위치도 소설과 같고, 두 읍 사이의 "공간은 허허벌판"인 실정도 일치한다. 국도에서 교육청으로 들어가는 길이 소로라는 디테일까지 일치한다. 게다가 "한 지역단위에 경찰서가 둘 있다는 건 유례없는 일"인데, 이마저 일치한다. 삼척군 시절에 삼척읍과 태백의 장성읍에 각각 경찰서가 있었다. 소설에서는 우발범죄가 많다는 것으로 설명하고 있는데, 내면을 들여다보면 석탄증산을 위해 광부를 억압하여 노동력을 갈취하는 현실과 잦은 탄광사고와 깊은 관련이 있다.

열차가 정차하기 위해 황곡역의 승강장을 서행하는 동안 명윤은 시내버스의 천장들을 보았다. 철로변의 널찍한 폐차장에는 구겨진 승용차들과 그 차들에서 떼어낸 문짝들, 바람 빠진 폐타이어들이 즐비했다. (중략)

폐차장 옆으로는 저탄장이 보였다. 탄가루가 야산을 이룬 저탄장 주변에는 그 검은 산의 키를 훌쩍 넘은 그물이 장방형으로 둘러쳐져 있었다.

탄가루가 날리는 것을 과연 저 그물이 막을 수 있을까(106).

황곡역 주변의 풍경도 태백역 주변의 풍경과 일치한다. 추전역에서 태백역으로 기차가 진입하기 직전인 화전동 41-1에는 폐차장이 있다. 폐차장 인근에는 화전 저탄장이 있었으며, 화전지역에는 연탄공장도 있었다. 연탄공장이 있는 곳은 어디나 저탄장을 두고 있다. 연탄공장의 저탄장 외에도 태백역 근처에는 절골 방향에 대형 역두 저탄장도 있었다. 태백역이든, 추전역이든 탄광촌의 기차역은 모두 역두 저탄장을 지니고 있었다.

황곡시에서 시립공원 부지에 광산 박물관을 짓고 있다는 정보를 강원도 출신 동료로부터 얻은 것은 그때였다. 평생 탄광 사진을 찍어온 무명 사진작가가 광산 박물관 건설 현장을 찾아가는 줄거리와 함께, 자신들의 지난날이 박물관에 전시된다는 것에 긍지를 갖는 광부들의 모습을 함께 넣으면 이야기가 될 것이라는 강변에 이르러서야 부장은 내키지 않는 얼굴로 오케이했다. (중략) 탄광 박물관의 교육적인 효용이나 사진작가의 진취적인 면에 초점을 맞출 것이며, 석탄산업의 사양과 함께 저물어가는 도시가 아니라 관광산업으로 활기차게 소생하는 도시의 모습을 담아와야 한다고 부장은 거듭 당부했다(19).

인영은 시청에 먼저 들러 황곡시의 지도를 구하자고 했다. (중략) 지도만 얻는 줄 알았더니 인영은 석탄 박물관을 담당하는 부서를 찾았다(115-116).

박물관 부지 쪽으로 올라가려면 국립공원 매표소를 지나야 했다. 매표소가 나타나기 직전에 나는 식당 간판을 발견했다(184).

나는 장에게 석탄 박물관의 전시를 설명했다. 일층에는 광부들의 실물 크기 인형과 작업복, 안전등, 안전모 등의 물품들을 진열하며, 슬라이드 상영실이 있는 이층에는 각종 인쇄물, 사진 자료들이 전시된다. 지하 일층은 모의 체험관으로, 막장에 들어간 것 같은 착각을 일으키는 시뮬레이션 공간으로 꾸며진다. 막장을 다 통과할 무렵 우르르 막장이 무너지는 착각을 일으키도록 프로그램이 기획되어 있다(186).

소설에서는 '광산 박물관', '탄광 박물관', '석탄 박물관'이라는 용어를 혼용하여 기술하고 있는데, 태백시에는 '석탄박물관'이 건립되어 있다. 강원도 지역 탄광촌에서도 석탄박물관이 건립된 곳은 태백시가 유일하다. 우리나라에는 태백석탄박물관을 비롯하여 총 3개의 석탄박물관이 있는데, 경북 문경과 충남 보령에 각각 건립되어 있다.

소설에 등장하는 석탄박물관 내용은 작품의 시대적 배경을 구체적으로 드러낼 수 있는 단서다. "황곡은 옛날의 번영하던 탄광도시가 아니었다. 정부의 폐광 조치로 이미 반 이상의 인구가 떠나버린 도시였다"(25)라는 기술을 기준 삼으면 주인공은 1998년 전후하여 태백시를 찾았다는 것을 알 수 있다.[3] 12만 인구에서 절반 이상 감소하는 때가 1998년이기 때문이다. 그런데 "붉은 철골을 드러낸 석탄박물관의 모습"(186)에서처럼 건립 중인 석탄박물관을 기준 삼으면 1996년 전

3 태백시 인구 및 탄광노동자 수 변화

연도	1981	1987	1988	1989	1990	1995	1998
인구	114,095	120,208	115,175	105,858	89,770	64,877	59,930
탄광노동자 수	17,812	17,907	15,441	13,362	11,367	3,991	2,962

후로 볼 수 있다. 태백석탄박물관은 1994년 착공하여 1997년 5월에 개관했으니 말이다. 흥미로운 점은 소설이 출간된 당시의 태백산은 도립공원인데, 작가는 국립공원이라고 기록했다는 점이다. 작가에겐 세상을 내다보는 예지력이 있었던 것일까? 한강이 노벨상을 수상하면서 1980년의 계엄령을 다룬 『소년이 온다』라는 작품이 회자되던 그 무렵 2024년 12월, 한국에서 계엄령이 다시 선포된 것처럼 말이다. 태백산은 소설처럼 2016년에 국립공원으로 승격되었다.

"아버지가 광부였다고도 했어요. 탄광 이름하고 비슷한 중학교에 다녔다는 얘기도 했는데, 함덕, 함동, 함진 … 아무튼 그 비슷한 이름이었어요."(16)

임영석이라는 평범한 이름 세 글자와, 명윤의 기억에 남아 있다는 함모(某)라는 탄광과 그 비슷한 이름의 중학교라는 허술한 정보만으로 누군가를 찾아낸다는 것이 가능할까(25).

'함'으로 시작되는 탄광에 대하여 물어보아도 좋으리라(117).

돌아오는 길에 승용차는 다시 함인탄광을 지났다.
"한창때는 저 둑길로 광원들이 끝도 없이 늘어서서 사갱으로 들어갔소. 그렇게 걸어서 지하 팔백 미터 갱도까지 가는 거요."(186)

황곡 시내에서 일박한 뒤 월요일 아침에 함동중학교를 찾았다. 함동중학교는 폐교를 면했지만 학급수가 대폭 줄어, 꼭대기층인 삼층의 교실들은 특별활동반을 위하여만 쓰이고 있었다(224).

소설 속 명칭은 태백에 실존하는 지명이나 광업소명과 유사하다. "장석광업소"(193)와 유사한 이름으로는 장성광업소가 있고, "화산초등학교의 운동장 가운데 우두커니 서 있는 동안, 그리고 결정적으로 화산리 폐사택촌에서, 자신이 살았던 사택의 뼈대만 남은 구조물"(218)에 등장하는 것과 비슷한 이름으로 화전초등학교와 화전리 폐사택촌이 있다. 작가가 태백의 장소들을 취재하면서 얻은 명칭들을 최대한 살리려고 애쓴 흔적을 엿볼 수 있다. '함인'이나 '함동' 역시 태백시의 함태탄광, 함태초등학교를 연상케 한다.

태백에서 '함'으로 시작하는 탄광에는 함태탄광이 있고, 비슷한 발음으로는 '한보탄광'도 있다. 탄광과 같은 이름의 중학교명을 쓰는 곳은 함태중학교가 있다. 함태광업소는 태백시 소도동에 있으면서도 지역명을 사용하지 않는다. 오히려 함태광업소의 영향을 받아 초등학교와 중학교가 탄광의 이름을 이어받아 '함태'를 사용하는 것이다. 정선군 신동읍 조동리에 소재한 함백광업소 역시 지리명보다 광업소 명칭의 영향이 더 크다. 함백역, 함백중학교, 함백공업고등학교 등은 함백광업소 명칭의 위력에서 나온 것이다. 태백시 관내에서는 함태광업소-함태중학교가 유일하므로 "함 모(某)라는 탄광과 그 비슷한 이름의 중학교"는 함태를 모델로 한 것이다.

함태탄광은 태백시청과 석탄박물관의 중간 지점에 위치하고 있으니, 황곡시의 함인탄광과 지리적으로 유사하다. 현재 함태탄광 부지는 탄광문화체험공원으로 운영되고 있어 흔적을 살필 수 있다.

> "합리화 조치 발표되고, 광업소들이 문 닫을 때 반발이 대단했었다지요?"
>
> 장이 사진에 대한 직접적인 이야기를 꺼리는 것을 알고 있었으므로 나는 황곡과 광업소에 대한 이야기로부터 우회해 들어가기로 하였다.
>
> "그때 그분들 다 어디로 가셨나요?"

격렬한 데모 끝에 결국 떠날 수밖에 없었던 대부분의 사람들은 전국 곳곳으로 흩어졌는데, 그중에서도 안산 근처에 많이 모여 산다고 했다. 개중에는 막노동을 하는 사람도 있고 슈퍼나 식당을 차린 사람들도 있다고 했다. 그들이 만든 친목회도 있다고 했다(180).

태백시의 많은 탄광 중에서도 함태탄광이 폐광할 때 가장 요란했다. 합리화로 인한 폐광을 위해서는 태백시장의 허가가 필요했는데, 시민은 폐광을 반대하고 광부들은 폐광을 원했다. 양쪽이 서로 다른 목소리를 내면서 시위하던 터였다. 급기야 함태광업소 광부들은 시장실로 몰려가 폐광에 사인해달라고 농성을 벌였다. 1993년 함태광업소가 폐광되고 나서도 30년간 내내 태백시민은 다시 개광해달라고 해마다 성명서를 냈을 정도였다.

위에 인용한 것처럼 석탄합리화 이후 태백사람 중에서 많은 이들이 공단이 있는 안산으로 이주했다. 그리고 그곳에서 "그들이 만든 친목회"에 해당하는 함우회니 강우회니 하는 모임을 만들었다. 나는 『탄광촌 풍속 이야기』에서 친목회에 관한 글을 쓴 적이 있는데, 아래 이어서 쓴다.

태백탄광촌 주민은 경기도 안산지역으로 대거 이주하면서 태백사람 7만여 명이 안산에 거주한다는 말까지 나돌았다. 1987년 12만 명이던 태백시 인구가 2009년 기준 5만 명에 불과하니, 빠져나간 인구 7만 명이 안산에 산다는 뜻이다. 탄광촌에서 맺은 인연은 안산 같은 다른 대도시로 이주하고 나서도 이어졌다. 소도지역의 함태탄광이 인연이 된 '함우회'라든가 동점지역의 강원탄광이 인연이 된 '강우회'는 탄광촌의 인정이 만든 모임들이다. 광부들은 퇴직 후에도 다니던 광업소 이름을 딴 친목회까지 만들 만큼 탄광에 대한 애정을 지니고 있다. 떠나서도 결코 탄광촌을 잊지 못하는 것은 인생의 막장에 선 자

신을 구원해준 곳이며, 희망을 일구던 공간이었기 때문이다.[4]

> "아까 우리가 봤던 곳이 나왔어. 함인 탄광에서 광원들에게 우유급식을 한다는 기사야. 탄광 이익금으로 젖소농장을 만들었는데, 거기서 나오는 우유를 무상으로 광원들에게 준다는 거지. '새벽 우유 한 잔 뒤 갱속으로' 이게 사진 캡션이군."
>
> 명윤은 그 색 바랜 신문 스크랩 속의 흑백 사진을 보았다. 얼룩무늬 젖소들의 사진이 왼쪽에, 고개를 젖히고 우유를 마시는 광부 세 명의 모습이 오른쪽에 나란히 실려 있었다(274).

함인탄광을 함태탄광으로 보는 또 다른 이유는 위에서 소개한 목장 운영과 일치하기 때문이다. 함태탄광은 함태목장을 운영하고 있었다. 함태목장에서 나온 우유를 출근하는 광부들에게 한 컵씩 제공했다. 또 함태목장에서 키운 닭이 낳은 달걀도 광부들에게 지급했다. 함태탄광은 명절에는 광부들에게 살아있는 닭 한 마리씩 지급하기도 했다. 태백지역에서 목장을 자체적으로 큰 규모로 운영한 광업소로는 함태광업소 외에도 화전-추전지역에 있는 태영광업소와 어룡광업소를 꼽을 수 있다.

> 의선이 그곳에 갔다는 증거는 어디에도 없었다. 나와 명윤이 황곡을 뒤지고 있는 동안 의선은 서울의 어느 변두리 시가지를 떠돌고 있을 수도 있었다. 더군다나 황곡은 옛날의 번영하던 탄광도시가 아니었다. 정부의 폐광 조치로 이미 반 이상의 인구가 떠나버린 도시였다(25).
>
> "당신 같으면, 죽을 만큼 부려먹다가 필요없게 되었으니 아무런 대책

4 정연수, 『탄광촌 풍속 이야기』, 북코리아, 2010, 172쪽.

없이 쫓아내버린다면 어떻겠소."

"이 나라 하는 일이 원래 다 그 꼴 아닙니까. 어쨌든 멀리 보면 잘된 거라는 얘기죠. 인력 수요가 없으니 더 이상 사람들이 그 구덩이 속으로 뛰어들지 않을 거 아닙니까."

죽음 속으로, 라고 명윤은 들릴 듯 말 듯한 목소리로 덧붙였다(181).

"정부의 폐광 조치"는 1989년 시행한 석탄산업합리화 정책을 의미한다. 태백시 인구는 1987년 12만 208명이었는데, 석탄합리화 시행 10년 만인 1998년에는 5만 9,930명으로 절반 이상이 줄어들었다. 대체산업을 마련하지도 않고 예고도 없이 갑작스럽게 시행한 합리화 정책 때문에 광부들은 준비도 없이 실직자가 되고 말았다. "죽을 만큼 부려먹다가 필요없게 되었으니 아무런 대책 없이 쫓아내버린" 합리화를 두고 탄광촌 주민은 오래도록 분노했다. 태백의 12.12투쟁, 정선의 3.3투쟁, 삼척 도계의 10.10투쟁 등 생존권찾기 대정부 투쟁은 합리화 이후 생긴 주민운동이었다. 탄광촌을 떠나는 광부의 뒷모습을 두고 "인생을 쥐어짜서 국물을 우려내고 난 퍽퍽한 고깃점처럼 사내의 발걸음에는 풀기가 없었다"(104)라고 한 것 역시 자의적으로 떠나는 걸음이 아니었기 때문이다.

나이트클럽을 나왔을 때만 해도 새벽 한시를 조금 넘은 시각이었다. 그때 장은 무슨 생각에서인지 그들을 창녀촌으로 안내했다. 미아리나 청량리같이 불빛이 화려하지 않은, 좁고 스산한 단층집 골목이었다. 실내포장마차 같은 가건물의 여닫이문 안에 여자들이 앉아있었다. 간혹 정육점 조명을 한 곳도 있었고 아닌 곳도 있었다. 두셋씩 어울려 이야기를 나누고 있는 여자들도 있었다. 모두 합해야 스무 명 정도였다(142).

소설 속 '창녀촌'은 태백의 대밭촌에 해당한다. 태백시 황지동 중앙시장 옆 골목에는 '대밭촌' 혹은 '죽촌'으로도 불리는 집창촌이 있다. 태백 이외의 강원도 내 탄광촌에는 '창녀촌'이라는 이름을 얻을 정도의 규모가 형성되진 못했다. 태백·정선·영월·삼척 탄광촌 모두 합쳐보아도 태백의 대밭촌이 가장 유명한 집창촌이었다. 강원도 지역 내의 집창촌으로는 춘천시 근화동의 난초촌, 조양동의 개나리촌, 소양동의 장미촌, 원주시 학성동의 희매촌, 강릉시 교동(강릉역 앞)의 여인숙촌, 동해시 발한동의 부산가, 속초시 금호동의 금호실업이 있었다.

> 태백 '대밭촌'도 석탄산업 부흥과 함께 성장했다. 많은 근로자들이 태백과 정선에 모여들었고 벌목집, 수원집, 별집 등 16개 업소, 가게당 10여 명 이상의 종사자들이 성매매에 투입됐다. 당시 일했던 여성들만 200여 명으로 추산됐다. 당시 대밭촌 성매매 여성들은 하루 수백만 원의 수익을 얻었지만 일부 업주들이 숙식을 제공한다는 이유로 수익의 절반을 가져가 오히려 여성들의 빚이 늘어나는 상황이 비일비재했다고 주민들은 회상하고 있다. 태백 대밭촌 업소를 인수해 다른 업종으로 운영 중인 한 상인은 "처음 상가를 인수했을 때 방이 18개로 구성돼 있어 상당히 많은 수의 종사자가 있었던 것으로 기억한다"고 했다.
>
> 하지만 1990년대부터 성매매 집결지 철거 움직임이 일었고 춘천 개나리촌과 장미촌은 도시개발 사업과 맞물리면서 철거됐다. 태백 대밭촌 역시 석탄산업이 인기를 잃자 인구 급감의 타격을 입고 점차 규모가 축소되기 시작했다. 현재는 단 한 곳에서 종사자 한 명만 남아있는 상황이다(《강원도민일보》, 2021. 8. 6).

위의 기사는 대밭촌에 200명의 성매매 여성이 있었다고 기록하고 있다. 소설에서 "모두 합해야 스무 명 정도"라는 것은 창밖에 나와 앉아있는 여성의 숫자라 하겠다. 실제의 대밭촌에는 신문에서 증언하는 것처럼 16개 업소에 200명이 종사하는 대규모 집창촌이었다. 다른 지역은 개발 사업이나 기관의 철거 움직임 때문에 집창촌 규모가 축소되거나 사라졌다면, 태백의 대밭촌은 석탄합리화로 인한 광부의 감소로 축소된 영향이 더 컸다. 2000년대 들어 우리 사회는 '창녀촌-집창촌'의 명칭을 '성매매 집결지'라고 부르거나, '창녀'라는 호칭 대신에 '성매매 종사자'로 부르면서 성노동을 인정하는 듯한 용어가 등장한 것도 시대의 변화인 셈이다.

> 해발 850미터의 추전역을 지나며 나는 검은 고속도로를 보았다. 검은 눈으로 얼어붙은 길을 승용차와 승합차 몇이 서행하고 있었다. (중략) 영원히 끝나지 않는 고통 같은 긴 터널 속을 기차는 달렸다. (중략)
>
> 덜컹거리는 소리가 절정에 다다랐다고 생각했을 때, 아무리 나아가도 이 동굴은 끝날 수 없을 거라고 생각했을 때 터널은 갑자기 끝났다.
>
> 나는 손목시계를 확인했다. 터널 안에서만 십오 분을 달렸다. 큰 산맥을 넘어온 것이다(420-421).

추전역은 태백시에 실존하는 역이며, 우리나라에서 해발 기준 가장 높은 곳에 위치하고 있다. 소설에서 밝힌 것처럼 해발 855m에 위치하고 있다. 소설은 태백시를 황곡시로 대체하느라 태백선을 '황곡선'이라고 기록하고 있다. 그런데 추전역만큼은 소설 속에서 실제 명칭을 쓰고 있는데, 참으로 고마운 일이다. 추전역-고한역 구간 4,505m의 정암터널은 개통 당시에는 우리나라에서 가장 긴 터널로 주목받았다. 추전역에서 서북방 500m 지점부터 정암터널이 시작되는데, 터널을 빠져나가면 정선군 고한읍이다. 이후에 정암터널보다 더 긴 터널인 전북의 슬치터널, 충북의 황학터널, 태백-도계의 솔안터널, 경남 양산-부산의 금정터널, 서울-경기의 율현터널 등이 생겼다.

태백시에선 추전역만 실제 명칭을 쓰는데, 다른 도시에선 실제 지명을 쓰는 경우가 많다. 서울에서 태백으로 가는 기차역은 청량리역 뿐인데, 소설 역시 "청량리역"(13)을 출발하여 "원주역"(59)을 경유하여 황곡시로 이어진다. 황곡시까지 "네 시간 삼십 분"(14) 소요된다고 했는데, 1990년대 청량리에서 태백시까지 기차 소요시간과 일치한다.

'사북'이라는 실제 지명도 사용하고 있다. "사북에서 폐광 사택촌의 버려진 벽에 벽화 작업을 하고 있다는 제법 이름 있는 민중미술 화가"(18)라고 기록하는데, 실제 사북지역에서는 폐광 이후 도시재생 차원으로 벽화작업을 진행한 바 있다. 벽화작업을 한 화가로는 사북의 최승선이 있고, 사북의 탄광촌을 중심으로 그린 화가로는 서울의 오치균이 있다. 사북은 아니지만, 탄광촌의 민중 화가로 지명도를 얻은 화가로는 태백의 황재형도 있다. 사북광업소 광부들이 전개한 1980년 4월 사북항쟁을 통해 사북읍은 탄광촌의 전형으로 널리 알려진 장소이기도 하다.

소설 속 주인공을 황곡시에서 맞이하는 사람은 "『검은 땅의 사람들』이라는 표제와 얄팍한 탄광 사진집을 낸"(19) 장종욱이다. 실제 소설의 배경이 된 1990년대 태백에서도 탄광 사진집을 발간한 이들이 있는데, 류제원의 『막장 사람들』(1991, 태백문화원)과 윤주영의 『탄광촌 사람들』(1994, 사진예술사)이 그에 해당한다.

> 봄이 오면 연들을 태워요. 거기 흐르는 냇물 … 징검다리가 오십 개나 될 만큼 긴 냇물이라고 해서 오십천이라고 부르는데… 눈 쌓인 계곡에 떨어져 있던 연들이 얼음 풀리면서 오십천으로 떠내려와요. (중략) … 거기가 내 고향인 걸요(159-160).

> 황곡에서 월산으로 가는 마지막 버스는 실내 조명들을 끈 채 빠른 속력으로 국도를 달리고 있었다(220).

사북에서 벽화를 그리는 최승선 화가

사북의 동원탄좌 건물(최승선 화가가 그린 광부 얼굴)

"미인폭폰가, 미녀폭폰가 뭔가 관광지로 개발된다고 떠들더니 왜 여태 소식 감감이래? 그거 땜에 여태 안 떠나고 버틴 거 아니야?"(295)

"거기, 혹시, 오십천이라는 냇물이 있나요?"

"있지, 징검다리가 오십 개나 되는 긴 내라고 해서 오십천이라고 그래."(297)

세상의 모든 줄 끊어진 연들이 구름 위를 떠돌다가 마지막으로 내려앉는 골짜기가 자신의 고향이라고 의선은 말했었다. 자신이 밥풀을 발라 만든 연도 마찬가지라고 했다. 정월 대보름날 소원을 빌면서 끊어 날려 보낸 연들도 어느 날 아침이면 돌아와 오십천 바위틈에 걸려 있다는 것이었다(333).

월산읍은 가상의 지명이지만, 오십천과 미인폭포는 실제 지명이다. 태백시 통리와 삼척시 도계 사이에 있는 곳이 미인폭포다. 태백시 통리의 미인폭포는 오십천 최상류이며, 도계 읍내를 경유하여 삼척 바다로 이어진다. 삼척시의 주요 하천인 오십천은 "곡류가 심하여 동해로 흘러가기까지 50번가량 꺾여야 한다"[5]고 해서 붙은 이름이다. 『신증동국여지승람』은 "마흔일곱 번을 건너야 하므로 대충 헤아려 오십천"이라 했고, 『척주지』는 "하천이 오십 번을 굽이쳐 흐르기 때문에 오십천"이라고 불렀다. 소설 속 "징검다리가 오십 개"라는 유래는 작가의 재해석인 셈이다. 태백-삼척 구간 38번 국도가 오십천을 따라 이어지는데, "삼십팔번 국도가 겨울에는 죽음의 도로"(243)라고 불렸다. 강원도의 험한 산길을 반영한 것이다. 지방도는 424번에 하장-사북과 하장·미로·노곡·근덕, 427번에 도계·노곡·근덕, 416번에 도계·가

5 위키백과

곡 · 원덕이 있다.

주인공(명윤과 인영)은 황곡을 떠나 월산으로 향한다. 월산은 황곡시가 아닌 주변 도시이며, "황곡보다 작은 곳"(247)으로 설정되어 있다. 소설에서는 "월산의 위치는 황곡에서 동쪽으로 백여 킬로미터 떨어진 지점이었고, 등고선의 짙은 갈색으로 보아 황곡보다 지대가 높았다"(275)라고 기록하는데, 동쪽 바다 방향으로 100킬로미터에 있는 탄광촌이라면 옥계나 정동진을 꼽을 수 있다. 그런데 소설 속 주인공들이 움직이는 월산읍의 경로는 오십천, 미인폭포, 궁촌, 덕항산 주변이었다.

"지척으로 다가온 커다란 봉우리는 어둔리에서 보았던 덕항산의 측면"(310)이라고 했는데, 삼척시 신기면에는 덕항산이 실재한다. 의선의 아버지는 "덕항산 깊은 골 구석구석을 헤매어다니며"(368) 약초 줄기와 뿌리들을 캐고 있었다. "월산 탄광이나 황곡 광산에서 채굴 작업을 하던 광부들이 이따금씩 이 짐승과 마주치는데, 그때마다 이 짐승, 평생에 단 한 번만이라도 하늘을 보는 것이 소원인 이놈은 바깥으로 나가는 길을 가르쳐달라는 부탁을 한단다"(369)라는 구절에 드러나듯, 황곡시뿐만 아니라 월산읍에도 검은 사슴이 등장하는 탄광이 있다.

월산읍과 관련하여 언급된 실제 지명을 충족하는 공간으로는 삼척시 도계읍 · 원덕읍 · 근덕면 · 가곡면 · 노곡면 등이 가능하다. 소설에서는 월산읍으로 등장하지만, 노곡면 내에 월산리가 있다는 것도 흥미롭다. 삼척시 탄광촌의 중심지인 도계읍의 경우에는 태백시보다 지대가 낮지만, 경동상덕광업소는 해발 800m로 태백보다 높다. 탄광에 국한하고, 교통편이 불편한 소설의 상황에 초점을 맞추자면 월산읍이라는 가상 공간은 삼척시 가곡면도 가능하다. 월산 지역에 탄광촌이 형성되어 있고, 황곡(태백)보다 해발이 높다는 설정을 가곡면 풍곡리가 충족한다. 풍곡리에는 풍곡탄광, 삼방탄광, 덕풍탄광, 능보탄광, 대일

탄광, 삼영탄광 등이 운영되었다. 삼방탄광이 있던 삼방마을 일대의 해발은 700m로 태백시보다 높다. 풍곡리는 미인폭포와도 가깝고, 신기면의 덕항산으로 약초를 캐러 가는 것도 가능하며, 궁촌과도 그리 먼 거리가 아니다.

> 천진시에서 동해를 따라 오십여 킬로미터 아래에 위치한 조그만 포구 궁촌리까지 남자는 그녀를 한달음에 데려다주었다. 궁촌리란 왕이 살았다고 해서 붙여진 이름이고, 그 왕을 유배지에서 구하려 했던 신하들이 모두 죽임을 당했다 해서 마을 입구의 고개 이름은 살해재라고 했다(365).

천진시는 허구의 지명이지만, 궁촌과 살해재는 모두 삼척시에 실제 존재하는 유래와 지명을 사용하고 있다. "일 킬로미터쯤 걸어가면 공양왕의 무덤이 있다는데, 거기에는 가보지 않았다"(363)는 기술은 근덕면 궁촌리에 있는 삼척 공양왕릉을 일컫는다.

2. 『검은 사슴』으로 살핀 탄광촌의 주요 상징들

『검은 사슴』에 등장하는 탄광촌의 주요 상징어로는 ▲막장, ▲광부, ▲광업소, ▲탄광촌, ▲연탄공장과 저탄장, ▲검은 사슴 등을 꼽을 수 있다. 이 상징어들은 모두 광부의 노동을 중심으로 하여 그가 광업소에서 생산하는 석탄이거나 그가 살아가는 탄광촌의 현실과 관련이 있다.

"막장에 언제 들어가시죠? 평일 밤시간에 가시나요? 아니면 주말에 가시는지 궁금한데요."

"막장?"

장은 경멸 어린 눈빛을 인영에게 던졌다.

"거긴 지옥이야."

장은 석 잔 분량의 술이 남은 소주병을 병째로 들고 마신 뒤 손등으로 입술을 문질렀다. 장의 얼굴은 붉었고 눈자위가 번들거리고 있었다. 꼬부라진 혀로 장은 말했다.

"지옥을 당신들이 알아?"

장은 코웃음을 쳤다(129).

"쫓겨날 때 막막하기야 했겠지만, 다 문 닫는 게 잘됐어요. 어디서 뭘 해도 막장보다는 낫지 않겠습니까? 사고로 죽고, 사고로 안 죽으면 진폐로 죽고 … 죽고, 죽고, 죽을 바에는."(180)

광부의 작업현장인 막장은 '지옥'으로 설정되어 있다. 장은 막장을 드나들며 사진을 찍을 뿐 광부는 아니다. 그런데도 탄광촌의 철저한 구성원의 몫을 감당한다. 그 공동체 정신이 막장을 쉽게 여기는 외부인을 향해서 "지옥(막장)을 당신들이 알아?"라고 묻는 것이다. 장이 밝힌 막장은 '지독한 지옥'의 막장이다. 합리화로 인한 폐광으로 광부들이 실직하지만, 막장보다 나을 것도 없다는 역설이 그것을 보여준다. "사고로 안 죽으면 진폐로 죽고"에 드러나는 위험한 노동현실이 '지옥'을 만드는 것이다.

"갱내는 미끄럽소. 당신네 같은 서울내기들은 상상도 못 해. 섭씨 삼십팔 도는 넘는 데다 습도가 구십 프로요. 일 년 내내 그렇소. 바닥이 꼭 비누질한 것 같지. 장화 신고 장갑 끼어도 방심할 수가 없소. 가만히 있기만

해도 탄가루가 목을 팍팍 막는데, 거기서 여덟 시간 동안 막일들을 하는 거요." (중략)

"조구라고, 탄을 미끄럼 태워서 보내는 데가 있고. 거기 잘못 발 디디면 칼날이오. 요행히 이 정도만 벴지."

"막장에 갇힌 적도 있나요?"

세 번이라고 장은 대답했다. 한번은 사갱으로 올라오는데 승강기의 천장에 연결돼 있던 와이어가 끊어졌다고 했다. 이 톤의 폐석들을 달고 올라가던 승강기는 무서운 속력으로 막장으로 떨어졌다. 갱이 무너지지 않도록 받쳐놓았던 동발들이 그 충격에 쓰러졌다. 순식간에 갱도는 무너져 앉았다.

"그래도 맨 끝은 아니라 복구가 빨리 됩디다. 한 시간쯤?"

맨 끝이 아니라는 것은, 지하에 여러 층으로 나 있는 갱도 중 가장 밑바닥의 갱도는 아니었다는 말인 모양이었다.

또 한번은 발파한 뒤 따라 들어갔는데, 중간 갱도의 동발이 살짝 부러져 있던 것이 마저 부러지면서 천장이 쏟아졌다고 했다.

"그건 그야말로 금방 됩디다. 삼사십 분밖에 안 걸렸고, 뭐 갇혀 있어도 같이 있던 이들이나 나나 별로 두렵지 않았소. 맨 끝이라면 공기도 그렇고 조건도 위험하지만, 중간은 바람도 들어오고, 여차하면 옆 통로로 피할 수도 있으니까."(130-131)

막장의 공포는 '침묵'이라는 어휘에도 연결된다. "울부짖기 직전의 무거운 침묵을 앙다문 먹구름장들"(15), "임의 얄따란 입술에 언제나 긴장감 있게 맴돌고 있던 침묵은, 이미 죽은 뒤의 생을 살아가는 사람의 것이었다"(192), "무슨 울음이 들어 있는 것 같은 침묵"(205)처럼. 한강의 『검은 사슴』에는 무거운 침묵이 있다. 막장의 어둠 같은 침묵을 소설 곳곳에 펼쳐놓았다.

"검은 바다", "검은 빗발 같은 어둠", "소란스러운 어둠의 등"(366)

낮은 막장 출처: 대한석탄공사

등 한 페이지 속에만도 검고 어두운 이미지가 가득하다. 제목으로 삼은 '검은 사슴'에서 이미 엿보이듯, 소설의 분위기를 지배하는 이미지는 검고 어두운 것들이다. "나는 어두운 골짜기에서 태어났어요"(387)라고 고백하듯, 태생부터 검고 어두운 이미지를 지녔다. 산간에 자리한 탄광촌은 "높은 산들로 둘러싸여 밝은 햇빛은 고작 다섯 시간밖에 들지 않고, 늘 저물녘처럼 그늘진 마을"(387)이며, "깊은 물속의 무서운 적요 같기도 하고 지하 이천 미터의 막장 같기도 한 검은 어둠의 덩어리"(437) 같은 풍경을 지녔다. '무서운 적요-지하 이천 미터-막장-검은 어둠'의 어휘로 조합한 문장을 보면 작가가 어떤 마음으로 태백 탄광촌과 광부를 맞았을지 유추할 수 있다. 온통 검은색으로 채색한 어두운 현실은 독자마저 두려운 마음으로 이끈다. 이 소설을 읽다가 덮은 독자가 많았다는 것은 장편소설의 무게보다 더 무겁고 어두운 우리 사회의 현실을 직면하기 고통스러웠기 때문이다.

> 석탄 가루를 뒤집어쓴 작업복은 마치 누더기처럼 보였다. 작업용 가방을 둘러멘 오른쪽 어깨는 급경사의 사선으로 기울어져 그의 피로를 드러내고 있었으나, 허리춤을 짚고 있는 왼쪽 손에는 힘이 실려 있었다(84).

> 그 어둠 속에서 레일의 철이 반사하는 빛은 투명했다. 멀리 갱도의 출구에서 스며들어오는 가냘픈 햇빛을 역광으로 받은 동발들이, 강한 원근감을 드러내는 굵은 획들이 되어 C자의 밝은 안쪽에 내리그어져 있었다. 밝은 부분의 빛을 뿌옇게 휘감고 있는 입자들은 갱도의 습기이리라(85).

> 단순한 프레임 안에서 젊고 늙은 광부들과 선탄장의 여자들은 웃고, 담배 피우고, 표정이 풍부한 시선으로 카메라를 바라보고 있었다. 작업 후 광부들의 목욕 장면, 갱도 안에서 도시락을 먹는 장면, 동발을 메고 포복하는 장면, 선탄 작업을 하며 곡괭이를 치켜들고 있는 장면들도 잘 된 작품들이었다(83).

> 그의 얼굴은 보이지 않았지만, 아마도 눈살을 찌푸린 채 해를 보고 있는 것 같았다. 캄캄한 갱도에서 방금 빠져나온 그의 검은 몸은 그 강한 햇빛에 콜타르처럼 녹아 흘러내리려 하는 것 같았다(84).

인용한 대목들은 작가가 문학성을 유지하면서도 광부의 노동 현실을 리얼하게 드러내려고 애쓴 흔적이다. "석탄 가루를 뒤집어쓴 작업복은 마치 누더기처럼 보였다"라는 구절은 열악한 환경의 노동과 경제적 약자층을 함께 드러낸다. "어둠 속에서 레일의 철이 반사하는 빛은 투명했다"라는 표현은 갱도의 어두운 환경 속에서도 희망을 찾으려는 광부의 의지이기도 하다. "가냘픈 햇빛을 역광으로 받은 동발들"이라거나, "갱도의 습기"는 막장과 광부들이 처한 힘든 환경을 함께 상기한다. 동발은 갱이 무너지지 않도록 지지하는 나무 혹은 철제의 지주를 뜻한다. 동발은 갱도를 지지하고, 광부는 한국의 산업을 지지하는 동발이었다. "캄캄한 갱도에서 방금 빠져나온 그의 검은 몸은 그 강한 햇빛에 콜타르처럼 녹아 흘러내리"는 장면은 갱도를 빠져나오는 경계가 광부에게 얼마나 중요한 상징인가를 잘 보여준다. 갱도를 걸어 밖으로 나와야 햇빛을 볼 수 있고, 탄광사고의 죽음에서 벗어나 생명을 유지한 존재가 되는 것이다.

> 을방 근무를 마친 수십 명의 광부들과 함께 목욕을 한 뒤 장은 임이 속한 작업조의 광부들과 어울려 막걸리를 마셨다. 돼지고기와 막걸리는 목구멍의 진폐를 씻어준다는 것을 의사들도 인정했다고 한 광부가 말해주었다(196).

퇴근한 광부의 막걸리와 돼지고기는 단순한 술자리가 아니다. 광부들은 직업병인 진폐증을 예방하기 위해 막걸리를 마시면서 탄가루를 씻어냈다. 또 안주로 돼지고기가 으뜸이었던 것도 진폐 예방을 위한 목적이었다. 인용한 구절에 등장하는 '을방'은 광부들의 3교대 작업을 의미한다. "광부들의 병방 근무 시간에 맞추어 밤 열두 시에서 여덟 시까지 막장을 촬영하고 나올 때면 길고 습기 찬 갱도의 끝에서 만나곤 했던 햇빛 같았다"(88)라거나, "을방 근무를 마치고 나오던"(193) 등의 구절은 갑방·을방·병방 3교대로 돌아가면서 24시간 깨어있는 탄광촌 풍경을 보여준다. 3교대 작업이라는 것은 국가의 산업에너지원을 위해 석탄 증산이 시급한 실정을 보여주는 것이기도 하다.

사람의 몸보다 큰 소나무 동발을 메고 낮은 포복을 하여 육십 도 경사의 비좁은 갱도를 타고 오르는 보갱광부를 찍기 위해 뒤따라 오르다가 장은 처음으로 눈물을 흘렸다. 부러지려 하는 동발을 교체해야 할 갱도에 마침내 도착했을 때, 새 동발을 내려놓고 장의 얼굴을 뒤돌아본 삼십 대 중반의 광부는 미소를 지었다.

카메라만 들고 오는데도 그렇게 힘들었소? 하긴, 아까 그 길을 처음 올라오면서 울지 않은 사람이 없다고들 한다오.

광부의 얼굴은 석탄 가루와 땀으로 번들거리고 있었다(198).

이 구절은 노보리 막장과 보갱광부의 작업장을 보여준다. 탄광에서는 일본어를 많이 사용하는데, 상승사갱도를 가리켜 광부들은 '노보리'라고 불렀다. 서서 갈 수 없는, 엎드려서 기어오르는 오르막 갱도인 것이다. 후산부(보조공)는 이 노보리를 오를 때 동발목을 메고 올라간다. 작가는 대중이 잘 모르는 용어인 노보리를 쓰는 대신 "육십 도 경사의 비좁은 갱도"라고 표현했지만, 탄광촌에선 노보리가 대중적 용어다.

막장 광부의 직종은 굴진부, 채탄부, 보갱부, 운반부 등으로 나눈다. 굴진부는 석탄 이전의 암석을 캐는 작업, 채탄부는 석탄을 캐는 작업, 보갱부는 동발 보수 작업을 한다. 위에 등장한 광부는 보갱부인데, 보갱부는 다른 직종보다 기능이 더 필요했다. 하여, 광부 중에서는 보갱이 제일이라는 말도 생겼고, 보갱부의 급여가 가장 많았다.

막장에 다다르기 직전 굉음이 귀를 찢었다. 옆 통로에서 물이 밀려오기 시작했다.

귀를 막고 있던 장의 손을 임이 이끌었다. 발목을 적신 물은 빠른 속도로 허리께까지 차올라왔다.

새로 뚫은 갱도와 평행으로 뚫려 있던 구 갱도 사이의 암반에서 물이

터졌고, 승강기 쪽으로 가는 교차로의 천장을 그 물줄기가 무너져앉게 한 것이다. 그러니까 그들이 고립된 곳은 새로 뚫은 갱도와 기존 막장의 중간 지점이었다.

삼십 도가량 경사진 두 평 남짓한 공간에 장을 포함한 여섯 명이 갇혔다. 나머지 한 명은 무너진 탄더미에 깔린 것인지 보이지 않았다.

머리털이 쭈뼛해지는 차가운 물이 가슴 높이까지 차올랐다. 모두 침묵하였다. 안전등 아래에서 번쩍이던, 경악과 공포가 술렁대던 그들의 검은 눈을 장은 똑똑히 기억한다.

광부 한이 손도끼를 치켜들고 갱목에 무엇인가를 새기기 시작했다.

가족한테 이억 원을 줘라. 한진구.

그리고 다른 유언을 덧새기려 하는데 이미 물이 어깨까지 차올라왔다.

모두 천장의 갱목에 매어달렸다. 물은 빠른 속도로 불어 턱과 입까지 차올랐다. 장은 머리를 쳐들어 가까스로 숨을 쉬었다.

십 분, 이십 분, 삼십 분.

아니, 한 시간이 지났는지도 모른다.

유언을 새기는 데에 힘을 허비한 한이 가장 먼저 물속에 잠겼다. 그 뒤를 따라 하나둘 갱목을 놓친 광부들이 장의 시야에서 사라졌다. 장은 이를 물었다.

놓으면 죽는다. 죽고 만다(199-200).

'육십사 시간의 어둠 이겨낸 두 광부 - 동료들의 시체 옆에서 오줌 받아먹으며 연명'이라는 타이틀로, 임과 장은 강원도 지방신문들의 일면과 중앙일간지들의 사회면에 대문짝만 한 사진으로 실렸다. 갑작스러운 빛으로부터 시력을 보호하기 위해 눈에는 붕대를 두르고 코에는 산소호흡기를 단 채였다. 장은 가명과 함께 기능공으로 활자화되었다. 외부인이 막장에 들어가 사고를 당했다는 사실이 언론을 자극할 것에 대한 광업소 측의 염려 때문이었다(205).

물통사고를 다룬 에피소드다. 물통사고는 출수사고라고도 하는데, 갱내에 갇혀 있던 지하수가 일시에 터지는 사고다. 탄광사고 중에서 광부들이 가장 두려워하는 사고다. 붕락사고는 갇혀도 구조될 수 있지만, 물통사고가 발생하면 죽탄에 파묻히기 때문에 생존 확률이 낮아서 대형사고로 이어진다. 실화를 바탕으로 제작한 인도 영화 「미션 라니간지: 위대한 바라트 구조 작전」(2023) 역시 물통사고에 대한 이야기다. 감동적으로 본 영화인데, 그보다 대형 탄광사고가 많았던 우리나라에선 왜 그런 탄광영화가 없었을까 하는 아쉬움이 있다.

> 고놈들이 동발을 갉아먹을 테니까 사실은 다 잡아줘야 하는데, 다들 쥐를 예뻐해. 쥐는 사람보다 나은 점이 있거든. 동발이 무너지거나, 발파하는 위쪽 암반이 약하거나 해서 붕괴 위험이 있으면 쥐부터 싸그리 없어지는 거야. 광산사고는 순간이니까… 고놈들 따라서 재빨리 피하면 살 수 있는 거라구.
>
> 아버님도 고놈들한테 밥알을 던져주곤 하셨을 거야. 다들 도시락을 먹을 때는 먼저 한 숟갈씩 쥐들한테 던져주니까 쥐들도 그걸 알아. 양철 도시락이 달그락거리는 소리가 나면 어디 숨어 있었는지 사방에서 죄다 쪼르르 기어나와서 우리 앞으로 모인다구(212).

장이 아내에게 들려주는 쥐 이야기는 광부들이 쥐를 잡지 않는 탄광촌의 금기 풍속을 보여준다. 작가는 쥐를 예지력이 있는 동물로 묘사했지만, 광부들은 쥐가 가스 검침기 역할을 하여 안전을 지킨다고 여겼다.

> "우리가 모르는 갱사고도 많았구나… 죽탄이 뭔지 넌 알고 있었니? 물과 석탄 가루가 암죽처럼 섞여서 갱을 덮치는 거야. 그 속에서 질식해 죽

는 게 상상이 돼?"

인영은 여전히 연구자 같은 자세로 진지하게 자료들을 검토하고 있었다.

"정말 무서운 건 화재사고야. 최소한 열 명 이상 사망자가 나오니까. 소수라도 살아남아 구조될 가능성조차 없고. 네가 기차에서 말했던 메탄가스 폭발사고도 더러 있어. 탄층에 고여 있던 이산화탄소가 터져나오기도 하고… 믿을 수 없을 만큼 많은 사람이 죽었어."(274)

"우리나라 광산사고가 선진국의 몇 배였을 것 같니. 사십일 배야. 안전시설 미비, 관리 소홀… 무엇보다 채탄량에 따라 급여를 주는 도급제도에 가장 큰 문제가 있어. 생계비라도 타내려면 죽기 살기로, 안전수칙을 모두 무시하고 일해야 하는 거야."

인영은 입술을 엄지손가락으로 문지르며 '믿을 수 없어'라고 중얼거렸다.

"팔십일 년 한 해에, 산업재해로 죽은 사람이 모두 천사백사십삼 명이었어."(275)

머리 위에서 몇 톤의 탄가루나 폐석이 떨어져 생기는 심심찮은 사망사고들에 대하여 장은 들은 적이 있었다. 젊은 그는 그때까지 죽음이 매우 먼 곳에 있다고 생각해왔었다. 이제 그것은 그의 두개골로부터 십 센티미터도 되지 않는 거리에 있었다(195).

작가는 소설 곳곳에서 물통사고, 붕락사고, 가스폭발사고 등 탄광사고들을 다루려고 정성을 보였다. 실제로 1970년대를 전후하여 광부들은 한 해 평균 180명씩 죽어나갔다. 다행히 살아서 퇴직한 광부들이라 하더라도 직업병인 진폐증으로 한 해 300명씩 목숨을 잃었다. 그것이 광부의 현실이다. "땅속에서 돌을 캔다는 건… 그 돌들하고 목숨을 조금씩 바꾸는 거라고 했어"(281)라고 말하던 광부의 딸 의선의 표현은 참으로 적절하다. 광부의 노동은 목숨과 바꾸는 일이다. 죽음의 거리가 "두개골로부터 십 센티미터"라는 묘사는 탄광사고가 잦은 광부의 현실을 구체적 거리감으로 드러낸 것이기도 하다.

> "안전등을 끄시오. 빛을 아껴야 해."
> 장은 안전모의 안전등을 껐다.
> "도와주시오."
> 임의 안전등에서 나오는 빛에 의지하여 장은 임과 함께 동료들의 시체를 날라 한 곳에 반듯이 뉘었다.
> "공기 파이프를 찾아야 해."
> 그러나 안전등을 끈 장은 아무것도 찾을 수 없었다.
> "여기 있소. 이게 없으면 죽는 거요."
> 물은 이제 발목까지 빠졌다. 약간 불룩하게 솟아오른 둔덕이 공기 파이프 아래 드러나 있었다(201).

인용문은 갱내에서 사고가 났을 때 안전등과 공기 파이프가 얼마나 소중한 것인가를 보여준다. 안전등을 생명의 불빛이라고 일컫는데, 갱내 사고가 나면 안전등 불을 꺼서 아껴가면서 구조를 기다린다. 공기 파이프는 평소에는 갱내 기계를 작동하는 에너지원으로 활용되는데, 사고가 나면 산소를 공급하는 생명의 파이프였다.

> 탈의실에서 작업복으로 갈아입은 뒤 장화를 신고 안전모를 쓰며, 장은 온몸의 혈관 구석구석에 가라앉아 있던 혈액 방울들이 일제히 출렁거리는 듯한 긴장감을 느꼈다. 갱 입구에서부터 일 킬로미터쯤 걸어들어가자 승강기가 있었다. 장은 승강기의 속력이 예상보다 빠르다는 것에 놀랐다. 바닥에 닿기 무섭게 사람의 몸이 튀어오를 것만 같은 속력으로 승강

기는 추락했다. 이 분쯤 되는 그 시간이 이십 분도 넘게 느껴졌다.

지하 팔백 미터.

바다의 수면으로부터도 수직으로 이백 미터를 더 내려간 지점에 장은 도달해 있었다. 처음에 사갱을 따라 비스듬히 걸어들어왔던 일 킬로미터 지점과는 비교할 수 없는 적막과 어둠이 거기 있었다.

거기서 다시 이 킬로미터를 걸었다. 벌써부터 숨이 막혀오기 시작했다. 길은 끝이 없을 것 같았다. 영원히 이 어두운 통로가 계속될 모양이라고 느껴진 순간, 바삐 오가는 탄차들과 광부들이 갑작스럽게 나타났다. 작업현장이 시작된 것이다.

거기서부터 갱도는 점점 좁아졌다. 백여 미터를 더 나아가자 임과 그의 일행이 일할 막장이 나왔다(194).

갱내 운반 통로는 수평갱도, 수직갱도, 사갱도로 나뉜다. 인용문에 등장하는 승강기는 수갱의 케이지 시설을 말한다. 수갱은 설치 비용이 만만치 않아 대규모 광업소에서나 볼 수 있다. 또한 수갱을 설치했다는 것은 지하 깊은 곳에서 채굴이 이뤄진다는 것을 의미한다. 태백시에서 수직으로 800m 내외를 내려갈 수 있는 시설을 갖춘 순서대로 살펴보면 강원탄광, 장성광업소, 한성탄광, 함태광업소 네 곳뿐이다. 태백시의 해발이 600m를 넘으니 갱구에서 수갱 케이지를 타고 800m 내려가면, 바다 수면보다 200m 더 아래로 내려가는 것이다. 장성광업소의 갱구 해발은 600m이며, 가장 긴 수갱은 1,006m까지 내려간다. 바다 수면보다 406m 더 내려가는 것이다.

* 국내 수갱 현황

광업소	깊이	완공일
강원탄광	제1수갱(보조수갱) 530m	1962년 6월
	제2수갱(주수갱) 580m	1963년 4월
	제3수갱 720m	1978년 2월
장성광업소	제1수갱 1,006m	1968년
	제2수갱 970m(자재와 석탄만 운반)	1985년
	제3수갱(통기 수갱)	1990년대
한성탄광	수갱 714m	1977년
정암광업소	제1수갱 585m	1981년
	제2수갱 542m(통기 수갱 및 장물 운반)	1984년
함태탄광	수갱 730m	1980년
사북광업소	수갱 765m	1988년

강원도의 모든 탄광촌은 산골짜기에 들어섰으며, 사택뿐만 아니라 많은 집들이 산중턱에 지어졌다. 특히 해발고도가 높은 태백탄광촌을 두고 '하늘 아래 첫 동네'라고 불렀다. 이는 해발고도가 높다는 뜻이기도 하지만, 삶이 막막하여 하늘만 보고 살아가는 무지렁이 순둥이들의 삶의 터전이라는 뜻도 지녔다. 인영이 태백(황곡)에 들어서자마자 "이곳은, 내가 자란 도시보다 오히려 하늘에 가까운 곳이었다"(182)라고 밝힌 것도 그 때문이다.

① "탄광촌 돈은 햇빛만 보면 녹아버린다잖아요… 죽고살고 모아두 하나두 남은 것두 없이, 시름시름 앓다가, 탄광 없어지고는 어디 다른 데 나가 취직하려구 해두 폐가 나빠 신체검사에서 다 떨어지고, 병만 얻어 그냥 여기 눌러살다가 갔소."(284)

② 상행 황곡선의 열차사고 소식이었다. 현재까지 확인된 사망자는 삼

> 십 명 이상이며 백여 명이 부상을 당했다고 한다. 폐광된 갱도 위의 약한 암반이 꺼지면서 그 위에 놓여 있던 철로가 함께 무너져 내렸다(414).

①은 탄광촌 사람들이나 알 수 있는 광부들의 유행어다. 광부들이 월급을 많이 받는다는 얘기라거나, 탄광촌에선 강아지도 만 원짜리 물고 다닐 정도로 돈이 흔하다는 유행어가 있지만 실제 광부들은 대부분 빈털터리다. 그래서 광부들은 "탄광촌 돈은 햇빛만 보면 녹는다"고 말한다. 갱내에서 힘들게 번 돈이 사회 현실 속에서 목돈을 만들지 못하는 가계 현실을 대변하는 유행어다. ②는 탄광 개발로 인해 일어나는 지반침하 현상을 말한다. 실제 탄광촌 일대에서 땅이 꺼지는 지반침하가 자주 일어났으며, 그로 인한 열차 탈선사고도 제법 있었다. 소설에 등장하는 정도의 대형 인명피해는 없었지만, 흔한 사고인 것만은 분명하다. 소설의 배경이 된 1996년 통리-도계 구간만 보더라도 3월에 심포터널 안에서 열차가 탈선했으며, 5월에는 곰지터널 입구에서 열차가 탈선했다. 지반침하 문제는 산의 폐석 처리, 하천의 갱내수 처리와 더불어 폐광지역 복구의 핵심 사업이었다.

> 명윤이 학창 시절을 보낸 서인천의 서민 연립주택 골목 입구에는 연탄공장이 있었다. 그곳에서 날아오는 분진 때문에 집집마다 바깥에 빨래를 널지 못했었다. 후에 부천으로 집을 옮긴 지 얼마 되지 않았던 어느 날, 명윤은 그곳에 대한 기사를 신문에서 읽었다. 진폐증에 걸린 사십 대 남자 주민 한 사람이 연탄공장을 상대로 소송을 낸 것이었다(106-107).

소설은 태백탄광촌만 다루는 것이 아니라, 인천 같은 대도시 지역의 저탄장도 함께 다룬다. 석탄산업이 태백 같은 탄광촌만의 이야기가 아니라, 연탄에서도 확인되듯 보편적인 한국인의 삶이었다는 것을 작가가 드러내려고 한 것이다. 탄광촌 이야기가 특수한 계층의 이야기가 아니라, 우리 모두의 이야기라는 보편성을 획득하기 위한 장치로 도시의 연탄공장을 삽입한 것이다.

> ① (서울 용두동 소재 대한석탄공사 연탄저장소) 넓이 1만 3천여 평의 이 저탄장에는 영월 삼척 지구에서 생산되는 석탄이 운반되며 7개 레일을 타고 이곳에 산더미같이 쌓여지는데, 이것이 매일 수백 대의 트럭에 의하여 시내 각 연탄공장에 운반되고 있는 까닭에 주위의 주택가는 어디를 보아도 연탄가루로 까맣게 더럽혀져 마치 탄광지대를 방불케 하고 있다. 이 저탄장은 원래 신탄(薪炭)을 저장해두었던 곳인데 6.25 이후 석공이 관리하면서부터 연탄의 저장소로 바뀌었으며 그 당시만 해도 민가가 없는 허허벌판이었기 때문에 이런 문제를 예상치 않았던 것이나 부흥 주택 등이 들어섬에 따라 점차 주택가를 이루게 됨으로써 마침내 시민생활을 괴롭히는 저탄장이 된 것이다(《조선일보》, 1962. 3. 11).

> ② 죽음의 탄가루 공해를 일으키는 주범인 연탄공장이 서울에만 8개 지역에 17개나 되고 있다. 이들 지역 주민들에 대한 88년의 검진 결과 진폐증 환자로 최종 확인된 사람은 8명이었으나 올해에도 현재까지 12명의 진폐증 환자가 추가 발견돼 정밀 검진을 받고 있어 더 늘어날 것으로 보인다(《경향신문》, 1989. 12. 23).

①의 신문기사처럼 서울 용두동 소재 대한석탄공사 연탄저장소 부근에 살고 있는 주민은 연탄공장의 운반 트럭에서 날리는 탄가루 때문에 고통을 겪었다. 서울시 용두1·2동과 답십리동 일대의 주택가에서는 까맣게 날리는 탄가루 때문에 빨래를 밖에서 말리지 못할 정도였으니, 탄광촌과 같았다. ②의 신문기사는 서울을 비롯한 대도시에서 연탄공장 저탄장 때문에 진폐증 환자가 발생한 사실을 전한다. 인

천에 살던 명윤의 현실이 사실에 기반한다는 것을 보여준다. 소설에서처럼 실제 소송도 있었는데, 1990년 서울 중랑구 상봉동 주민 박길래(47, 여)는 진폐증의 일종인 탄분증에 걸렸다면서 강원산업을 상대로 한 소송에서 대법원의 승소 판결을 끌어냈다. 박 씨는 300m 떨어진 삼표연탄 공장에서 날아온 탄가루 때문에 입은 피해였다.[6] 삼표연탄의 모광은 태백시 철암동에 있는 강원탄광(강원산업)이다. 연탄공장의 피해 소송은 전국적으로 전개되었으며, 2021년에는 대구지역에서도 연탄공장 네 곳을 대상으로 한 진폐증 피해 소송에서 일부 승소 판결을 받았다.[7]

『검은 사슴』은 태백탄광촌과 석탄산업의 현실을 디테일한 부분까지 참으로 잘 다룬 소설이다. 하여, 한 가지 오류만 애써 짚어보고자 한다. "아내가 잠들어 있는 가작(加作) 사택으로 돌아가는 그런 아침에는 재잘대며 초등학교에 가는 아이들을 볼 수 있었다"(88)라든가, "식구가 많은 경우에는 집의 뒷벽에 가작(加作)을 붙여 방을 만들었다고 장은 설명했다. 그렇게 만든 사택을 가작 사택이라고 부른다고 했다"(176)라는 내용 등에 담긴 '가작 사택'은 어색한 용어다. "집의 뒷벽에 가작(加作)을 붙여 방을 만들었다"는 설명은 정확하지만, "가작 사택이라고

---

6 《한겨레》, 1990. 3. 14.

7 연탄공장 밀집 지역에 사는 주민들이 폐질환을 앓게 됐다며 업체를 상대로 낸 소송에서 일부 승소했습니다. 법원은 광부나 공장 근로자가 아닌 인근 주민들의 폐질환도 기업의 책임이라고 판단했습니다. 대구 동구 안심동에 사는 정일자 씨는 안심연료단지가 옮겨가기 전까지 매일 연탄공장에서 날아오는 석탄가루에 시달려야 했습니다. 바람이 불면 운동화는 물론 가재도구까지 온 집안이 새카맣게 변했습니다. 빨래 한 번 마음 놓고 널지 못했던 정 씨는 결국 진폐증까지 얻었습니다. 재판부는 거주 기간이 짧았거나 의료기관마다 진폐증 판정이 엇갈렸던 2명을 제외한 원고 4명은 연탄 분진으로 인해 환경성 진폐증을 앓게 됐다고 인정했습니다. 이에 따라 주민 4명에게 각각 2천만 원에서 3천만 원의 위자료를 배상하라고 판결했습니다. 지난 1989년 고 박길래 씨가 진폐증의 원인이 연탄공장에 있다는 손해배상 판결로 첫 공해병 환자로 인정받았지만, 환경성 진폐증 집단소송에서 승소하기는 이번이 처음입니다(「SBS 뉴스」, 2021. 1. 15).

부른다"는 설명은 어색하다. 10평 내외의 작은 사택은 방 2개, 부엌 하나로 매우 협소한 구조에다 옆집과 다닥다닥 붙은 단층 연립으로 건축되어 있다. 3대가 함께 사는 집이 많은 데다, 자녀들도 서너 명은 기본이던 시절이니 가작을 달아서 작은 방이나 창고를 하나 더 만들곤 했다. 광부들은 사택이 협소하기 때문에 사택에다 가작을 붙인 것일 뿐이다. 따라서 사택에 가작을 했을 때는 이사할 때 입주자로부터 가작비를 별도로 받았다. 사택에서는 가작을 달지 않은 집이 없었다. 따라서 '가작 사택'이 아니라, '가작이 있는 사택'이라고 표현해야 옳다. "암실로 쓰고 있던 가작 방의 누전"(96) 식의 표현은 옳지만, "가작 사택으로 돌아가는"이라거나, "가작 사택이라고 부른다"라는 표현은 탄광촌 주민의 용어와 다른 것이다. 대중에게도 낯선 '가작'이라는 용어를 대중소설에서 사용하는 것을 묵인하다간 자칫 탄광촌의 사택 용어에 오류가 생길까 하여 바로잡는다.

3. 황곡이라 다행인 태백, 그리고 '검은 사슴'의 상징

소설에서는 태백시 바로 옆 동네인 사북읍의 명칭은 그대로 사용한다. 소설에도 언급한 '사북사태'는 1980년 4월, 사북광업소에서 발생한 노동운동이다. 정선군 사북지역에서는 '사북항쟁'이라고 부르면서 지금도 광부의 투쟁을 지역의 정신으로 계승하고 있다. 사북은 실제 지명을 쓰면서 '태백'은 '황곡'으로 바꿔 표현한 까닭은 '태백탄광촌'의 현실을 적나라하게 드러내기 위한 의도라고 본다. 한강은 가상의 공간, 소설 속의 공간을 지어낸 것이 아니라 태백탄광촌의 현실을 있는 그대로 그려내고 싶었던 것이다. 그런데 사실적으로 그리다가는 자칫 태백시민에 대한 폄훼가 염려되었을 것이다. 이는 태백탄광촌 사람들에 대한 미안함이나 연민이기도 할 것이다.

> ① 농촌에서 쫓겨나고 도시빈민지역에서도 밀려난 사람들이 마지막 선택으로 남겨두었던 도시, 사업에 실패하여 쫓기던 사람들은 물론 용서받기 힘든 죄를 지은 이들까지 숨어들었던 도시, 주먹질과 술과 여자의 도시, 사북사태와 이후의 노동쟁의, 합리화 조치 따위의 이슈가 있을 때마다 흡사 전쟁터를 방불케 했다던 힘의 도시가 바로 이곳이라고는 믿기지 않았다(113).

> ② 탄광사회는 특수한 사회로서 탄광산업전도는 산업전도 중 산업전도라 할 수 있다. 불량배와 살인강도 등 전과자들의 은신처요 실업자들이 마지막으로 살길을 찾아드는 곳이다. 술집은 밤낮으로 꽉 들어차 있고 밤이면 살벌한 공포 분위기가 온통 탄광사회를 짙은 어둠으로 만든다. 돈이 없고 불경기일수록 술집은 만원을 이룬다. 돈이 있으면 술을 마신다. 투전을 한다. 술을 마시고 기분이 좋으면 때려 치고 부순다. 돈이 떨어지면 탄을 캐는 막장을 찾는다. 현대 문명의 탈락지대라 할까, 문명이 이들을 버린 건지 이들이 문명을 이탈한 것인지 문명에 반항하는 자들임에 분명하다(신종혁, 「한국 탄광산업 사회와 선교문제」, 『기독교사상』 129, 대한기독교서회, 1969. 2, p. 112).

①의 소설 내용은 ②의 평론이 밝힌 탄광촌의 모습과 일치한다. 탄광촌에서 살아가는 주민은 이런 이야기들을 인정하면서도 이것만으로 탄광촌을 규정짓는 것에 대해 서운하게 여긴다. 한강은 태백탄광촌 주민의 그러한 마음을 연민으로 읽었을 것이다.

> 술집이며 카페의 간판과 현관마다 밤 불빛이 번쩍이긴 했으나, 황곡의 밤거리는 낮과 마찬가지로 인적이 드문 편이었다. 그런데 춤추는 곳에

들어오기만 하면 발 디딤 틈 없이 사람으로 북적거리고 있었다. 흡사 전염병으로 폐쇄된 도시의 시민들이 밤이 되기만을 기다려 흥청망청 축제를 벌이는 것 같았다. (중략)

"막장일 끝나고 함께 목욕하고 나와서 막걸리 마시고 돼지고기 먹다 보면 말이오, 고충을 토로하는 분들이 더러 있소."

'장형, 나는 요새 남자 구실을 못 해'라고 장에게 고백하던 이들은 대부분 사십 대 초반이었다고 했다. 막장 사람들은 얼굴이 하얗다고 장은 말했다. 햇빛을 못 봐서뿐 아니라 매일 호흡곤란에 과로를 하는 까닭에 얼굴이 기름기 없이 멀건하다는 것이었다.

"… 그래서 그런지 탄광촌에는 바람난 여자들이 많다고들 해요."

장은 껄껄 웃었다.

"또 어떤 줄 아시오? 막장 사고로 죽고 나면 여자들이 보상금 받지요? 그 보상금 노리는 제비들이 한둘이 아니라오. 열이면 절반은 거기 넘어가서 재산 탕진하는 거요."(138-139)

막장 노동을 마치고 나와서 진폐증 예방을 한답시고 막걸리에 돼지고기 안주를 먹는 광부의 일상에서부터 바람난 탄광촌의 여자에 이르기까지 탄광촌의 속살을 파헤쳤다. 갱내 노동이 고단하여 남편 구실을 못 하는 현실이 "탄광촌에는 바람난 여자들이 많다"는 진술을 가능하게 했다. 또 잦은 막장 사고가 그 "보상금을 노리는 제비들"이 많은 탄광촌을 만들었다. "열이면 절반은 거기 넘어가서 재산 탕진하는" 이야기는 태백탄광촌에서도 흔한 이야기다. 게다가 태백의 여자들이 바람기가 많다는 이야기는 1980년대 유명한 여성잡지를 통해 소개되기까지 했다.[8] 작가는 작정하고 태백탄광촌의 모든 것을 녹여내고 있지

8 1980년대 중반에는 유명한 모 월간 잡지에서 태백탄광촌의 부녀자들을 창녀로 만들어 버린 일이 있다. 태백탄광촌에는 창녀가 우글거리고 가정주부의 외도가 심각한 수준이라면서 통계수치까지 들먹이며 보도했다. 태백시에 거주하던 박모 씨의 제보를 받아

만, 황곡시라는 가상의 공간을 통해 태백탄광촌이 부정적으로 규정되는 것만큼은 막고자 했을 것이다.

> 명윤은 자신이 그 야만의 도시에서 며칠을 묵었다는 것에 전율을 느꼈다. 한 달에 삼십 명씩을 죽여 내보내는 막장이라는 야만이 있는 한 그곳은 비이성적인 공간이 될 수밖에 없었을 것이다.
>
> "팔십칠 년, 팔십팔 년에도 대단했다잖아. 간부 아파트 유리창은 남아나지 않고, 그 집 아이들은 학교도 못 가고, 광부의 아내들은 윗도리를 모두 벗어젖히고서 전투경찰들에게 육박하고."(281)

황곡시는 "야만의 도시"라고 규정된다. "막장이라는 야만이 있는 한 그곳은 비이성적인 공간이 될 수밖에 없"는 공간이었다. 태백시가 아니라 황곡시라는 가상의 도시를 설정할 수밖에 없는 가장 큰 이유이기도 하다. 하여, 황곡시를 통해 탄광촌의 삶은 다 드러내면서도 태백탄광촌만큼은 보호한 한강 작가의 배려에 고마움을 표하련다.

> 깊은 땅속, 암반들이 뒤틀리거나 쪼개어져서 생긴 좁다란 틈을 따라 기어 다니며 사는 짐승이랍니다. 흩어져 있는 놈들을 헤아려 보자면 수천 마리나 되지만, 사방이 두꺼운 바위에 막혀 있는 탓에 한 번도 자신들의 종족을 만난 적이 없기 때문에 저마다 자신을 외돌토리로 여긴다지요.
>
> 생김새나 몸집은 사슴 모양인데, 녹슨 바늘 뭉치 같은 검은 털들이 매끄러운 가죽을 뚫고 나와 정수리부터 네 발끝까지를 뒤덮고 있답니다. 두 눈은 굶주린 범처럼 형형하고, 바윗돌을 씹어 먹는 것으로 허기를 이

작성된 것인데, 태백시민 누구라도 할 것 없이 어이없어했다. 늘 다른 지역에도 있음직한 사례들을 부풀리거나 왜곡하면서 탄광촌의 이미지를 더욱 어둡게 만들었다(정연수, 『탄광촌 풍속 이야기』, 북코리아, 2010, 113쪽).

기느라 이빨은 늑대 송곳니처럼 예리하고 단단하답니다.

이 짐승의 몸에서 유일하게 아름답다고 할 수 있는 부분은 반짝이는 뿔입니다. 크기 때문에 얼핏 보아서는 무시무시하다는 인상부터 주는 그 뿔은, 그러나 꼬아놓은 머리채처럼 부드러운 곡선을 이루며 이 짐승이 걸어가는 길 앞을 음음하게 밝혀준답니다.

이 흉측한 짐승을 직접 만날 기회가 있는 사람들은 광부들뿐입니다. 채굴 작업을 하는 광부들이 때로 이 짐승과 맞닥뜨리는데, 그때마다 이 짐승, 평생에 단 한 번만이라도 하늘을 보는 것이 소원인 이놈은 바깥으로 나가는 길을 가르쳐달라는 부탁을 한다지요. 잡아먹히는 것이나 아닌가 떨고 있던 광부들은 조건을 내건답니다.

네 번쩍이는 뿔을 자르게 해다오. 그러면 하늘을 볼 수 있게 해주마. 짐승은 잠시 망설이다가 이마를 앞으로 내밉니다. 땀을 뻘뻘 흘리며 짐승의 아름다운 뿔을 잘라낸 광부들은 몇 발짝쯤 짐승을 데리고 가다가 다시 조건을 내겁니다.

네 날카로운 이빨을 자르게 해다오. 그러면 하늘을 볼 수 있도록 해주마.

짐승은 이번에는 그럴 수 없다고 버팁니다. 하지만 광부들은 여럿이고 짐승은 혼자 몸이니 배겨낼 수가 있나요. 한 사람은 뿔이 뭉툭하게 잘라진 짐승의 이마를 누르고, 다른 한 사람은 흑탄처럼 시커먼 짐승의 뒷다리를 붙잡고, 남은 사람들이 짐승의 뾰족한 이빨을 뽑아냅니다.

거무죽죽한 피가 짐승의 입이며 턱이며 이마에서 흘러넘치는 것을 보면서, 광부들은 지상으로 통하는 넓은 갱도를 향해 필사적인 낮은 포복으로 달아납니다. 아무 짝에도 쓸모없는 짐승의 뿔이며 이빨들은 달아나는 길에 아무렇게나 던져버리고, 짐승이 따라나오지 못하도록 재빨리 나오는 통로를 막아버립니다.

… 그때부터 이 짐승은 아무것도 먹지 못하고 아무것도 보지 못하는 채 컴컴한 암반 사이를 느릿느릿 기어 다니며 흐느껴 웁니다. 마지막으로 숨이 넘어갈 때쯤 되면 이 짐승의 살과 뼈는 검은 피와 눈물로 다 빠

져나가, 들쥐 새끼만 하게 쭈그러들어 있다지요(190-192).

소설의 제목이 된 검은 사슴은 깊은 땅속에서 살아가는 존재다. "깊은 땅속, 암반들이 뒤틀리거나 쪼개어져서 생긴 좁다란 틈을 따라 기어 다니며 사는 짐승"이라는 서술을 통해 사슴은 어두운 공간을 견디며 살아가는 존재로 나타난다. 우리 사회에서 가장 낮은 곳, 가장 숨겨진 곳에서 존재하는 대상이다. '광부가 만난 사슴'이라지만, 사슴을 통해 광부들의 삶이 더 잘 드러나고 있다. 광부들은 지하에서 긴 시간 동안 단절된 채, 사회 변화 속에서 자신의 존재를 잃은 채 살아간다. "자신을 외돌토리로 여긴다"는 구절은 사회적 고립 속에서 지내는 탄광촌 주민이거나 광부의 내면을 대변한다.

검은 사슴이 빛을 향해 나아가고 싶어 하는 것처럼, 광부들은 절망과 고통의 세계를 벗어나고 싶어 한다. 사슴의 존재와 광부의 존재가 오버랩되는 것은 그 때문이다. 검은 사슴은 석탄광부의 삶을 상징한다고 볼 수 있다. 이 이야기는 단순한 전설에 그치지 않고, 현대 산업사회에서 고립된 광부들의 고통과 희생을 상징적으로 드러낸다. 검은 사슴의 외모는 극단적인 고통을 시사한다. "녹슨 바늘 뭉치 같은 검은 털들이 매끄러운 가죽을 뚫고" 나오는 구절은 사슴의 몸에 상처와 갈등이 내포되어 있음을 보여준다. 이는 석탄광부들의 신체적·정신적 상처를 연상시킨다. 광부들은 끊임없는 육체적 고통과 위험 속에서 일하고, 그로 인해 그들의 신체는 상처와 피로로 가득 차 있다. "두 눈은 굶주린 범처럼 형형하고"라는 묘사는 검은 사슴이 끊임없이 굶주리고 고통받는 존재임을 나타낸다. 광부들 역시 노동의 끝없는 굶주림 같은 무거운 부담을 짊어지고 살아간다.

검은 사슴의 뿔과 이빨은 다른 사람들에게 사용될 때 그 의미를 가진다. 사슴은 "반짝이는 뿔"을 가질 수 있지만, 이 뿔이 그를 구원하는 대신 "사람들이 뿔을 잘라내"며 그 존재를 소비해버린다. 이 과정에서 검은 사슴은 점점 더 고통을 겪으며 결국 죽음에 이른다. 이는 광부들이 석탄에너지를 사회에 제공하면서 자신은 소모된 삶을 살아가는 현실을 상징한다. 사회는 "뿔을 자르게 해다오"라는 조건을 내걸며 검은 사슴을 이용하지만, 결국 사슴은 "검은 피와 눈물로 다 빠져나가"면서 죽음을 맞이한다. 이는 산업전사라는 허구에 불과한 명예를 광부에게 붙여 노동력을 이용한 국가의 이데올로기 주입과 석탄산업 합리화 정책으로 광부들의 삶을 폐허로 만든 국가의 정책에 닿아 있다. 검은 사슴이 쭈그러드는 것처럼 광부들은 노동의 결과로 사회에서 배제되고, 그들의 희생은 보상 없이 실직하거나 진폐증으로 고통받는 현실을 대변한다.

"평생에 단 한 번만이라도 하늘을 보는 것이 소원"인 검은 사슴과 광부들의 소원이 일치한다. 하늘을 보기 위해 뿔을 자르고, 이빨을 뽑아내는 과정을 거치면서 검은 사슴이 쭈그러들듯, 광부들도 인간의 존엄성마저 상실한 채 죽어간다. 막장 지하의 암흑 속이나 탄광촌의 폐허 속에서 억압받고 착취당하는 광부의 현실은 검은 사슴의 처지와 다를 바 없다. "재빨리 나오는 통로를 막아버린" 현상은 검은 사슴의 절망적 현실이자, 노동력만을 소모한 채 사회에서 잊혀가는 광부의 현실에 대한 은유다. 광부는 국가의 석탄에너지 정책에 의해 산업전사라는 이름으로 소모되다가 석탄합리화라는 정책 속에 폐기처분 되었다.

한편, 소설 속에서 광부들은 검은 사슴을 억압하고 죽이는데, 이 둘의 처지는 서로 다르지 않다. 검은 사슴과 광부의 갈등은 어용노조처럼 광부가 다른 광부를 억압하는 탄광의 현실을 반영한다. 광부들은 자신들이 겪는 고통을 외부화하여 검은 사슴을 억제하는 것처럼 보이지만, 결국 그들 스스로 검은 사슴의 모습을 내면화하고 있다는 점에서 이 둘은 한 몸을 공유하는 존재인 셈이다. 소설 속 광부들은 어용노조이며, 검은 사슴은 다수의 광부로 해석할 수 있다.

그동안 탄광노조의 역사는 어용노조의 길을 걸어왔다. 탄광노조는 광부의 권리를 외면하거나 탄광 업주와 결탁하면서 광부들의 인권을 짓밟았다. 소설 속에서 광부들이 사슴과 거래하는 듯하면서도 사슴을 억압하고 착취하는 존재로 나타나는 것처럼 말이다. 탄광의 어용노조는 광부들을 대변하는 대신 탄광 자본가의 편에 섰다. 1980년 4월 사북항쟁은 어용노조에 대항한 투쟁이었으며, 1980년대 후반까지 탄광노동시위가 발생할 때마다 어용노조 타도 구호가 나온 것이 그것을 대변한다. 광부의 고통을 외면하는 어용노조는 탄광 지하에 사는 검은 사슴을 착취하고 탄압하는 광부의 행태와 닮아있다.

검은 사슴은 이 땅의 광부들이 더 나은 세상으로 나아가고자 하는 몸부림을 보여준다. 하지만 소설 속 광부가 사슴의 길을 막고 있듯 어용노조가 광부들의 요구조건을 막아왔다. 어용노조는 광부의 권리를 보호해야 하지만, 실상은 자본주의적 착취 체제에 복무한 것이다. 그 과정에 검은 사슴으로 상징되는 광부는 억압적인 힘에 의해 소비되고 쪼그라든 것이다.

> 열의 하나쯤이나 될까. 운 좋게 암반 사이의 가느다란 틈을 비집고 나와 꿈에도 그리던 하늘을 보게 되는 경우도 있기는 한데, 이상하게도 햇빛을 받자마자 이 짐승은 순식간에 끈적끈적한 진홍색 웅덩이로 변해버린다. 눈부터 빨갛게 녹아버리는 거다(372).

광부의 일상은 어두운 지하에서 빛과 단절된 채 스스로를 착취하는 도급제 노동에 시달린다. 언젠가는 외부 세계로 나가 자유를 찾기를 꿈꾸지만, "햇빛을 받자마자" 광부는 "끈적끈적한 진홍색 웅덩이로 변해버린" 현실을 맞을 뿐이다. 지하 막장 노동의 고통을 견디면서 자식만큼은 희망이나 구원의 햇빛을 보기를 원하지만, 그 아들마저 대물림 광부가 되는 것이 탄광촌의 현실이다. 탄광촌마다 들어선 태백기계공고, 함백공고, 삼척공고, 영월공고 등은 2대 광부를 양성하는 교육기관이었다. "눈부터 빨갛게 녹아버리는" 검은 사슴의 비애를 통해 광부의 현실을 더 애잔하게 들여다볼 수 있다.

4. 『검은 사슴』을 활용한 태백시의 문화콘텐츠

소설 제목이기도 한 '검은 사슴'은 태백의 광부이자, 절망의 깊이에서 신음하는 이 땅의 모든 민중의 모습이기도 하다. 이참에 태백을 '검은 사슴'의 도시로 칭하면 어떨까. '사슴의 도시' 태백은 숲이 깊은 태백, 맑은 산소가 풍부한 태백의 정체성을 잘 반영할 것이다.

1998년 발행된 『검은 사슴』의 작가가 26년 후인 2024년 노벨문학상을 수상하리라고 당시에 상상할 수 있었을까? 우리에겐 그런 희망이, 검은 사슴이 햇빛을 향해 나아가는 희망을 품게 한다. 한강 작가는 광부와 탄광촌에 대한 애정으로 기록한 『검은 사슴』에 이어, 광주 5.18민주화운동의 비극을 다룬 『소년이 온다』(2014), 제주 4.3사건의 한을 풀어본 『작별하지 않는다』(2021)에 이르기까지 이 땅에서 소외되고 한을 삼킨 이들의 눈물을 어루만졌다. 작가가 소설을 통해 어루만진 소중한 작업들을 이제는 지역이 나서서 문화콘텐츠화하는 실천이 뒤따라야 한다. 『검은 사슴』에 등장하는 장소, 즉 노벨상 작가의 소설 무대를 투어하는 기획은 태백탄광촌에 새로운 문화관광자원의 가능성을 열어줄 것이다.

① 취재원과의 약속시간인 오후 세 시까지는 아직 삼십여 분이 남아 있었다. 약속 장소는 시청 앞의 '뭉크'라는 카페라고 했다. 인영은 시청에 먼저 들러 황곡시의 지도를 구하자고 했다. (중략) 카페 뭉크는 큰 도로변에 있어 찾기 쉬웠다. 길고 가파른 계단을 걸어 올라가 이 층 문을 열자 문 안쪽에 매달려 있던 방울이 경쾌하게 딸랑거렸다. 찻집 내부는 서울의 번화가에 온 것이 아닌가 싶을 만큼 화려한 색깔로 꾸며져 있었다. 노란 벽에 색색의 화려한 영화 포스터가 걸렸고, 밝은 초록색 보가 깔린 탁자마다 전화기까지 구비되어 있었다. 그러나 전체적으로 탁자끼리의 간격이 너무 바싹 붙은 데다, 사이사이에 놓인 크고 작은 화분들이 조잡한 인상을 주었다(115-116).

② 그들은 역전의 기사식당으로 향했다.
왜 이렇게 춥죠?
명윤은 코트깃을 세웠다. (중략)
인영은 콩나물비빔밥을, 명윤은 해장국밥을 먹었다. 먹는 동안 그의 얼굴이 뜨거워졌다(243).

①에서는 커피숍을 ②에서는 식당을 노벨문학상의 작품 무대로 활용할 수 있다. 태백시청 인근의 커피숍 명칭으로 '뭉크' 간판을 활용하는 것이라든가, 소설 속 뭉크 중에서 활용하는 방식도 가능하다. 예컨대, 노란 벽이라든가 영화 포스터나 초록색 보 정도를 활용할 수 있다. 또 태백역 앞의 기사식당을 노벨문학상 소설에 등장하는 무대로 꾸밀 수 있다. 역전식당의 메뉴 자체를 '검은 사슴의 콩나물비빔밥'이나 '검은 사슴의 해장국밥'처럼 소설의 스토리를 입히는 것도 한 방법이다.

랑시에르는 『픽션의 가장자리』를 통해 '픽션의 정치'를 내세운 바 있다. 현실의 주류 질서나 구조를 넘어서는 상상력과 이야기의 힘을 의미하는 픽션의 정치는 기존의 감각 체계를 분할하고 재구성한다. 그리하여 보이지 않던 것을 보이게 하고, 들리지 않던 목소리를 들리게 함으로써 새로운 공통의 세계를 구축하는 것이다. '아무것도 아닌 것'을 '모든 것'으로 만든다는 것은 세상에서 무시되거나 잊힌 것들을 이야기나 예술을 통해 중요한 것으로 변모시키는 과정이다. 이러한 픽션의 정치는 기존의 사회적·문화적 권력구조에서 가볍게 여겨졌던 존재들에 의미를 부여하고, 그들을 새로운 시각에서 재구성하여 공동체와 공유할 수 있는 세계를 만들어가는 과정이다. 이 개념을 소설 『검은 사슴』에 적용하여 태백을 문화콘텐츠화하는 방법을 살펴보자면, 태백의 탄광촌이 지닌 지역적이고 문화적인 배경을 통해 그동안 '아무것도 아닌 것'으로 여겨졌던 요소들을 '모든 것'으로 변모시킬 수 있다. 우리나라 최대 탄광촌으로 자리했던 태백의 정체성을 지녔으면서도 그동안 소외된 탄광촌 문화와 광부의 삶과 관련된 상징들을 픽션의 정치적 방식으로 다시 조명하는 것이다.

한강의 소설 『검은 사슴』은 태백탄광촌을 배경으로 상처받은 인물들의 이야기를 통해 인간의 내면적 고통과 사회적 소외를 조명한다. 탄광촌이라는 장소를 구성하는 광부들의 삶을 섬세하게 묘사하면서 그들의 고통과 존재를 사회적으로 성찰하도록 한다. 이는 랑시에르가 말하는 픽션의 정치와 맞닿아 있다. 예술적 서사를 통해 비가시적인 것을 가시화하고, 과거와 현재를 연결하며 새로운 감각 체계를 제안하는 작업이기 때문이다. ▲탄광촌의 역사와 기억 장소 재구성(광부들의 목소리가 드러나는 공간), ▲예술과 스토리텔링을 통한 감각 체계 재분배(탄광문화를 기반으로 하는 예술문화콘텐츠 개발), ▲현대적 재해석과 융합콘텐츠 개발(『검은 사슴』을 태백탄광촌의 정체성과 결합한 VR 및 AI 콘텐츠 구현)에 나서야 한다. 이를 바탕으로 연중 진행이 가능한 문화콘텐츠 일곱 가지를 제안하면 다음과 같다.

① 노벨문학상 무대 따라 걷기: 『검은 사슴』의 서사를 따라가는 '노벨문학상 작품의 길'을 조성할 수 있다. 이는 단순한 관광 코스가 아닌, 소설 속 인물들의 발자취를 따라가며 태백탄광촌의 역사와 문화를 체험하는 여정이 될 것이다. 소설 속 주요 장면들을 실제 장소와 연결하고, QR코드를 활용한 오디오 가이드를 통해 작품의 내용을 현장감 있게 전달할 수 있다. 소설에 직접 등장한 '석탄박물관-수갱(장성광업소 수갱과 함태광업소 수갱)-함인탄광으로 표현된 함태광업소 체험공원-추전역-황곡역으로 등장한 태백역' 등을 작품 무대와 현장이 어우러지도록 의미를 부여하는 것이다. 또 그 사이사이에 의선이 다닌 학교를 찾아 나서듯, 태백의 폐교라든가 방문 가능한 학교들도 작품 무대로 선정하는 것이다. 소설 속 주인공들이 찾아다니던 사택 역시 포함할 수 있다. 이를 위해 소설과 관련된 기념품, 책자, 장소별 지도 등 관광객이 관심을 가질 만한 상품도 함께 개발한다.

② 검은 사슴 마을 만들기: 문학작품이나 문인을 중심으로 한 장소를 관광지화한 곳으로 황순원의 「소나기」를 통한 양평의 소나기마을, 이효석의 「메밀꽃 필 무렵」을 통한 평창의 메밀꽃마을, 김유정의 소설을 통한 춘천의 김유정문학촌, 이외수의 소설을 통한 화천의 감성마을 등을 꼽을 수 있다. 이들의 가능성을 벤치마킹한다면, 태백시는 한강 작가의 첫 장편소설을 활용한 '검은 사슴 마을' 만들기가 가능할 것이다. 문화적 자산이 빈약한 태백시에서 노벨문학상 수상 작가와 연결 고리를 만들 수 있다는 것만으로도 얼마나 큰 자산을 확보한 것인가.

③ 의선을 찾아가는 길: 예컨대, '사슴 추적로'나 '의선을 찾아가는 길' 등의 도보여행 코스를 개발하여 탄광문화 체험 탐방코스와 태백의 자연관광지를 함께 탐방하면서 스스로의 삶을 성찰하도록 한다. 『검은 사슴』이 개인적인 상처와 더불어 그들이 소속된 사회와 산업의 구조적 문제를 찾아가는 성찰의 시각을 제공하듯, 독자들이 '우리가

함께 찾는 의선' 프로그램을 통해 잊고 지낸 삶을 성찰하도록 이끈다. 문학치료 기법을 도입하여 우리 사회의 모순이라든가, 상처받은 내면아이와 대면하면서 성장하는 시간을 돕는다. 소설 속 주인공은 연골에서 죽음의 의식을 거쳐 새로운 시작을 맞이하는데, 이는 분열증적 삶에서 벗어나 진정한 자아를 찾으려는 내적 여정을 은유적으로 표현한 것이다. 의선을 찾아가는 길은 인간 존재의 의미, 각자가 떠나온 꿈들을 성찰하는 프로그램이 될 것이다.

④ 우리가 위로하는 광부 임 씨 프로그램: 작품 속 광부 이야기를 나누면서, 광부와의 만남 시간을 갖는다. 삶의 스토리를 지닌 광부를 초청하여 그들이 겪은 생생한 삶을 듣는 시간이다. 광부의 일상이나 가족사를 중심으로 한 서사를 통해 공감대를 형성하고 지역을 알리는 한편, 지역의 스토리텔링 자산을 확장한다.

⑤ 검은 사슴 열차 운행: 『검은 사슴』의 여정처럼 청량리에서 출발하는 전세열차를 운행한다. 노벨문학상 작품 무대를 찾아가는 '검은 사슴 열차'를 통해 열차 내에서는 문학작품 강독과 해설을 진행하고, 태백 현장에서는 탐방과 체험이 있는 프로그램으로 진행한다. 열차 안의 소설 낭독회와 현장의 문학 투어가 결합하면서 여정 자체가 하나의 문학적 체험을 만들어주는 독특한 관광상품이 될 것이다.

⑥ 검은 사슴 스토리텔러 양성: 지역주민이 주도하는 프로그램으로, 주민이 직접 문학 투어 가이드가 되어 방문객에게 소설 속 이야기와 함께 실제 태백의 이야기를 들려줄 수 있도록 양성한다. 이를 위해 주민을 대상으로 한 문학 교육 프로그램을 운영하고, 이들이 관광산업의 주체로 성장할 수 있도록 지원한다. 검은 사슴 문학 투어 가이드 양성을 위한 상설 아카데미는 지역 문화 재창조와 새로운 아이디어 창출의 장이 될 것이다.

⑦ 탄광문학관 설립과 검은 사슴 문화제 개최: 모든 탄광 문헌에

대한 자료보관소(archive)인 탄광문학관을 설립한다. 이 공간에서는 탄광을 키워드로 한 계절별 특색의 문화 행사를 기획하고 운영한다. 탄광문화를 기반으로 한 소설, 연극, 영화, 뮤지컬 제작을 통해 광부들의 삶과 현재를 연결하는 콘텐츠를 개발한다. 봄에는 문학 중심의 '검은 사슴 문학제', 여름에는 야간 산책 프로그램인 '달빛 사슴 투어', 가을에는 소설 속 장면을 재현하는 '사슴의 숲 연극제', 겨울에는 눈 내리는 태백의 풍경을 배경으로 '겨울 사슴 음악회'를 개최하는 식으로 탄광문화를 중심에 놓은 다양한 문화제를 기획할 수 있다.

태백시는 노벨문학상 수상 작가의 첫 장편인 『검은 사슴』의 배경지이자, 한국 최대 탄광촌으로서 선명한 문화적 정체성을 지니고 있다. 이를 중심으로 하는 문화 브랜드화 전략은 단순한 관광 상품화를 넘어 지역의 정체성을 새롭게 구축하고 지속가능한 문화관광 모델로 발전하는 계기가 될 것이다. 『검은 사슴』을 매개로 한 문화관광은 태백시의 새로운 성장 동력이자 지역 정체성을 강화하는 핵심 기제가 될 수 있다.

제10장
문학이 바꾼 장소, 평창의 메밀꽃과 원주의 토지

1. 평창의 봉평 메밀밭: 소설 한 편이 일군 메밀 산업

강릉 같은 큰 도시에도 김동명문학관이 하나 있는데, 화천군이나 인제군 같은 작은 도시에 문학관이 두 개씩이나 있다. 화천군은 이태극문학관과 이외수문학관,[1] 인제군은 만해문학박물관과 박인환문학관이 있다. 인제군은 두 시인의 문학관 외에도 한국시집박물관을 별도로 건립해두었다. 영월군은 김삿갓문학관, 원주시는 박경리문학공원, 춘천시는 김유정문학촌, 평창군은 이효석문학관, 횡성군은 이재천문학관 등을 지니고 있다. 그런데 동해시 · 삼척시 · 속초시 · 태백시 · 정선군 · 양양군 · 양구군 · 고성군 · 철원군 · 홍천군 등 강원도 18개 시 · 군 중에서 절반이 넘는 10개 시 · 군은 문학관 하나 마련하지 못하고 있

1 이외수문학관은 화천군 다목리 감성마을에 있다. 이외수(1946~2022) 작가가 생존해 있을 때, 작가의 주거공간과 집필실, 시비 산책로 등으로 화천군이 나서서 감성테마문학공원을 조성했다.

다.[2] 문학관을 지닌다는 것은 그 도시의 자랑이자, 문화적 자부심이기도 하다. 전국의 문학관은 대부분이 무료 입장이다. 그런데 춘천의 김유정문학촌과 평창의 이효석문학관은 입장료 2천 원을 별도로 내야 한다. 입장료를 낼 만큼 많은 이들이 관람할 정도로 자신 있게 문학관을 운영하고 있다는 뜻이기도 하다. 김유정의 문학과 이효석의 문학은 '김유정문학촌'에서 살펴보듯, 문학관을 넘어서서 마을 단위로 확대했다. 평창의 이효석문학관은 문학관의 입장료뿐만 아니라 주변 효석달빛언덕(이효석 생가, 나귀외양간, 연인의 달, 달빛나귀 전망대, 하늘다리, 근대문학체험관, 1930~1940년대 이효석이 평양에서 살았던 '푸른 집', 꿈꾸는 정원, 꿈꾸는 달 카페 등)을 별도로 관람하는 3천 원짜리 입장료를 따로 두고 있다. 이효석문학관과 달빛언덕 두 가지를 함께 관람하는 통합권 4,500원도 운영한다. 이효석의 소설이 지역의 문화콘텐츠와 만나 상업적 효과를 드러낸 대표적 사례로 꼽을 수 있다.

이효석문학관은 효석문화마을을 내려다보고 있다. 이효석의 「메밀꽃 필 무렵」의 무대가 효석문화마을에서 펼쳐진다. 봉평면 일대는 모두 소설의 살아있는 무대다. 봉평시장에서는 허생원과 동이가 술을 한잔 나눴을 것이고, 그 소설을 쓴 이효석의 진짜 생가와 그 옆에 따로 복원한 생가도 있다. 생가 매입에 실패하면서 옆에 생가를 복원하여 관람할 수 있도록 지은 것이다. 이효석 생가 마을에서 이효석 문학의 숲까지는 1.2km 떨어져 있다. 이효석 문학의 숲에서는 등산로를 따라 자연석 위에 소설을 기록하고 있어 산책과 소설 읽기가 함께 이뤄진다. 소설에 등장하는 허생원이 나귀를 끌고 가던 장터, 충주댁과 농을

2 춘천시에는 '전상국 문학의 뜰'이 문학관 규모를 갖추고 있으며, 원주에는 경동대학교 내에 여강문학관, 양구군에는 2012년 '이해인 시문학의 집, 김형석·안병욱 철학의 집'으로 개관했다가 2015년 '양구 인문학박물관'으로 개칭한 시와 철학을 중심으로 한 박물관이 있다.

이효석 석상

주고받는 동이를 보고 질투를 느끼던 충주집, 허생원과 성서방네 처녀가 사랑을 나누던 물레방앗간, 동이네 너와집 등이 모형으로 소설 속 등장인물과 함께 재현되어 온전히 소설 속으로 들어가는 느낌을 준다.

이효석의 소설이 만든 봉평면의 메밀꽃축제, 메밀묵과 메밀국수, 이효석문학관과 입장료를 받는 효석달빛언덕 등은 한 작가가 소설을 통해 마을을 어떻게 변모시켰는지 살펴볼 수 있다. 아래 「제주, 메밀 최대 주산지라는데… "폼 안나네"」 제하의 신문기사는 이효석의 소설이 미친 영향을 단적으로 보여준다.

> 제주는 국내에서 가장 많은 메밀 재배면적과 생산량을 자랑하고 있지만 정작 소비자의 인지도는 낮은 것으로 나타났다. 제주도는 제주를 찾은 관광객과 서울국제식품산업전에 참가한 대도시 소비자 400명을 대상으로 '제주 메밀'에 대한 소비자 인지도 조사를 실시한 결과 '메밀 하면 국내에서 제일 먼저 떠오르는 지역'으로 강원도가 62.6%, 제주는 28.0%로 나타났다고 31일 밝혔다.

제주는 2022년 기준 메밀 재배면적 1,665ha로, 전국 재배면적 2,259ha의 73.7%를 점유하고 있다. 생산량도 1,264t으로 전국 생산량(1,982t)의 63.8%에 달하는 전국 1위 주산지이다. 하지만 국내 최대 메밀 주산지는 명색일 뿐 제주의 인지도는 강원에 비해 크게 낮은 것으로 조사됐다. 이는 강원 평창 봉평이 이효석 작가의 단편소설 「메밀꽃 필 무렵」 배경으로 유명한 점, 강원에서 다양한 메밀 음식을 맛볼 수 있는 점, 메밀 축제 등이 활발하게 운영되는 점 등이 복합적으로 작용한 것으로 보인다.

'제주지역에서의 메밀 재배 또는 메밀 제품'을 아는지에 대한 물음에도 37.0%만이 알고 있다고 답했다. 63.0%는 모른다고 답해 제주 메밀에 대한 소비자의 인지도는 낮은 것으로 나타났다. 제주도 관계자는 "메밀 하면 연상되는 것은 음식(41.6%), 메밀꽃(38.1%), 축제(12.8%) 순으로 조사됐는데 제주지역은 차별화된 메밀 음식이나 특산품이 적고, 관광과 연계한 메밀꽃 및 축제 시기의 한계 등으로 소비자 인지도가 낮은 것으로 파악된다"고 설명했다.[3]

봉평 사람들이 만든 문화의 길

길을 가는 중에 사람을 만나고, 그 만남은 또 다른 길을 만들어낸다. 평창군 봉평면을 찾아간 것은 바로 그 길과 만남을 찾아서였다. 효석문화제가 열리는 봉평에는 메밀꽃만큼이나 가득하게 사람꽃이 피어 있었다. 「메밀꽃 필 무렵」이라는 소설 한 편이 초대한 독자였을까? 독자들은 소설이 안내하는 길을 따라 먼 곳에서부터 강원도 산 깊은 봉평까지 찾아왔고, 봉평에서부터는 허생원이 나귀를 끌고 다니던 흔적을 쫓고 있었다.

강릉-장평IC까지 50km 구간을 곧게 뻗은 고속도로를 달리면서

3 박미라, 「제주, 메밀 최대 주산지라는데… "폼 안나네"」, 《경향신문》, 2023. 12. 31.

태백-강릉 구간의 험준한 길을 떠올렸다. 굽이굽이 산을 돌 때마다 발굽에 돌멩이만 걸채이고, 그 얼마나 고단한 삶이었던가. 이제 강원도의 굴곡진 길도 세월을 따라 조금씩 곧게 펴지고 있었다. 그러고 보니 내 삶도 절로 고만큼씩 펴지고 있었다. 나도 모르게 발전해가는 세상이 고맙고, 세상의 발전을 위해 애써주는 이들이 고맙다.

더 나은 세상을 만들어가는 사람들을 봉평에서 만날 수 있었다. 한국문학의 자리를 세운 이효석(1907~1942), 그가 남긴 소설들이 있어서 우리가 찾아갈 수 있는 길을 열었을 것이다. 「메밀꽃 필 무렵」 단편소설 하나가 봉평이라는 작은 시골 마을을 한국문학의 유적지로 만들었고, 도시 곳곳에 메밀꽃 가득 피어나도록 만들지 않았던가. 문인과 문학, 그 위대함을 여기서 보았다. 소설이 없었다면 메밀꽃 가득한 봉평의 지금은 그저 흔한 강원도의 한 마을에 지나지 않았을 것이다. 소설은 허구의 세계가 아닌가! 그 허구 속에 핀 달밤 아래 펼쳐진 메밀꽃밭을 봉평은 무심히 읽지 않았다.

> 밤중을 지난 무렵인지 죽은 듯이 고요한 속에서 짐승 같은 달의 숨소리가 손에 잡힐 듯이 들리며, 콩포기와 옥수수 잎새가 한층 달에 푸르게 젖었다. 산허리는 온통 메밀밭이어서 피기 시작한 꽃이 소금을 뿌린 듯이 흐뭇한 달빛에 숨이 막힐 지경이다. 붉은 대궁이 향기같이 애잔하고 나귀들의 걸음도 시원하다(「메밀꽃 필 무렵」).

읽을 때마다 가슴 밑동부터 떨림이 전해진다. 달밤 아래 흐드러진 메밀꽃, 허생원을 따라가던 나도 숨이 막힐 지경이다. 이 허구가 빚은 환상의 꽃 메밀꽃을 봉평 사람들은 현실 속에서 꽃피웠다. 봉평 마을 가득 메밀꽃을 피워놓고 허생원의 길, 만남, 사랑의 시간에 우리를 초대했다. 이효석이라는 위대한 인물이 있었기에 메밀꽃 가득 관광객이 찾아오는 봉평이 가능했고, 「메밀꽃 필 무렵」이라는 소설이 있었기에 희망의 메밀꽃을 피우는 봉평이 가능했다.

이효석만큼 위대한 이들이 또 있었다. 바로 이효석의 이웃 봉평 사람들이다. 효석문화제를 만들어내기까지 이효석의 값어치를 가꾸고, 마을을 온통 메밀꽃 핀 한 편의 소설 무대로 만들어냈다. 봉평 사람들의 문학 사랑에서 소설 같은 감동을 받는 것도 그 때문이다.

우리나라에 이효석만큼 어깨를 견주던 소설가, 시인이 어디 한둘이던가. 그런데 우리나라에 봉평처럼 마을 전체를 문학작품으로 가꾼 마을이 어디 있던가. 작은 도시일수록 눈앞의 수익성이 안 보이는 문화 부문에 예산투자 하는 것을 꺼린다. 작은 도시일수록 지역문화를 가꾸는 것이 세계화의 진행 속에 더욱 소중한 일이라는 것을 모른다. 메밀꽃 술에 취하는 동안에도 21세기 문화의 세기를 열어가는 평창군 봉평면의 희망은 점점 또렷하게 보였다.

온통 「메밀꽃 필 무렵」, 축제장은 살아있는 문화현장

봉평에 들어서면 이효석의 「메밀꽃 필 무렵」이 절로 떠오른다. 식당이나 마트의 간판도, 족발집이나 술집의 간판도 메밀꽃 사진을 배경으로 하고 있다. 식당, 콘도, 펜션의 이름들은 허생원, 조선달, 동이, 충주댁 등 소설 속에서 걸어 나왔다. 마을 전체가 소설의 무대인 셈이다.

행사장을 찾아 나서는데, 제일 먼저 맞은 것은 충주집 옛터였다. 몇 발자국 안 걸어 '메밀 음식 전문점 남촌막국수' 앞마당에 세운 허생원과 조선달이 각각 나귀를 끌고, 그 뒤에 봇짐을 메고 따라가는 동이의 모형이 눈길을 끌었다. 그 옆엔 재래식 시장이 들어섰는데, 허생원 일행과 같이 장돌뱅이가 된 기분이라 마냥 즐거웠다. '이상향을 찾아 헤매는 보헤미안 이효석'을 따라 그가 이끄는 대로 걸음을 옮겼다.

가산(可山)공원에는 이효석의 동상과 비가 세워져 있으며, 공원

끝 쪽에 놓인 충주집 재현장에서는 허생원과 동이의 연정 다툼이 은근했다. 가산공원-충주집 재현장-체험행사장-섶다리까지 걷는 발걸음이 가벼웠다. 흥정천(일명 봉평천)에 들어서니 물에 빠진 허생원을 동이가 업고 건너는 광경이 선하다. 축제 방문객은 넓은 시멘트 교각 대신 양편에 놓인 섶다리로 모여들면서 줄이 늘어섰다. 소설 속의 널다리가 섶다리로 바뀐 까닭은 뭘까? 사람들은 출렁거리며 섶다리를 건너는 재미에 마냥 즐거워했다.

개천을 지나 방죽에 올라서니 눈앞에 메밀꽃밭이 환하게 펼쳐진다. 누구랄 것도 없이 와! 하는 감탄이 터져 나온다. 소설 속에서 그려보던 푸른 달빛 아래 소금을 뿌린 듯 흐드러진 메밀꽃이 실감 나게 다가왔다. 사진만 못한 것이 관광지 풍경인데, 봉평 메밀꽃밭은 사진으로 보던 것보다 더 아름다웠다. 당나귀를 타고 메밀꽃밭을 거니는 것도 기회다. 허생원이 끌던 당나귀가 메밀꽃밭을 지나는 걸 보는 것만으로도, 메밀꽃밭에 묻혀있는 것만으로도 행복하다. 작가의 작품 현장에 와 있다는 자체만으로도 감사하다.

메밀밭 가까이에는 물레방앗간이 있었다. 물레방아 돌아가는 방앗간에서 허생원과 성서방네 처녀의 사랑 이야기를 떠올리기도 하고, 허생원과 동이의 인연을 떠올리기도 했다. 그러다가 문득 오래도록 잊고 지내던 어떤 사랑의 기억을 떠올리기도 했다. 내 기억 속으로 물레방아가 돌아가기 시작했다.

일행은 물레방아 구경이 재미있는지 연신 카메라를 들이댄다. 몇은 디딜방아에 붙어서 방아 찧는 놀이에 재미 붙이는 걸 보면서 마당으로 나섰다. '물레방아 문학의 비'를 찬찬히 감상했다.

허생원이 딱 한 번 운명적인 열애를 했다는 물레방앗간, 그 운명의 여인인 성서방네 처녀가 그리워지는 공간이다. 물레방아는 그들의 사랑을 찾아주겠다며 아직도 철철 물 흘리며 잘도 돌아가지 않는가.

이효석 공원의 물레방아

그때 한 중년 부부가 '문학의 비'에 함께 조각된 미끈한 여인상을 탓하며 지나간다.

"쯧쯧, 아무 데나 여자를 벗겨 세우곤 그래."

"그래 말야, 여기 안 어울리게 너무 야하다. 생각 없이 만들었나 봐."

유혹할 듯 요염한 자세로 비에 새겨진 그 여인은 바로 성서방네 처녀이리라. 허생원의 유일한 여인, 물레방앗간에서의 운명적 사랑, 비록 하룻밤 사랑이었으나 평생 잊지 못할 여인이 아닌가. 그쯤이면 물레방앗간 앞마당 문학의 비 주인공은 성서방네 처녀가 차지하는 게 당연할 테다.

외설과 예술의 차이는 작품의 감상에 대한 차이가 아닐까? 그 중년 부부는 소설을 읽고 왔을까? 읽었다면 허생원과 성서방네 처녀의 로맨스가 이 작품의 중심 이야기이자, 달빛 아래의 메밀꽃밭과 물레방

얏간이 풍기는 에로티시즘이 작가에게서 의도된 장치라는 것을 이해했을까? 동일한 장소에서 누구는 감동을 받고, 누구는 실망한다. 이러한 차이는 어디에서 오는 걸까? 스키마의 차이는 아니었을까? 문화현장이나 여행지를 찾아갈 때는 미리 관련 서적 한 권쯤 읽고 가면 더 즐거운 시간을 보낼 수 있다. 이효석의 「메밀꽃 필 무렵」을 이해한다면, 마을 전체를 소설 무대로 꾸며놓은 봉평은 더없이 정겨운 고장으로 다가올 것이다.

우리는 「메밀꽃 필 무렵」을 읽으면서 만남, 인연, 길 등의 단어를 떠올린다. 그리고 세월이란 단절이 아니라 현재와 과거가 만나면서 연계된, 시간의 연속성이라는 걸 깨닫는다. 허생원이 과거의 시간과 만나는 매개체는 사람(동이)과 자연(달밤과 메밀꽃)이었다. 우리는 자연과 얼마나 더불어 살아가는가? 「메밀꽃 필 무렵」은 자연과 동화되어 살아가는 사람들, 자연과 유기적 관계로 살아가는 사람들의 이야기다. 자연과 사람에 대한 이효석의 마음을 알 것도 같다.

외로운 허생원의 삶을 구원하는 것은 성서방네 처녀다. 하룻밤 인연이지만 달빛 밝은 밤마다 추억하는 힘은 그를 풍요롭게 했다. 추억 속에서만 살던 허생원의 삶은 동이를 만나면서 현실로 걸어 나온다. 사람이란 얼마나 아름답고도 소중한 존재인가.

「메밀꽃 필 무렵」을 통해 외로운 사람들이 큰 갈등을 겪지 않고 서로가 지닌 상처와 기억을 소통하는 아름다운 세상을 본다. 세상을 극복해나가는 지혜란 소외를 넘어선 만남과 소통이며, 과거의 상처를 치유하며 현재를 가꾸는 진실의 힘이라는 것도 깨달았다.

봉평-대화-제천으로 이어지는 「메밀꽃 필 무렵」은 우리에게 인생의 길을 제시한다. 우리의 삶이 어디에서 출발해 어디로 향해야 할 것인지를 생각하게 한다. 제천행은 과거의 추억에 머물던 허생원이 미래를 향해 나아가는 돌파구가 된다. 과거에서 미래로 나아가는 전망은 우리더러 추억을 미래로 만들 것을 주문하고 있다.

등장인물 셋 모두 장돌뱅이로 설정한 것 역시 이 장터에서 저 장터로 떠도는 길 위의 사람들이다. 이효석은 장돌뱅이를 통해 길 위에 놓인 우리의 삶을 보여주고 싶었을 테다. 안정되지 못하고 떠돌 수밖에 없는 유랑하는 사람들을, 외롭고 고단한 사람들의 삶을 길을 통해 표현했을 테다. 봉평장터에서 대화까지 가는 길 위에 머무는 허생원 일행, 그들은 외롭기 때문에 유랑하는 것일까, 유랑하기 때문에 외로운 것일까? 「메밀꽃 필 무렵」은 살아가면서 만나게 되는 숱한 인연을 '길'이라는 공간을 통해 드러내고 있다.

그러나 그 길이 외롭지만은 않다. 밤새워 걸어간 다음 날 새로운 장터에서 생업을 시작해야 하는 장돌뱅이, 그 고단한 삶의 길에도 환상적 달빛이 비치고 있다. 동화적 풍경이 가능했던 것은 물레방앗간에서 있었던 환상적 사랑과 아들로 암시되는 동이와의 만남 때문이리라.

「메밀꽃 필 무렵」에 등장하는 달은 성서방네 처녀와 동일시된다. 달빛이 있는 날마다 허생원은 추억을 되새겼으리라. "이지러는 졌으나 보름을 갓 지난 달은 부드러운 빛을 흐뭇이 흘리고 있다"는 진술은 허생원과 성서방네 처녀의 하룻밤 사랑을 염두에 두었으리라.

이효석의 소설도 아름답거니와 그가 생활 속에 남긴 말들마저 아름답다. "세상에서 가장 아끼고 사랑하는 것은 나날의 생활과 예술"이라던 이효석, "인간 중 시인이 가장 가치 있는 인간"이라던 이효석. 그래서 그의 소설은 시처럼 아름다웠으리라.

물레방앗간 옆으로 난 산길을 올라 이효석문학관에 들어섰다. 이효석의 소설 『화분』을 두고 한 연구자는 "작중 인물 영훈은 작곡가로서 정신적인 구라파주의자"라면서 "구라파주의는 그의 서구적 교양의 산물로서 그 자신의 '실향의식', '이방인 의식', '유랑의식'과 무관하지 않다고 했다. 구라파주의는 '먼 곳에 대한 동경의 한 형태'라는 점에서, 이것은 작가의 낭만주의적 문학 태도의 한 변형태라 할 수 있다"고 했다.[4] 이 구라파주의를 실향의식보다는 제국문화에 동화된 식민지 지식인의 낭만주의라고 보면 어떨까? 이효석의 생애에서 드러나듯 그는 서구 취향을 지니고 있었지 않은가? 너무 불손해지는 걸까?

또 다른 연구자는 이효석이 1930년대 중반에 이르러 이국 지향성과는 거리가 있는 '향토'를 호명하는 상황이 식민적 상황에 대한 작가의 태도와 어떤 관련성이 있는지를 살펴본 바 있다. 이효석의 소설에 와서 "향토는 획일화된 근대의 논리, 중심의 논리에 포획되지 않는 반동적 기운이 가득 찬 곳으로 기호화된다. 식민화, 근대화로 인한 열등감과 피로감, 환멸 등에 대한 정서적 대체물로서의 고향, 농촌, 향토는 '향토적 서정성'이라는 독특한 미적 아우라를 자아"낸다면서 "전도된 오리엔탈리즘의 국면으로 읽힐 가능성"을 제시한 바 있다.[5]

경성제국대학을 나와 식민지라는 모순을 살아가는 지식인이 가졌을 내면적 동요는 무엇이었을까? 서구 중심의 이국 취향의 생활과는 달리 문학에서는 「메밀꽃 필 무렵」, 「산협」, 「개살구」 등의 작품에서 나타나듯 짙게 배어나는 고향의 향토적 서정을 그렸다. 그런 이효석의 심리는 무엇이었을까?

산업화 시대를 살면서 고향을 잃어버리고, 중앙지향의 권력만을 찾아 나서느라 진정한 지역을 잃어버리고 살아가는 우리에게 이효석의 작품이 던지는 의미는 의미심장하다. 이효석은 고향을 떠나있으면서도 작품의 무대는 고향에 머물렀다. 소설 「산협」에서는 고향인 영서

4 서준섭, 「이효석 소설과 식민지 작가의 '문화적 정체성'의 문제」, 『이효석 문학의 새로운 지평: 이효석 탄생 100주년 기념 논문집』, 이효석문학선양회, 2007, 24-25쪽.

5 김양선, 「이효석 소설에 나타난 식민지 무의식의 양상」, 『이효석 문학의 새로운 지평: 이효석 탄생 100주년 기념 논문집』, 이효석문학선양회, 2007, 208쪽.

지방의 고유한 생활풍속을 구체적 삶의 현장으로 그렸다.[6] 그는 고향을 지켰으며, 고향을 새롭게 만들었으며, 고향을 영원히 소설의 무대로 제공했다. 이효석은 진정한 강원지역의 문인이며, 봉평의 문인이다. 봉평 일대 강원을 배경으로 한 지역문학이 한국문학의 중심이 되고, 세계문학으로 나아갈 기틀을 만들었다. 강원문학의 가능성을 보여준 것이다. 이제 향토색을 살린 번역을 통해 세계와 봉평이 만나는 과제가 남았다. 세계인이 효석문화제를 찾아오는 그런 날이 곧 올 것이다.

발로 읽는 소설 「메밀꽃 필 무렵」

문학관을 둘러본 뒤 10여 분 정도 걷는 거리에 위치한 이효석 생가로 향했다. 이효석 탄생 100주년을 기념하여 복원공사 준공식을 했다. 고증을 거쳐 복원되었다는 옛 가옥은 생가터에 자리한 기와집과 달리 초가집이었다. 위대한 작가가 살던 집을 찾아간다는 설렘은 길옆에 흐드러진 메밀꽃의 살랑거림과도 같았다. 이효석이 걷던 길, 동일한 공간에 머물면서 위대한 작가와 함께 길을 걸어가는 동일성을 느꼈다.

달밤 아래 메밀꽃이 필 무렵 허생원이 나눈 사랑 이야기, 허구의 세계에 지나지 않는 소설 한 편이 오늘의 봉평에서는 현실로 등장했다. 봉평에서는 작가와 함께 소설 속 주인공들이 살아 움직이고 있었다. 이제 독자들은 책을 통해서만 「메밀꽃 필 무렵」을 읽는 것이 아니라, 봉평 마을이 낸 길을 따라가면서 「메밀꽃 필 무렵」을 읽는다. 눈으로만 읽는 것이 아니라 발로 읽고, 온몸으로 읽는다.

마을은 비단 축제 기간이 아니라도 언제든지 소설을 느낄 수 있

6 풍속재현에 대한 의미는 서준섭, 「이효석 소설과 강원도」, 『이효석 문학의 새로운 지평』, 이효석문학선양회, 2007, 92쪽 참조.

게끔 구성되어 있다. 특정한 공간에 이효석과 작품이 결집된 것이 아니라 시내 중심가에서부터 이효석 생가까지 족히 40분은 걸어야 할 거리 곳곳에 이효석과 소설 「메밀꽃 필 무렵」을 느끼게끔 장치해두었다. 시내에 위치한 충주집 옛터-재래시장-허생원 일행의 모형-가산공원-충주집 재현장-개천-메밀꽃밭-물레방앗간-문학의 비-이효석문학관-이효석 문학비-이효석 복원 생가-이효석 생가터-메밀꽃랜드(야생화 연출장)를 잇는 마을 전체의 길이 이효석과 「메밀꽃 필 무렵」을 느낄 수 있도록 구성해두었다.

이효석을 중심으로 봉평의 지리를 먼저 익히고 나면 봉평마을 전체가 「메밀꽃 필 무렵」의 소설 무대로 실감 나게 살아난다. 다음이 그 지리적 정보다.

> 1907년 2월 23일, 강원도 평창군 봉평면의 본마을 창동리 서남쪽에 있는 성황당을 지나 봉평마을 건너 쑥 빠진 협곡의 마을인데 효석의 생가는 이 마을의 중간쯤 되는 우경산 밑이다. 효석은 봉평과 평창 사이 100리를 거의 걸어서 다녔다. 그래서 그 길은 자연 집에서 나와 남안리 마을을 거쳐 봉평천(홍정천)에 다다르고, 여기에서는 좌편 강변에 있는 동리 물레방아를 만나게 되고, 그다음은 봉평천 징검다리를 건너 봉평의 성황당을 지나면서 봉평의 본마을 창동리에 들어와 상가와 주점, 즉 봉평장터 거리를 뚫고 시내를 빠져나오게 되는데 이 중 충주집(훗날 「메밀꽃 필 무렵」의 작품 속에 나오는 주점)이라는 주점도 지나왔었다.
>
> 봉평 시내를 빠져나와서는 장평까지 20리, 노루목고개(작품 속에 나오는 고개)를 넘게 되면 장평의 개울(작품 속에 나오는 개울)에 이르며, 이 개울을 건너서는 장평 삼거리(한 길은 봉평 가는 길, 한 길은 강릉, 한 길은 평창 길)에 닿게 되고 장평에서 대화까지는 30리, 하장평, 재산, 재재(고개 이름)를 넘어 신리, 상대화리, 대화로 이어진다(출처: 이효석문학관).

메밀꽃랜드(야생화 전시장)에서는 물레방아로 메밀을 찧는 모습을 볼 수 있어서 인상적이었다. 입구에서는 물레방아가 돌아가고 안에서는 그 물레방아를 이용해 메밀을 찧는 모습을 볼 수 있도록 개방했다. 물레방앗간이 없는 요즘은 귀한 구경거리였다. 또 전시장 안에서는 액자형 판 수십 개에 적힌 소설을 하나하나 읽어가다 보면 「메밀꽃 필 무렵」 소설 한 편과 야생화와 분재를 다 둘러볼 수 있게끔 배치했다.

행사장 전체가 넓게 퍼져있는데도 걸어가는 곳곳에 작품과 관계된 볼거리가 배치되어 있어 전혀 지루하지 않았다. 봉평마을은 마을 전체를 문학적 주제로 배치함으로써 다른 축제현장이나 문인 생가를 방문했을 때 가질 수 없던 깊이를 가능하게 했다.

메밀꽃 천지, 소설이 만든 산업

이효석문화제 행사장 근처에는 '메밀싹나물비빔밥'을 비롯해 메밀 메뉴 음식이 많았다. 메뉴를 쳐다보던 한 학생이 소리쳤다.

"어라, 메밀주스가 뭐지?"

메뉴판을 쳐다보니 메밀이 메뉴판 앞에 지켜 섰다. 메밀정식, 메밀물막국수, 메밀비빔막국수, 메밀싹나물밥, 메밀묵사발, 메밀싹묵무침, 메밀전병, 메밀전, 메밀동동주, 메밀주스… 메밀이 붙지 않은 메뉴는 하나도 없었다. 그게 재미있어 밥을 먹다 말고 사진부터 한 장 찍었다.

메밀꽃밭을 가로질러 물레방앗간으로 향하는데, 앞산 중턱에 '메밀송어회'라는 커다란 간판이 눈길을 끌었다. '메밀송어회라니? 메밀 먹고 자란 송어인가?' 볼 것도 많고, 알아야 할 것도 많은 축제장이니 그 답은 뒤로 미뤘지만 봉평에는 술, 전병, 국수, 비빔밥 등 메밀로 못 만들어내는 음식이 없어 보였다. 장터에는 메밀베개까지 상품으로 나와 있었다.

식당마다 준비하고 있는 봉평의 메밀꽃술이나 허생원 메밀꽃술은 강원도 특주 반열에 오르고 있다. 2006년 제4회 대한민국막걸리축제에서는 대상도 받았다.

봉평의 산골 소년 이효석, 그 소년의 창작욕구와 표현욕구가 소설가로 이끌고, 소설은 봉평을 전국 최초로 문화마을(1990년 문화마을 제1호로 효석문화마을 선정)로 만들어냈다. 소설의 제목에서도 선명하게 드러나는 메밀꽃은 이제 봉평지역의 주요 산업으로 자리를 잡았다. 다른 농작물도 많았을 봉평의 밭을 모두 메밀밭으로 전환한 문학의 힘을 여기서 본다. 문인과 소설이 산업으로까지 이끈 문화의 힘을 봉평에서 확인할 수 있었다. 문학을 이해하고, 문화를 이해한 봉평 주민의 높은 안목을 확인할 수 있었다.

메밀로 특화된 마을 봉평은 메밀꽃 천지였다. 봉평에서는 메밀의 재배에서부터 가공까지, 그리고 메밀 제품의 다양화를 통한 유통에까지 나섰다. 이제 봉평의 메밀꽃은 세계를 향해 발걸음을 내디뎠다. 효석문화제 행사장에는 한일 메밀문화 교류 및 시식회가 열렸다. 평창군과 자매결연한 일본 도야마현 난토시에서 일본의 메밀 음식을 가져와 동참한 것이다. 메밀을 활용한 제품이 늘어나면서 봉평은 쉬지 않고 돌아가는 물레방아처럼 바쁘다. 이효석문학관에 메밀의 효능에 대한 소개까지 마련된 것은 그 때문이리라. 소설과 메밀에 대한 이해까지 덧붙여져서 봉평의 문화상품은 세계를 향해 걸음을 딛고 있었다.

메밀과 이효석의 문학이 빚은 효석문화제는 새로운 도약을 준비하고 있다. 축제 분야에서는 국내 최초로 국제상품화 규격에 맞춰 100주년 기념 효석문화제 개막식에서 ISO 인증을 받았다. 문학과 산업의 결합이 윈윈(win-win)하는 결실을 맺은 것이다.

효석문화제를 돌아보고 귀가하는 길에 동이의 아버지를 떠올렸다. 행사장에서 동행했던 학생들의 궁금증도 동이가 허생원의 진짜 아들이냐는 것이었다. 허생원은 성서방네 처녀를 찾아 제천으로 떠나고,

왼손잡이 동이는 아버지를 찾아 왼손잡이 허생원을 등에 업었다. 동이는 정말 허생원의 아들일까? 동이는 아버지를 찾을 수 있을까?

독자에게 여운을 남기는, 열린 구조가 좋은 작품이라고 했다. 결말에서 동이가 허생원의 아들일 수 있다는 강한 암시를 던진다. 이러한 해피엔딩의 구조에서 독자들은 안도한다. 아버지의 가슴에 얼굴을 파묻었을 만큼이나 편안한 심정이 되는 것이다. 다음 날 장터에 도달하기 위해 밤새도록 길을 걸어가는 허생원의 고단한 삶에 안쓰럽던 마음이 위안까지 얻는다.

「메밀꽃 필 무렵」은 해피엔딩에, 열린 결말 구조까지 갖추고 있어 아동에게 권하기 좋은 장점을 가졌다. 물레방앗간의 사랑이라든가 어려운 토속적 언어 등의 문제만 해결하면 좋은 어린이용 도서가 될 것이다. '다림'에서 어린이용 이효석 단편집 『메밀꽃 필 무렵』을 내놓은 것이 한 사례다.

널리 알려진 후속편의 사례로는 마가렛 미첼(1900~1949)의 『바람과 함께 사라지다』에 이어진 알렉산드라 리플리의 『스칼렛』을 들 수 있다. 스칼렛이 『바람과 함께 사라지다』에서 던진 "결국 내일은 내일의 태양이 솟아오를 것이다(After all, tomorrow is another day)"라는 명대사는 지금도 회자되고 있다. 『바람과 함께 사라지다』는 미국 출판 사상 가장 많이 팔린 소설로 미첼 생존 시에만도 40개국에서 총 800만 부(지금까지 총 2천만 부)가 판매됐으며, 영화로도 1965년 「사운드 오브 뮤직」이 나오기 전까지 30년간 세계영화 흥행 수익 1위를 지킨 작품이다. 이러한 고전의 후속편으로 1991년 등장한 『스칼렛』 역시 인기를 누리면서 미국에서 3개월 동안 베스트셀러 1위, 한국을 비롯한 세계 30여 개국에 번역되어 인기를 누렸던 것을 기억한다.

스칼렛의 뒷애기처럼 허생원이나 동이의 이야기를 후속편으로 써보는 것은 어떨까? 「메밀꽃 필 무렵」에서 허생원은 성서방네 처녀와 세상 어딘가 존재할 것 같은 아들을 찾아 떠나는 것으로 암시되고 있다. 또 허생원과 같은 왼손잡이 동이가 아들일 것 같다는 암시를 드러낸다.

"내일 대화장 보고는 제천이다."
"생원도 제천으로? …"
"오래간만에 가보고 싶어. 동행하려나 동이?"

우리는 가엾은 사내 허생원의 고단한 삶을 보상하는 해피엔딩의 결말에 적이 안심했다. 하지만 제천으로 간 허생원이 과연 동이의 어머니를 만났을까? 과연 동이의 어머니가 성서방네 처녀였을까? 동이를 아들로 확인한 단서가 왼손잡이였는데, 이것은 유전되지 않는다는 사실쯤은 과학 시대를 살고 있는 우리 모두 알고 있는 것이 아닌가? 소설을 이해할수록 긴 여운을 따라 궁금증도 깊어지고 있었다. 아직도 우리의 마음은 메밀꽃 필 무렵, 메밀꽃밭에 머물고 있다. 단편소설 하나가 바꾼 봉평마을을 보면서, 장소의 변화 과정에 개입하는 문화의 힘과 산업의 변화를 함께 새길 필요가 있다.

2. 박경리가 낳은 문화의 산물: 박경리문학관과 토지공원

박경리의 문학 자산을 품은 단구동과 회촌

강릉시의 '강'과 원주시의 '원'이 '강원'이라는 지역명을 만들었듯, 원주지역은 예부터 강원도의 핵심 장소였다. 역사적으로는 원주에 있던 강원감영(1395~1895)을 들 수 있고, 근래의 변화로는 혁신도시 유치를 통한 강원도 최대 도시 성장을 꼽을 수 있다. 도청 소재지는 춘천에 있으나

읽기 자료 **박경리문학공원**

우리나라 문단의 기념비적인 작품으로 꼽히는 박경리 선생의 대하소설 『토지』를 주제로 개관했다. 토지의 산실인 박경리 작가 옛집이 1989년 택지개발지구로 편입되자 역사의 뒤안길로 사라질 것을 염려한 문화계의 건의에 따라 한국토지공사 시공으로 1997년 9월 착공하여 1999년 5월 완공되었다.

박경리문학공원은 박경리 선생의 옛집과 정원, 집필실 등을 원형대로 보존하였고, 주변 공원은 소설 『토지』의 배경을 옮겨놓은 3개의 테마공원(평사리 마당, 홍이 동산, 용두레벌)으로 꾸며졌다. 박경리 선생의 옛집은 박경리 선생이 1980년 서울을 떠나 원주 단구동으로 이사와 살면서 소설 『토지』 4부와 5부를 집필하여 1994년 8월 15일 대단원의 막을 내린 곳이다. 박경리 선생이 손수 가꾸던 텃밭과 나무 등 선생의 숨결이 배어 있다. 이후 '박경리 문학의 집'을 2010년 8월 15일 개관함에 따라 대문호의 일상과 삶의 자취는 물론, 평생을 바쳐 집대성한 거대한 문학의 산맥을 한자리에서 만날 수 있게 되었다. 예전에는 3층으로 운영했으나 지금은 5층으로 구성되었다. 5층은 박경리 작가의 지나온 삶을 회상하고 작가가 살던 현실세계와 마주하는 공간이다. 4층은 박경리 작가의 삶과 작품을 연구하는 공간, 3층은 토지의 역사적 · 공간적 이미지와 등장인물 관계도, 하이라이트, 영상자료 등을 통해 소설에 대한 관람객의 이해를 돕는 공간이다. 2층은 '박경리와 만나다'를 주제로 연표와 사진, 시로 구성하였으며, 유품을 전시했다. 1층은 사무공간이며, 공원 내에 북카페와 느린 우체통이 있다.

1999년 5월 완성 후 '토지문학공원'으로 불리다가 2008년 토지문화관(1999년 개관)과 명칭이 유사하여 탐방객의 혼란을 막기 위해 '박경리문학공원'으로 개칭하였다. 박경리문학공원은 연간 10만 명 이상의 탐방객이 찾는 원주의 명소다.

원주에는 박경리 선생을 기리는 곳으로 흥업면 매지리에 있는 토지문화관과 단구동 박경리문학공원이 있다. 박경리 선생은 1980년부터 1998년까지 18년은 단구동에서, 1998년부터 타계한 2008년까지 10년은 매지리에서 거주하며 전 21권의 대하소설 『토지』를 완성하였다. (소설 『토지』는 등장인물만 700명이 넘고 200자 원고지 4만여 장이나 된다. 1969년 서울 정릉에서 첫 집필을 시작해 1999년 탈고하기까지 30년에 걸쳐 완성한 역작이다. 우리 민초의 애환과 한민족의 근대사가 고스란히 담겨 있다.) 현재 우리나라에 박경리 선생과 관련된 공간은 선생의 고향인 경남 통영시 박경리기념관과 소설 『토지』 1부의 주무대가 된 하동군 악양면 최참판댁 인근 박경리문학관, 그리고 『토지』를 완성하고 선생이 말년을 보낸 매지리 토지문화관 등이 있다.

출처: 강원도민일보, 『강원명품, 문화관 100선(9)』, 강원도민일보, 2020.

원주는 지리와 경제적 측면에서 강원도의 중심도시 역할을 하고 있다.

대문호 반열에 오른 박경리를 기리는 토지문학공원은 작품 『토지』가 쓰이고 완성된 장소라는 점에서도 큰 의미가 있다. 장소는 인간 실존의 중심 공간으로서 공동체의 정체성을 빚는 역할을 한다. 단구동과 회촌은 박경리의 흔적을 품기 이전과 이후의 정체성이 선명하게 구분된다.

박경리는 1926년 경남 통영시에서 출생하여 통영초등학교와 진주여고를 졸업했다. 박경리는 은행원으로 근무하던 시절(1954~1955) 상업은행(현재의 우리은행) 사보에 본명 '박금이'로 16연 159행 장시 「바다와 하늘」을 발표한 바 있다.[7] 1955년 현대문학에 단편 「계산」 추천 이후, 장편 『김약국의 딸들』, 『토지』 등의 소설을 발표하면서 소설가로 명성을 얻는다. 1996년 토지문화재단 이사장 취임, 1999년 토지문화관 개관, 2001년 문학예술인을 위한 창작실 운영 등의 활동으로 문학의 저변확대에 나선 바 있다. 2003년 환경문화계간지 『숨소리』를 창간하여 세상과 소통하기도 했다.

박경리는 단구동에 18년간 살면서 『토지』 집필을 마무리하고, 1998년 회촌의 박경리 뮤지엄(토지문화관)으로 터전을 옮긴다. 박경리의 삶의 공간 변화는 원주지역의 문학적 공간 재탄생으로 이어진다. 단구동 옛집과 주변 일대는 1999년 토지문학공원으로 재탄생했다. 단구동과 회촌은 박경리라는 작가 한 사람이 빚은 문학적 장소이자, 문화적 공간으로 확대재생산되는 중이다.

1980년 서울 정릉 집을 떠나 원주 단구동에 정착한 시기의 시작품에는 박경리의 마음고생이 드러난다. 박경리의 시에 나타난 단구동의 삶에는 가난과 외로움, 고단한 세월 등이 담겨 있다. "속초 가서 동

---

7 김영식, 『섬강은 어드메뇨 치악이 여기로다』, 북갤러리, 2020, 72쪽.

박경리 집터(단구동)

태장사를 하면 / 가만히 내버려 두기나 할 것이든가 / (중략) / 대절한 택시 속의 나는 미이라 / 단구동 눈익은 문 앞에 내려서서 / 잡혀온 탈옥수같이 / 치악의 연봉 보며 눈물 흘렸다”(「못 떠난다」)[8]며 고단한 세월을 단구동에 녹여낸다. 곤궁한 삶을 살던 시절, 속초에 가서 동태장사를 생각하다가 되돌아온 곳이 단구동이니, 단구동은 고단한 삶을 품어주고 다독여주는 '집' 같은 장소이기도 하다.

단구동은 박경리가 삶의 터를 뿌리내리고 집필하며 문학의 길을 걷고, 텃밭을 가꾸며 일상생활을 하던 장소다. “독야청청 / 미명 앞세우고 피신해온 곳 / 원주 단구동”(「독야청청」)[9]에서 나타나듯, 마음도 피폐한 상황에서 찾아온 단구동에서 박경리는 삶의 이치와 자연의 이치를 터득한다. “단구동에 이사 왔을 무렵 / 매 한 마리가 내게로 왔다 / 고기 한 점 주었더니 / 얌전하게 먹었다 / 그때부터 매는 / 이따금 찾아

8 박경리, 『못 떠나는 배』, 지식산업사, 1988, 107-108쪽.

9 박경리, 『자유』, 솔출판사, 1994, 87쪽.

왔고 / 나는 고기를 주곤 했다 / (중략) / 우리는 시시각각 / 이별하며 살아간다 / 우리는 시시각각 / 자신과도 이별하며 살아간다"(「매」)[10]고 했다. 박경리는 "원주는 추운 곳"이라면서도 "서울 갔다 오는 날" 원주에 들어서면, "고향길 돌아온 듯 / 마냥 마음이 놓인다"(「객지」)[11]고 고백할 정도로 단구동에 정을 붙여 살았다.

> 월간경향지는 사(社)의 사정으로 「토지」 연재를 중단했다. 작가 생활 30여 년 게재지에서 작품을 중단하기론 이번이 처음이며 안으로 지쳤고 밖으로 중단의 고배를 마신 것이다. 사정이야 여하튼 나는 나를 추슬러야 했다. 시집의 출간은 내 고질에 대한 처방인가, 모르겠다. 용기 한번 내어본 거라 하고 말았으면 좋겠는데 시인이라는 남의 명칭을 도용한 것 같은 느낌이 자꾸 든다.[12]

인용문은 박경리가 시집을 내면서 자신의 곤궁한 삶의 처지와 소설과 시의 장르를 넘나드는 데 대한 소회를 밝힌 내용이다. 박경리는 대중에게 소설가로 알려졌지만, 시집도 적잖게 출판했다. 『못 떠나는 배』(1988), 『도시의 고양이들』(1990), 『자유』(1994), 『우리들의 시간』(2000) 등의 시집을 발행했다. 2008년 박경리가 작고하던 해의 유고시집 『버리고 갈 것만 남아서 참 홀가분하다』(2008)는 발행 3개월 10일 만에 29쇄[13]를 찍을 정도로 베스트셀러로 자리했다.

> 회촌 골짜기를 떠나 도시로 가면 / 그들도 어엿한 장년 중년 / 모두 한

10 위의 책, 73쪽.

11 위의 책, 41-42쪽.

12 박경리, 『못 떠나는 배』, 지식산업사, 1988, 10-11쪽.

13 초판 1쇄 2008년 6월 22일, 29쇄 10월 2일.

몫을 하는 사회적 존재인데 / 우습게도 나는 / 유치원 보모 같은 생각을 하고 / 모이 물어다 먹이는 / 어미 새 같은 착각을 한다 / 숲속을 헤매다 돌아오는 그들 / 식사를 끝내고 흩어지는 그들 / 마치 / 누에고치 속으로 숨어들 듯 / 창작실 문 안으로 사라지는 그들 / 오묘한 생각 품은 듯 청결하고 / 젊은 매같이 고독해 보인다

- 박경리, 「산골 창작실의 예술가들」 부분[14]

회촌 골짜기 넘치게 안개가 들어차서 / 하늘도 산도 나무, 계곡도 보이지 않는다 / 죽어서 삼도천 가는 길이 이러할까 / 거위 우는 소리 / 안개를 뚫고 간간이 들려온다 / 살아 있는 기척이 반갑고 정답다 // 봄을 기다리는 / 회촌 골짜기의 생명 그 안쓰러운 생명들 / 몸 굽히고 숨소리 가다듬고 있을까 / 땅 속에서도 / 뿌리와 뿌리 서로 더듬으며 / 살아 있음을 확인하고 있을까

- 박경리, 「안개」 부분[15]

박경리의 시에 드러난 단구동의 삶은 고단한 원주 생활이었지만, 회촌의 삶에는 연민과 서정으로 가득하다. 작은 생명체에 대한 생태주의적 애정은 문학 창작에 나선 후배들에 대한 연민의 눈길과 크게 다르지 않다. 「산골 창작실의 예술가들」에서는 어미 새의 마음으로 후배들을 대하는데, "창작실 문 안으로 사라지는 그들 / 오묘한 생각 품은 듯 청결하고 / 젊은 매같이 고독해 보인다"라면서 젊은 문학도에 희망을 건다. 또 「안개」에서는 "뿌리와 뿌리 서로 더듬"는 생명이 있는 존재와 "죽어서 삼도천 가는 길이 이러할까"에 이르는 사라질 유한의 존

14 박경리 유고시집, 『버리고 갈 것만 남아서 참 홀가분하다』, 마로니에북스, 2008, 38-39쪽.

15 위의 책, 102쪽.

재를 대비시킨다. 회촌에서는 죽음을 준비하는 박경리의 마음이 함께 담겨 있다.

음식이 썩어 나고 / 음식 쓰레기가 연간 수천억이라지만 / 비닐에 꽁꽁 싸이고 또 땅에 묻히고 / 배고픈 새들 짐승들 / 그림의 떡, 그림의 떡이라 / 아아 풍요로움의 비정함이여 / 정월 초하루 / 회촌 골짜기는 너무 조용하다

– 박경리, 「까치설」 부분[16]

북극의 빙하와 설원을 생각해 본다 / 북극곰의 겨울잠을 생각해 본다 / 그 가열한 꿈속에는 / 존재의 인식이 있을 것 같다 / 넘치고 썩어 나는 뜨뜻미지근한 열기 속에는 / 예감도 구원에의 희망도 없다 / 봄도 없다 // 자본주의의 출구 없는 철옹성 / 온난화 현상이 일렁이며 다가온다 / 문명의 참상이 악몽같이 소용돌이친다 / 춥지 않은 회촌 골짜기의 올해 겨울

– 박경리, 「회촌 골짜기의 올해 겨울」 부분[17]

흥업면 매지리 회촌의 삶을 다룬 시편에서 박경리가 주목한 것은 생명과 환경에 주목하는 생태주의적 시선이다. 「까치설」에서는 낭비되는 음식 쓰레기 속에서도 배고픈 짐승들이 먹지 못하는 비정함을 다루고 있으며, 「회촌 골짜기의 올해 겨울」에서는 지구온난화의 위험성을 자본주의의 문명 속에서 살피고 있다.

시를 통해 살핀 단구동과 회촌에는 박경리가 처한 상황이라든가, 작은 생명에도 눈길을 던지는 애틋한 마음이 함께 담겨 있다. 박경리가

16 앞의 책, 112-113쪽.

17 위의 책, 114-115쪽.

박경리 문학의집(단구동)

박경리 뮤지엄(흥업면)

원주에 뿌리를 내리고 작품활동의 성과를 거둔 것이 그 개인의 몫이었다면, 토지문화재단이 운영하는 회촌의 박경리 뮤지엄과 단구동의 토지문학공원은 사회공동체와 더불어 이뤄낸 성과들이다. 개인의 창작 작업이 문화의 힘으로 확산하는 모습을 단구동과 회촌에서 확인할 수 있다. 작가 한 사람의 삶이 빚은 문학의 장소, 문학의 힘, 문학이 문화로 나아가는 원주의 문학적 토양은 지역성을 바탕으로 문화로 확대하고 있다.

원주의 생명사상을 반영한 인물과 장소

박경리의 사위 김지하(1941~2022)[18]는 시인이자 민중 투사로서 굵직한 이정표를 남겼다. 김지하는 1964년 계엄령하에서 대일 굴욕외교 반대투쟁에 가담한 일로 첫 수감생활(4개월)을 시작한다. 1974년에는 민청학련 사건으로 다시 투옥되는데, 비상보통군법회의에서 사형을 선고받았다. 1975년 석방되었으나 반공법 위반으로 재투옥되는 등 투사의 삶을 이어간다. 그러다가 1976년 옥중기 발표로 징역 7년 선고, 1980년 형 집행 정지로 석방되는 파란을 겪는다. 1991년 「조선일보」에 '죽음의 굿판 걷어치워라'(원제 「젊은 벗들, 역사에서 무엇을 배우는가」)를 기고하면서 민중 투사에서 변절자라는 비판을 받는다. "1980년 말의 출옥 이후 그의 삶은 조용한 가운데 생명사상 또는 후천개벽사상의 가없는 순력 길을 떠도는 구도의 모습"[19]으로 보기도 했다. 그 무렵의 김지하의 시에서는 감옥 쇠창살 너머로 "작은 풀씨 속에 초원이 자

18 전남 목포 출생. 1969년 「시인」 지에 「황톳길」을 발표하면서 작품활동 시작. 시집으로 『황토』, 『타는 목마름으로』, 『오적』, 『애린』, 『검은 산 하얀 방』, 『이 가문 날의 비구름』, 『별밭을 우러르며』, 『중심의 괴로움』, 『화개』 등

19 채광석, 「'황토'에서 '애린'까지」, 『애린 첫째권』, 실천문학사, 1986, 148쪽.

라는 것 / 좁은 빈틈에서 폭풍이 터져나오는 것"(「안산」)[20]이라든가, "감옥이라도 / 하늘만은 막지 못해 / 밤마다 두견새 와서 울고 / 시간이 무너진 자리"(「물구나무」)[21] 등에서 생명운동의 기운들이 드러나고 있다.

> 원주 형제들이 / 국밥집을 차렸다 한다 / 기독병원 들목에 소머리 국밥집 / 소비조합원 국밥집 천하태평집 / 국밥국밥 천하태평국밥 / 머릿고기며 도가니도 안주로 낸다 한다 / 공근 생산조합 소머릿고기
>
> - 김지하, 「그 소, 애린 46」 부분[22]

1980년대에 발표한 「애린」 연작은 짙은 서정성으로 1960~1970년대의 김지하가 다루던 현실 참여적인 저항시에서 벗어나 있다. 그렇다 하더라도 위의 시에서처럼 민중과 함께 새로운 세상을 준비하는 실천의식은 여전히 남아있었다. 소비조합과 천하태평국밥 등은 출옥 이후 김지하가 만나는 "원주 형제들"의 구성원과 새로운 세상을 만드는 활동에 나선다. 소비조합 운동 실천가이자, 1970~1980년대 민주화 운동에 나섰던 장일순(1928~1994)과 함께 보폭을 넓힌다. 장일순의 서예로 「북원문학」의 표지 제자(題字)를 활용했으니 장일순은 원주문단과도 인연이 깊다.

김지하의 생명운동은 그가 스승으로 여긴 장일순이 앞서 1977년 생명운동으로 전환한 데서 영향을 받은 것으로 보인다. 동학사상에 기댄 장일순은 산업화 과정에서 생명을 위협받는 농민과 노동자의 삶을 생각하면서 가톨릭 원주교구(당시 지학순 주교)와 더불어 신협운동, 생활협동조합운동, 한살림운동을 시작했다. 장일순과 김지하는 동학으로

---

20 김지하, 『애린 첫째권』, 실천문학사, 1986, 18쪽.

21 위의 책, 39쪽.

22 김지하, 『애린 둘째권』, 실천문학사, 1986, 76쪽.

방향전환을 하면서 1980년대 중반 들어서 가톨릭의 영향에서 벗어난다.[23] "협동을 자본가에 대한 경제적 약자들의 대항 수단으로서가 아니라 우주 모든 생명들의 존재 법칙으로 인식하고, 이에 따라 협동운동을 공생세계 건설을 위한 실천 방안으로 모색"[24]한 것이다.

> 원주역 바로 앞엔 해방촌 / 해방촌 바로 뒤엔 법원 / 법원 바로 옆엔 주교관 // 어느 그믐밤 / 은발의 주교님이 길을 가셨다 / '할아버지 놀다가 세요' / '놀 틈 없다' / '틈 없으면 짬을 내세요' / '짬도 없다' / '짬 없으면 새를 내세요' / '새도 없다' / '새도 없으면 탈나세요' / '탈나도 할 수 없지 / 옜다 과자나 사 먹어라' / 어느 보름밤 / 은발의 주교님이 이렇게 말씀하셨다. / '일하라고 악쓰는 세상 / 놀다가라니 이 무슨 축복!'
>
> – 김지하, 「축복」 전문[25]

웃음을 자아내는 에피소드 속에는 산업 시대가 빚은 "일하라고 악쓰는 세상"의 노동 현실을 우회적으로 반영한다. 김지하 시인과 원주교구 지학순 주교가 가까운 인연이고 보면, 시에 등장하는 이가 누구일지 짐작하기가 어려운 일이 아니다. 지학순 주교가 군사독재 정부에 맞선 대표적 민주투사인 것처럼, 원주지역에는 시대와 맞선 인물이 여럿 있다. 동학운동으로 원주에 피신해 있던 최시형이 있으며, 최시형의 정신을 잇는 장일순이 있다. 김지하는 장일순과 함께 생명운동의 큰 그림을 그리는데, 김지하의 장모 박경리 역시 토지문학관을 일구고 문예창작의 산실을 만드는 등 원주의 문화에 역동성을 불어넣는다.

---

23 이철호, 「1980년대 김지하의 민중론과 생명사상: 장일순, 원주캠프, 동학」, 『상허학보』, 상허학회, 2020, 195쪽.

24 강창선, 「한국의 생명운동과 대안 정치운동: 무위당 장일순을 중심으로」, 고려대학교 대학원 정치외교학과 박사학위논문, 2015, 54쪽.

25 김지하, 『애린 첫째권』, 실천문학사, 1986, 117-118쪽.

치악산 밑에 사는 / 한 친구 집에 간 일이 있었지 / 지금도 생각난다 / 지금은 어디서 무엇들을 하는지 / 참 우수한 아이들었는데 / (중략) / 눈에 덮인 너와집 / 그 작은 방 / 그 희미한 촛불 / 해월 선생처럼 수염을 기르고 엄장 큰 한 분이 농주를 마시고 있었다 / (중략) / 우리가 얘기한 것은 / 한 가지였다 / '우린 아직 어리다 / 그러나 이것만은 분명하다 / 이것도 저것도 다 틀렸다 / 우리가 하자!'[26]

- 김지하, 「우리가 하자」 부분

나지막한 집들이 모여 있는 마을로 들어가는 / 좁은 농로 옆에 오래된 비(碑)가 세워져 있었다 // 天地 則 父母요 父母 則 天地니 / 天地父母는 一體也라 // 해월 최시형의 피체(被逮)를 기념해 세운 / 비였다 빈 통장 같은 삶에 웬 금화냐 싶어 몇 자 안 되는 / 글귀를 가슴에 우겨넣었다 사방 펼쳐진 저녁 답 위로 / 땅거미가 어둑어둑 지고 있었다

- 고진하, 「저녁의 비(碑)」 부분[27]

위에 인용한 김지하와 고진하의 시에는 각각 해월 최시형(1827~1898)이 등장한다. 김지하의 「우리가 하자」에서는 비록 어리지만 실천하는 정신을 강조하는데, 그 의지를 최시형의 정신과 빗대어 이야기한다. 고진하 역시 「저녁의 비(碑)」에서 최시형의 정신을 가슴에 새기고 있다. 동학 2대 교주 최시형은 원주에서 피신 생활을 하던 중, 1898년 원주시 호조면 고산리 송골 원진녀 가옥에서 관군에 체포되었다. 1990년 장일순이 주축이 되어 최시형의 추모비를 세우고, 최시형이 3개월 피신해 살던 집터에 피체지 표지석을 세웠다. 송골 입구에는 최시형이 보따리를 들고 동학을 가르쳤다는 뜻에서 '모든 이웃의 벗 최보따리 선

26 김지하, 『김지하 서정시전집① 한 사랑이 태어나므로』, 동광출판사, 1991, 226-227쪽.

27 고진하, 『수탉』, 민음사, 2005, 23-24쪽.

생님을 기리며'라는 글귀를 새겼다. 2008년에는 최시형이 체포될 때 머물던 원진녀 가옥을 복원했다.

한편, 「저녁의 비(碑)」를 통해 최시형을 기린 고진하[28]는 원주에 와서 장일순에게 큰 가르침(네가 하느님이야)을 받았다는 산문을 쓴 적도 있는데, 장일순에게 가장 영향을 준 이가 바로 위의 시에 등장하는 최시형이다. 최시형의 동학 정신, 이를 잇고자 하던 장일순과 김지하의 정신은 고산리 송골에서 찾을 수 있다.

> 능모루 비행장과 / 가리파재 사이 / 내가 / 나를 쏘아죽이고 나를 / 내가 찔러죽이고 나를 갈라죽여 내가 / 나를 아예 없애버린 허허벌판 찬 바람 속 / 우뚝 남은 감영자리 / 지금은 원성군청 앞뜰에 비슷 서 있는 / 못 보았나 / 나를 보지 못했나 / 머리부터 발끝까지 반 쪼개진 돌부처 / 위태위태 서 있는 걸 정말 못 보았나 / 신라 때라고 하던데 / 통일신라 때 / 아니면 고려 때, 이조 때라고도 하던데 / 보았나 / 혹은 일제 때나 육이오 때 / 혹간은 분명 요즈음 것이라고도 하던데 / 보았나 / 나여, 못 보았나 / 돌도 목숨 있어 쪼개지면 피나는 걸 / 부처도 반쪽이면 축생만도 못하단 걸 / 능모루에 폭음 울부짖고 / 가리파재 너머 콩볶듯 시끄러운 밤마다 / 매맞아 소리도 없이 우는 / 돌 속의, 깨진 돌 속의 / 나를 보지 못했나.
>
> – 김지하, 「반쪽 돌부처」 부분[29]

원성군과 원주시가 통합하여 오늘의 원주시에 이르는데, 위의 시에 등장하는 능모루비행장-가리파재-감영자리-원성군청 장소는 현

---

28 고진하: 1953년 영월 출생, 시집으로 『지금 남은 자들의 골짜기엔』(1990), 『프란체스코의 새들』(1993), 『우주배꼽』(1997), 『수탉』(2005), 『얼음 수도원』(2007), 『거룩한 낭비』(2011), 『꽃 먹는 소』(2013), 『명랑의 둘레』(2015), 『야생의 위로』(2020) 등. 강릉 사천제일교회를 거쳐 원주에 거주

29 김지하, 『애린 첫째권』, 실천문학사, 1986, 84-86쪽.

대사가 품고 있는 서러운 역사의 현장이기도 하다. 무고한 생명이 희생된 상처가 원주 곳곳에 새겨져 있다. 1950년 6월 원주형무소에 수용된 정치사상범 180명을 원주 뒷산(반곡역 인근)에서 학살한 슬픈 역사는 남북 분단이 빚은 이데올로기의 희생이거나, 미국과 소련 강대국이 무심코 그어놓은 분단선에 의한 약소국의 희생을 원주가 오롯이 감당하고 있다. 1950년 9월, 국군이 원주를 수복했을 때는 인민군에 협조한 주민 20여 명을 고문하면서 상처가 도진다. 동화리 세고개, 반곡동 유만마을, 흥업면 매지리, 부문재, 가리파재 등에서도 학살이 이어졌다.[30]

김지하는 「반쪽 돌부처」에서 남북의 분단을 이야기하면서 "부처도 반쪽이면 축생만도 못하단 걸" 지적한다. 또 "밤마다 / 매맞아 소리도 없이 우는 / 돌 속의, 깨진 돌"은 권리를 잃고 상처 입은 영혼들을 위로한다. 최시형이 머물던 고산리 송골의 동학정신과 더불어 가리파재로 상징되는 장소의 '목숨'들은 생명사상을 통해 새로운 정체성을 모색하는 원주지역이 중하게 새겨야 할 자리다.

30 이기원, 「동요 속 아빠는 어디로 갔을까?」, 《원주투데이》, 2022. 4. 4.

제11장
강원의 예술 공간과 근대문화유산 공간

1. 양구의 박수근미술관

미술과 건축물을 감상하기 위해 스페인으로 여행을 떠나는 이들이 많다. 여행이라는 것이 마음을 비우는 일이라고 하는데, 미술관을 찾아 여행하는 것은 마음을 풍요롭게 채우는 일이다. 한국에서 미술관을 찾아가는 길이라면, 20세기의 한국적인 정서를 가장 잘 반영한 박수근미술관을 꼽을만하다.

양구에서 출생한 화가 박수근(1914~1965)은 유복한 가정에서 태어났으나 아버지의 사업 실패로 어려운 가정환경을 감내해야 했다. 아버지가 하던 광산사업이 실패하면서 독학으로 그림을 배웠다. 박수근은 12세 때 밀레의 「만종」에 감동을 받은 후부터 그림에 몰두했는데, 18세에는 「봄이 오다」라는 작품으로 조선미술전람회에서 입선했다.

해방 후에 38선으로 분단되자 월남하여 작품활동을 이어나갔다. 화가를 전업으로 삼은 박수근은 어려운 삶 속에서도 그림에 대한 열정을 놓지 않았다. 박수근은 부두 노동자로, 미군부대 PX에서 초상화를 그리는 일로 생계를 유지하는 고단한 삶 속에서도 한국 서민의 삶을 그렸다. 아내 김복순이 쓴 「아내의 일기」에는 "나는 가난한 사람들의 어진 마음을 그려야 한다는 극히 평범한 예술관을 지니고 있다"는 박수근의 세계관이 나온다. "주관적 감정으로 파악한 대상으로서의 서민 모습이 아니라 모든 개인의 감정에서 독립된 완전한 객체로서의 서민"을 다루면서 '존재론적 사실주의'를 지향하고 있었다. 박수근을 '서민화가'라고 부르는 것도 그 때문이다. 박수근은 그림의 주제가 당시 한국의 소박한 서민의 삶을 다루고 있는 데다, 화풍마저 한국적인 특색을 지니고 있어서 화단의 인정을 받았다.

> 1961년 일본 '국제자유미술전'에 출품을 했는데 그 작품(인물)을 누가 훔쳐 가서 없어졌다고 통지가 왔다. 나는 누가 가져갔는지 일본 경찰에 신고해서 찾으라고 하니 그냥 두라고 하시며 "그 그림 가져간 사람이 돈은 없고 작품은 탐이 나고 해서 가져갔으니 얼마나 좋으냐"고 "작품이 도난을 당한 것은 영광"이라고 오히려 기뻐하셨다.

「아내의 일기」에 등장하는 위의 일화는 박수근의 서민의식을 잘 보여준다. 박수근미술관 홈페이지에는 평론이 소개되고 있는데, 몇 편의 제목만 보아도 서민적이고 한국적인 박수근을 잘 대변한다. 김병종의 「선한 이웃을 그리고 간 한국의 밀레」, 정현웅의 「한국의 밀레, 인간 박수근」, 이경성의 「흙과 같은 소박한 심성」, 오광수의 「흙처럼 따뜻한 색층의 깊이」, 이구열의 「서민 사랑의 진실성과 경탄스런 조형 창조」 등의 평론이 그 대표적이다.

가난과 질병 끝에 51세의 젊은 나이로 삶을 마감했으나, 박수근은 한국적 화풍의 특색있는 그림을 통해 한국의 대표 화가 반열에 올랐다. 양구의 박수근미술관은 한국을 대표하는 화가의 미술관이자 양구를 대표하는 문화공간으로 자리를 잡았다. 양구에는 박수근이 스케치하던 나무와 일하는 여인, 나물 캐는 아낙, 빨래터 등의 흔적이 남아 있다.

생가터에 세워진 박수근미술관에서는 박수근의 작품뿐만 아니라, 박수근을 사랑하는 후배나 후견인이 기증한 현대 작가들의 작품도 함께 전시되어 있다. 화가 박수근 외에 미술관의 건축에 대해서도 화제를 모으고 있다. 박수근미술관을 건축한 이종호는 "단순한 건물을 만드는 것이 아니라 미술관 자체가 박수근 화가의 일생과 만남을 만들어내는 통로여야 한다"고 밝혔다. 박수근미술관에 반영된 화가가 살던 마을과 시냇물 등의 분위기가 건축에 반영된 특이한 건축양식도 그런 이유다.

> 「아기 업은 소녀」 작품에서는 동생을 업은 누나의 따뜻한 등의 온기가 느껴지는 듯하고, 노점의 지친 아낙들의 모습에서는 아이들을 잘 키워내려는 부모의 염원이 보이기도 한다. 구불구불한 언덕의 집들은 넉넉하지 않지만, 함께 살아가는 투박한 정이 느껴지는 듯하다. 이 모습들을 시간이 흘러도 변하지 않도록 돌에 새겨 넣듯 독특한 마티에르 기법으로 담아냈다. 그러기에 그의 그림은 찬찬히 들여다보게 된다.[1]

박수근의 그림 질감은 화강암 같은 거친 느낌을 지니고 있어 '마티에르(matiere) 화법'으로 불린다. 화강암 질감을 박수근미술관의 외장재로 사용하여 화가에 대한 화풍의 특색과 자연친화적 미술관으로 만들었다. 박수근미술관 진입로에 들어서면 화강암 돌담만 보이는데, 미로 같은 돌담을 따라 반 바퀴는 돌아야 매표하는 제1관의 입구를 찾

1 강원도민일보, 『강원명품, 문화관 100선(9)』, 강원도민일보, 2020.

을 수 있다. "미술관은 기념전시실, 기획전시실, 파빌리온, 박수근 기념동상, 전망대, 박수근 묘, 뮤지엄숍, 빨래터, 양구민속공예공방, 박수근 화백의 유품과 유화, 수채화, 판화, 삽화 등을 상설 전시"[2]하고 있다. 전시관은 전체를 통유리로 만들어 바깥 풍경과 그림이 어우러진다.

박수근의 대표작품인 「절구질하는 여인」, 「아이를 업은 소녀」, 「길가의 행상들」, 「할아버지와 손자」, 「나물 캐는 아낙」, 「광주리를 이고 가는 여인」 등에는 20세기를 살던 한국인의 서민적 모습과 한국적 풍경이 정겹게 그려져 있다. 특히 「아이를 업은 소녀」는 토속적인 질감과 색채로 언제 보아도 정겨운 모습으로 다가온다. 박수근미술관에는 그가 생전에 남긴 그림뿐만 아니라, 글과 사진들도 함께 전시되어 있다.

전시관은 1관과 2관으로 구성되다가 2014년 탄생 100주년을 맞아 박수근 파빌리온(Pavilion: 건축구조물에 속한 정원)을 개관했다. 3개의 전시동 모두 유리로 창을 낸 복도로 이동할 수 있도록 했다. 복도를 따라 걸으면서 작품과 바깥의 자연 풍경을 함께 감상할 수 있는 점도 박수근의 20세기 미술과 현대의 21세기 풍경을 함께 만나는 이색 감상이 될 것이다. 산책로를 따라 전망대에 오르면 박수근의 고향이 한눈에 들어온다. 야외에 마련한 박수근공원에는 소나무숲, 생태연못 분수대, 미로숲, 포토존 등이 있다.

한편, 강원도에는 양구의 박수근미술관 외에도 춘천의 이상원미술관, 강릉의 하슬라아트월드, 동해의 월산미술관, 속초의 석봉도자기미술관, 삼척의 송종관미술관, 홍천의 홍천미술관, 횡성의 미술관 자작나무숲, 인제의 공립 인제 내설악미술관, 고성의 진부령미술관과 바우지움 조각미술관 등이 있다.

---

2 강정임, 『강원도 여행백서』, 나무자전거, 2018, 305쪽.

2. 강원도의 근대문화유산 이해

2024년 5월부터 ‘문화재’라는 용어는 ‘국가유산’으로 변경되었다. 이에 따라 문화재청도 ‘국가유산청’으로 이름을 바꾸었다. 이전의 국가무형문화재는 ‘국가무형유산’으로, 국가민속문화재는 ‘국가민속문화유산’으로, 등록문화재는 ‘등록문화유산’으로 명칭이 변경되었다.

‘국가유산’은 보존 가치가 있는 문화적 유산을 의미하며, 이는 물리적인 형태를 가진 유물에만 국한되지 않는다. 눈에 보이지 않지만 여러 세대에 걸쳐 전해져 내려오는 예술적 활동, 민속, 법, 관습, 생활양식 등도 포함된다. 즉, 국가유산은 한 민족이나 국민의 문화적 특성을 나타내는 모든 요소를 아우른다.

국가유산은 크게 세 가지 유형으로 나눌 수 있다. 첫째, 문화유산은 국보나 보물 같은 유형문화유산과 민속문화유산, 역사적 가치가 있는 사적 등을 포함한다. 둘째, 자연유산은 동식물을 포함한 천연기념물이나 명승을 말한다. 셋째, 무형유산은 전통 예술, 기술, 의식주 관련 생활 관습, 민속 신앙 등을 포함한다.

* 국가유산청이 구분한 지정문화유산 종류

지정권자별/유형별	유형유산		민속문화유산	기념물			무형유산
국가유산	국보	보물	국가민속 문화유산	사적	명승	천연기념물	국가무형 유산
시·도지정 문화유산	유형문화유산		민속문화 유산	기념물			무형문화 유산

국가지정문화유산

국가유산청장이 「국가유산보호법」에 의하여 유산위원회의 심의를 거쳐 지정한 중요유산으로서 국보·보물·사적·명승·천연기념물·국가무형문화유산 및 국가민속문화유산 등 7개 유형으로 구분된다.

국보	보물에 해당하는 문화유산 중 인류문화의 견지에서 그 가치가 크고 유례가 드문 것 ▷ 서울 숭례문, 훈민정음 등
보물	건조물·전적·서적·고문서·회화·조각·공예품·고고자료·무구 등의 유형문화유산 중 중요한 것 ▷ 서울 흥인지문, 대동여지도 등
사적	기념물 중 유적·제사·신앙·정치·국방·산업·교통·토목·교육·사회사업·분묘·비 등으로서 중요한 것 ▷ 수원화성, 경주 포석정지 등
명승	기념물 중 경승지로서 중요한 것 ▷ 명주 청학동 소금강, 여수 상백도·하백도 일원 등
천연기념물	기념물 중 동물(서식지·번식지·도래지 포함), 식물(자생지 포함), 지질·광물로서 중요한 것 ▷ 대구 도동 측백나무 숲, 노랑부리백로 등
국가무형문화유산	여러 세대에 걸쳐 전승되어온 무형의 문화적 유산 중 역사적·학술적·예술적·기술적 가치가 있는 것, 지역 또는 한국의 전통문화로서 대표성을 지닌 것, 사회문화적 환경에 대응하여 세대 간의 전승을 통해 그 전형을 유지하고 있는 것 ▷ 종묘제례악, 양주별산대놀이 등
국가민속문화유산	의식주·생산·생업·교통·운수·통신·교역·사회생활·신앙·민속·예능·오락·유희 등으로서 중요한 것 ▷ 덕온공주 당의, 안동하회마을 등

시·도지정 문화유산

특별시장·광역시장·도지사(이하 '시·도지사')가 국가지정문화유산으로 지정되지 아니한 유산 중 보존가치가 있다고 인정되는 것을 지방자치단체(시·도)의 조례에 의하여 지정한 문화유산으로서 유형문화유산·무형문화유산·기념물 및 민속문화유산 등 4개 유형으로 구분된다.

유형문화유산	건조물, 전적, 서적, 고문서, 회화, 조각, 공예품 등 유형의 문화적 소산으로서 역사상 또는 예술상 가치가 큰 것과 이에 준하는 고고자료
무형문화유산	여러 세대에 걸쳐 전승되어온 무형의 문화적 유산 중 역사적·학술적·예술적·기술적 가치가 있는 것, 지역 또는 한국의 전통문화로서 대표성을 지닌 것, 사회문화적 환경에 대응하여 세대 간의 전승을 통해 그 전형을 유지하고 있는 것
기념물	패총·고분·성지·궁지·요지·유물포함층 등의 사적지로서 역사상·학술상 가치가 큰 것. 경승지로서 예술상·관람상 가치가 큰 것 및 동물(서식지, 번식지, 도래지 포함), 식물(자생지 포함), 광물, 동굴로서 학술상 가치가 큰 것
민속문화유산	의식주·생업·신앙·연중행사 등에 관한 풍속·관습과 이에 사용되는 의복·기구·가옥 등으로서 국민생활의 추이를 이해함에 불가결한 것

문화유산 자료

시·도지사가 시·도지정 문화유산으로 지정되지 아니한 문화유산 중 향토문화 보존상 필요하다고 인정하여 시·도 조례에 의해 지정한 문화유산을 지칭한다.

국가등록문화유산

국가유산청장이 「문화유산보호법」 5장 제53조에 의하여 문화유산위원회의 심의를 거쳐 지정문화유산이 아닌 문화유산 중 건설·제작·형성된 후 50년 이상이 지난 것으로서 아래의 어느 하나에 해당하고, 보존과 활용을 위한 조치가 특별히 필요하여 등록한 문화유산이다.(다만 긴급한 보호조치가 필요한 경우에는 50년 이상 지나지 아니한 것이라도 국가등록문화유산으로 등록할 수 있다.) 남대문로 한국전력 사옥(국가등록 제1호), 철원 노동당사(국가등록 제22호), 경의선 장단역 증기기관차(국가등록 제78호), 백범 김구 혈의 일괄(국가등록 제439호) 등이 있다.

<table>
<tr><td rowspan="3">근대문화유산의
개념과 범위</td><td>역사, 문화, 예술, 사회, 경제, 종교, 생활 등 각 분야에서 기념이 되거나 상징적 가치가 있는 것</td></tr>
<tr><td>지역의 역사·문화적 배경이 되고 있으며, 그 가치가 일반에게 널리 알려진 것</td></tr>
<tr><td>기술발전 또는 예술적 사조 등 그 시대를 반영하거나 이해하는 데 중요한 가치를 지니고 있는 것</td></tr>
</table>

등록문화유산 장성이중교

등록문화 유산 장성이중교 출근 장면

시도등록문화유산

시·도지사는 그 관할구역에 있는 문화유산으로서 지정문화유산으로 지정되지 아니하거나 국가등록문화유산으로 등록되지 아니한 유형문화유산, 기념물 및 민속문화유산 중에서 보존과 활용을 위한 조치가 필요한 것을 시·도 조례에 의하여 시도등록문화유산으로 등록한 문화유산을 지칭한다.

비지정문화유산

「문화유산보호법」 또는 시·도의 조례에 의하여 지정되지 아니한 문화유산 중 보존할 만한 가치가 있는 문화유산을 지칭한다.

일반동산문화유산 (문화유산보호법 제60조)	국외 수출 또는 반출 금지 규정이 준용되는 지정되지 아니한 문화유산 중 동산에 속하는 문화유산을 지칭하며 전적·서적·판목·회화·조각·공예품·고고자료 및 민속문화유산으로서 역사상·예술상 보존가치가 있는 문화유산
매장문화유산 (매장문화유산 보호 및 조사에 관한 법률 제2조)	- 토지 또는 수중에 매장되거나 분포되어 있는 유형의 문화유산 - 건조물 등에 포장(包藏)되어 있는 유형의 문화유산 - 지표 · 지중 · 수중(바다 · 호수 · 하천을 포함한다) 등에 생성 · 퇴적되어 있는 천연동굴 · 화석, 그 밖에 대통령령으로 정하는 지질학적인 가치가 큰 것

근대문화유산 역시 국가지정문화유산, 시도지정문화유산, 등록문화유산, 미지정문화유산 등으로 구분할 수 있다. 근대문화유산은 건축물(교육시설, 종교시설, 업무시설, 집회시설, 의료시설, 산업시설, 숙박시설, 주거시설, 기타: 등대, 망루, 관망탑 등), 산업구조물(철도급수탑, 교량, 터널, 댐, 기타: 저수지, 간척지, 정수장, 양수장), 생활문화유산(건축물, 염전, 기타: 시장, 장터), 역사유적(전적비, 전승기념탑 등), 인물유적(생가터, 거주지, 활동근거지, 기타)으로 구분할 수 있다. 이 중 등록문화유산은 동산, 교육시설, 기타 시설물, 전쟁관련시설물, 인물기념시설, 업무시설, 종교시설, 주거숙박시

설, 동산(미술품, 영화), 의료시설, 공공용시설, 상업시설, 문화집회시설 등으로 구분한다. 강원도에는 국가등록문화유산으로 근대문화유산이 54개 지정되어 있다. 근대문화유산은 시도지정문화유산으로도 가능한데, 강원도에 지정된 것은 하나도 없다.

구분	국가지정문화유산	국가등록문화유산
대상	역사적·예술적 가치가 매우 높은 문화유산	근현대문화유산 중 보존·활용 가치가 높은 문화유산
지정 기준	엄격	상대적으로 완화
보호 수준	엄격한 보호 규제를 바탕으로 한 보존 조치 시행	보존과 활용을 조화롭게 운영하며 완화된 보존 조치 시행
활용	원형 보존 중심	일정 조건하에서 활용 가능

등록문화유산 제도는 근현대에 형성된 역사적 · 문화적 자산을 '보존과 활용의 조화를 통해 문화유산으로서의 가치를 보존'하는 제도다. 소유자의 자발적인 보호를 바탕으로 신고 중심의 시스템을 운영한다. 이 제도는 문화유산의 외관을 크게 변경하지 않는 범위 내에서 다양한 수리를 가능하게 하여 유산의 보존과 활용을 동시에 촉진하고 지역사회의 활성화에도 기여할 수 있다. 외관은 "당해 문화유산 외관의 4분의 1 이상 변경 행위 등은 문화유산보호법 제50조에 따라 신고토록 하고, 필요시 지도, 조언, 권고 등을 할 수 있도록"[3] 규정하고 있다.

근대문화유산으로 지정된 장소 중에서 리모델링을 통해 명소로 일정 부분 성공을 거둔 곳들이 많다. 근대문화유산 보존을 위해 건축기준 완화, 세제 혜택, 수리비 지원 등 다양한 지원 제도가 마련되어

3 문화재청, 『등록문화재 업무처리 이렇게 하세요: 등록문화재 실무편람』, 문화재청, 2008, 6쪽.

명칭 및 지역	등록문화유산 지정일	리모델링 내용
오초량: 일본식 가옥 (적산가옥, 부산)	2007년: 등록문화유산 349호	2023년: 공예품 전시 및 그릇과 의복 등 제작 교육 공간
브라운핸즈백제 (부산 최초 병원)	2014년: 등록문화유산 647호	2016년: 카페
정란각(일제강점기 철도청장 관사, 부산)	2007년: 등록문화유산 330호	2012년: 문화공감 수정 (카페와 게스트하우스 용도)
조양방직 (방직공장, 강화)	2009년: 문화유산 등록 추진	2018년: 미술관카페로 재탄생, 강화의 명소
거창 구 자생의원	2013년: 등록문화유산 572호	2016년: 거창근대의료박물관
서천 구 장항미곡창고	2014년: 등록문화유산 591호	2015년: 문화예술창작공간

있다. 등록문화유산은 50년 이상 지난 유산을 기준으로 삼는데, 보호가 필요하다고 인정되는 경우에는 50년이 지나지 않아도 지정될 수 있다. 등록이 가능한 유산은 역사적 · 문화적 · 예술적 · 사회적 · 경제적 · 종교적 · 생활적 측면에서 기념비적이거나 상징적인 가치가 있는 경우를 대상으로 한다. 또, 지역 역사나 문화적 배경을 대표하거나 널리 알려진 유산을 대상으로 한다. 기술 발전이나 예술적 흐름을 반영하면서 그 시대를 이해하는 데 중요한 가치가 있는 유산도 등록할 수 있다.

근대문화유산은 문화관광 자원으로서 점점 중요한 요소로 자리 잡고 있다. 최근 들어 산업유산관광, 학습관광, 다크 투어리즘(Dark Tourism) 등의 새로운 관광 형태와 접목하면서 근대문화유산은 점점 더 활용 가능성이 커지고 있다. 근대문화유산을 문화예술 공간으로 변모시켜 경제적 가치를 높이는 사례도 나타난다. 이러한 변화는 문화유산이 단순히 관람용으로 보존되는 것이 아니라, 지역민이 실질적으로 활용하는 장소로 바뀌고 있는 변화상을 반영한다. 근대문화유산은 지역의 정체성을 반영하고, 새로운 관광자원의 가능성을 만들어준다.

강원도에는 미지정 상태의 근대문화유산이 많이 존재한다. 속초시의 수복기념탑은 1954년 5월 10일 최초 건립했다가 1983년 11월 17일 재건립한 건축물이다. 2003년 발행한 『근대 문화유산 목록화 및 조사보고서』(강원도, 2003)에 근대문화유산 현황에서 주목할 유산 목록으로 조사되기도 했다. 그런데 태백시의 강원탄광 위령비와 산업전사위령탑 등은 목록화 항목에도 들어가지 못했다.

2003년 강원도 조사보고서에서 근대문화유산 현황을 목록화할 때 철도급수탑으로는 원주역 급수탑(1942년 건립, 원주시 학성동 357번지)이 있었는데, 2004년 등록문화유산 제138호로 지정되었다. 그런데 당시 삼척시 도계읍의 급수탑은 강원도 조사보고서 목록에도 누락되어 있었다. 하지만 도계역 급수탑은 2003년 1월 28일 근대문화유산 등록문화유산 제46호로 지정되었다. 강원도의 당시 조사보고서 현황이 완전하지 못한 것을 보여주는 방증이다. 또한 지역의 실정을 잘 알고 있는 지자체와 지역주민이 더 적극적으로 근대문화유산 찾기에 앞장설 필요성이 있다는 것을 보여주는 것이기도 하다.

태백시만 하더라도 몇 개의 지정 가능한 유산이 있다. 예컨대 석탄산업전사가 국가의 에너지산업을 위해 희생한 징표인 '강원탄광 위령비'라든가 '산업전사위령탑'은 지정 가치가 높은 등록문화유산이다. 강원지역의 장소를 여행하면서 단순히 관람에 그치지 말고, 미지정된 유산을 찾아 신청을 건의하는 활동을 해보면 어떨까? 우리 스스로 지역의 장소를 변화시키는 능동적 주체가 되는 것만큼 더 멋진 여행이 있을까?

산업전사위령탑(광부 순직자를 위해 태백에 조성)

등록문화유산 도계역급수탑

등록문화유산 도계역 급수탑 동판

* 강원도 소재 국가등록문화유산(국가유산청)

연번	명칭	소재지	시대명	지정일	분류
21	태백 철암역두 선탄시설	태백시	일제강점기	2002-05-31	산업시설
22	철원 노동당사	철원군	기타	2002-05-31	업무시설
23	구 철원 제일교회	철원군	일제강점기	2002-05-31	종교시설
24	철원 얼음창고	철원군	기타	2002-05-31	산업시설
25	철원 농산물검사소	철원군	일제강점기	2002-05-31	업무시설
26	철원 승일교	철원군	기타	2002-05-31	공공용시설
27	화천 인민군사령부 막사	화천군	기타	2002-05-31	전쟁관련시설
46	삼척 도계역 급수탑	삼척시	일제강점기	2003-01-28	공공용시설
54	춘천 죽림동 주교좌성당	춘천시	기타	2003-06-30	종교시설
102	춘천 강원도지사 구 관사	춘천시	기타	2004-09-04	문화집회시설
103	구 홍천군청	홍천군	기타	2004-09-04	업무시설
104	화천 수력발전소	화천군	일제강점기	2004-09-04	산업시설
105	화천 꺼먹다리	화천군	일제강점기	2004-09-04	공공용시설
106	태백 장성이중교	태백시	일제강점기	2004-09-04	공공용시설
107	철원 금강산 전기철도교량	철원군	일제강점기	2004-09-04	산업시설
131	구 철원 제2금융조합 건물 터	철원군	일제강점기	2004-12-31	업무시설
132	원주역 급수탑	원주시	일제강점기	2004-12-31	공공용시설
133	원주 원동성당	원주시	기타	2004-12-31	종교시설
134	원주 흥업성당 대안리공소	원주시	대한제국	2004-12-31	종교시설
135	삼척 성내동성당	삼척시	기타	2004-12-31	종교시설
136	동해 구 상수시설	동해시	일제강점기	2004-12-31	공공용시설
137	고성 합축교	고성군	기타	2004-12-31	공공용시설
152	철원 수도국 터 급수탑	철원군	일제강점기	2005-04-15	공공용시설
153	춘천 소양로성당	춘천시	기타	2005-04-15	종교시설
154	홍천성당	홍천군	기타	2005-04-15	종교시설
155	횡성 풍수원성당 구 사제관	횡성군	일제강점기	2005-04-15	종교시설
156	구 조선식산은행 원주지점	원주시	일제강점기	2005-04-15	업무시설
157	원주 구 반곡역사	원주시	기타	2005-04-15	공공용시설

연번	명칭	소재지	시대명	지정일	분류
158	구 태백등기소	태백시	기타	2005-04-15	업무시설
159	태백경찰서 망루	태백시		2005-04-15	업무시설
288	삼척 구 도경리역	삼척시	일제강점기	2006-12-04	공공용시설
326	삼척 구 하고사리역사	삼척시	기타	2007-07-03	공공용시설
361	횡성성당	횡성군		2008-02-28	종교시설
418	벽걸이형 자석식 전화기	원주시	일제강점기	2009-04-22	동산
419	벽걸이형 공전식 전화기	원주시		2009-04-22	동산
420	벽걸이형 자동식 전화기	원주시	일제강점기	2009-04-22	동산
421	이중 전보송신기	원주시	일제강점기	2009-04-22	동산/동산
422	음향인자전신기	원주시		2009-04-22	동산/동산
423	인쇄전신기	원주시	대한제국	2009-04-22	동산/동산
424	무장하 케이블 접속장치	원주시	일제강점기	2009-04-22	동산/동산
448	동해 구 삼척개발 사택과 합숙소	동해시	일제강점기	2010-02-19	기타 시설물
449	강릉 임당동성당	강릉시		2010-02-19	종교시설
659	한암스님 가사	평창군		2014-12-26	동산
662	강릉 선교장 소장 태극기	강릉시	조선시대	2015-04-27	동산
727	원주 기독교 의료 선교 사택	원주시	일제강점기	2017-12-05	주거숙박시설
728	원주 육민관고등학교 창육관	원주시	기타	2017-12-05	교육시설
729	원주 제1야전군사령부 구 청사	원주시	기타	2017-12-05	전쟁관련시설
794	인제성당	인제군		2019-02-14	종교시설
795	구 영원한 도움의 성모수녀회 춘천수련소	춘천시		2019-02-14	종교시설
804	윤희순 의병가사집	춘천시		2019-05-07	동산
806	고성 최동북단 감시초소 (GP)	고성군		2019-06-05	전쟁관련시설
884	동해 북평성당	동해시		2020-10-15	종교시설
896	고성 구 간성기선점 반석	고성군	일제강점기	2021-04-05	산업시설
959	속초 동명동 성당	속초시	기타	2023-12-14	종교시설